カラー画像処理と
デバイス
ディジタル・データ循環の実現

TDU 東京電機大学出版局

本書の全部または一部を無断で複写複製（コピー）することは，著作権法上での例外を除き，禁じられています。小局は，著者から複写に係る権利の管理につき委託を受けていますので，本書からの複写を希望される場合は，必ず小局（03-5280-3422）宛ご連絡ください。

まえがき

　半導体技術や通信技術，高密度実装化技術等の進展により，画像関連デバイスの進化は近年目覚ましいものがあります．特にディジタル化の波は，機器の小型化や高機能化を容易にすると同時に，画像データの機器間での共有を可能としたため，これら画像関連デバイスは従来の単機能スタンドアローン型から複合的ネットワーク型システムへと変貌を遂げようとしています．

　ディジタル画像データを，その利用面からの流れとして見ますと，撮る・入力する➡見る➡編集・加工する➡記録・出力する➡送る➡保存・蓄積するという一連のプロセスが，オフィスや家庭においても日常的，一般的に見られるようになってきています（下図）．また最近は，一旦紙に記録されたものを再びスキャナーで入力し，OCRやアウトライン化で編集可能なように電子データ化して再利用する技術も確立されてきました．したがって，上記プロセスがループ化され，画像データをリサイクル可能なディジタルデータとして取り扱い，一連のプロセス（ドキュメントサイクル）の中で活用できるようになってきています．

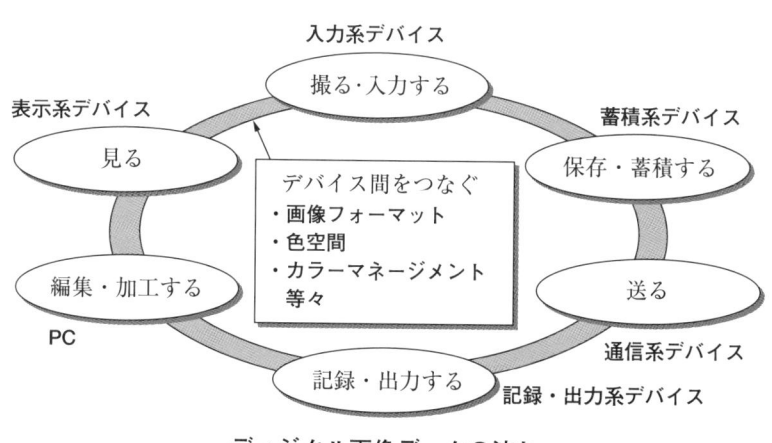

ディジタル画像データの流れ

このプロセスを効率的，高精度に実現するには，機器間の単なるコネクティビティーのみでは十分ではありません。例えば高画質カラー画像では，機器間の解像度，階調特性，色再現域および歪み特性等の違いが，色や階調再現およびS/N等に大きな影響を与え，画質劣化の要因となります。したがって，異機種間で常に高画質でかつ画質の一貫性（consistency）を保持するためには，各種カラー画像デバイスや機器の特性，機能等を十分把握した上で取り扱い，その上で画像・信号処理技術を開発していく必要があります。

本書は，この様な画像データの一連のプロセスに沿って，すでに市場に出回っているもの，将来が期待されているが未だ開発段階のもの等も含め，様々なタイプの画像デバイスを網羅して最新のハードウェアの状況とその画像・信号処理技術を解説します。

第1～3章では入力系デバイスについて，第4～10章で表示系デバイスについて，第11～15章で記録・出力系デバイスについて，第16～19章で通信系デバイスについて，第20章では蓄積系デバイスについて解説します。さらに，第21～23章でこれらのデバイス間での画像データ交換で問題となる色空間やカラーマネージメント，画像フォーマットについて解説します。

本書は，それぞれの章をそれぞれの分野で活躍されている第一人者の方々に執筆して頂きました。本書が読者の皆様方に末永くお役に立つことを祈念いたします。

2004年11月

東京工芸大学工学部　小野文孝
キヤノン株式会社　　河村尚登

目　次

まえがき…（小野文孝，河村尚登） ……………………………………………………… i

第Ⅰ部　入力系デバイスと画像・信号処理

第1章　画像入力センサ −次世代イメージセンシング−…（上平員丈，小宮一三） … 2
1.1　はじめに ………………………………………………………………………… 2
1.2　スーパーイメージセンシング ………………………………………………… 2
1.3　インテリジェントイメージセンシング ……………………………………… 3
1.4　3-Dセンシング ………………………………………………………………… 5
1.5　バーチャルイメージセンシング ……………………………………………… 7

第2章　ディジタルカメラ…（三沢岳志） ………………………………………… 11
2.1　はじめに ………………………………………………………………………… 11
2.2　ディジタルカメラの概要 ……………………………………………………… 12
2.3　ディジタルカメラの信号処理 ………………………………………………… 14
2.4　ディジタルカメラの今後 ……………………………………………………… 19

第3章　スキャナー…（中島啓介） ………………………………………………… 21
3.1　はじめに ………………………………………………………………………… 21
3.2　フラットベッドスキャナーの画像処理 ……………………………………… 22
3.3　非接触スキャナーの画像処理 ………………………………………………… 31

第Ⅱ部　表示デバイスと画像・信号処理

第4章　液晶ディスプレイ…（結城昭正，山川正樹，蔵田哲之，井上満夫） …… 38

4.1 はじめに ……………………………………………………… 38
4.2 LCDの種類，その構造と表示動作 …………………………… 39
4.3 TFTカラー透過型LCD ……………………………………… 41
4.4 今後の展望 …………………………………………………… 54

第5章　プラズマディスプレイ…(栗田泰市郎) …………………… 57
5.1 はじめに ……………………………………………………… 57
5.2 PDPの構造と表示原理 ……………………………………… 58
5.3 PDPにおける画像表示の特徴 ……………………………… 60
5.4 PDPにおける画像・信号処理 ……………………………… 63

第6章　FED(Field Emission Display)…(青木　徹) ………… 73
6.1 はじめに ……………………………………………………… 73
6.2 FEDの特長 …………………………………………………… 73
6.3 ディスプレイの構成 ………………………………………… 74
6.4 個別要素 ……………………………………………………… 76
6.5 実用化に向けて ……………………………………………… 80

第7章　有機ELディスプレイ技術…(時任静士) ………………… 83
7.1 はじめに ……………………………………………………… 83
7.2 有機EL素子の構造 …………………………………………… 85
7.3 動作機構と発光量子効率 …………………………………… 86
7.4 ディスプレイ化技術 ………………………………………… 88
7.5 発光効率の改善 ……………………………………………… 92
7.6 今後の展望 …………………………………………………… 94

第8章　液晶プロジェクタ…(渡邉浩平) ………………………… 97
8.1 はじめに ……………………………………………………… 97
8.2 液晶プロジェクタの光学系 ………………………………… 97
8.3 液晶プロジェクタの回路 …………………………………… 99

第9章　広色再現域カラーディスプレイ…（谷添秀樹，杉浦博明）……… **107**

- 9.1　はじめに …………………………………………………………… 107
- 9.2　ディスプレイ関連の標準色空間の動向 ………………………… 108
- 9.3　広色再現域カラーディスプレイの目標性能について ………… 109
- 9.4　広色再現域カラーディスプレイの例 …………………………… 110
- 9.5　広色再現域ディスプレイのカラーキャリブレーション ……… 116
- 9.6　広色再現域カラーディスプレイのアプリケーション ………… 117
- 9.7　今後の展開 ………………………………………………………… 118

第10章　立体ディスプレイ…（佐藤甲癸）……………………………… **121**

- 10.1　はじめに ………………………………………………………… 121
- 10.2　立体ディスプレイの各種の方式 ……………………………… 122
- 10.3　伝送・処理 ……………………………………………………… 133
- 10.4　立体ディスプレイ技術の応用 ………………………………… 133

第Ⅲ部　出力系デバイスと画像・信号処理

第11章　ディジタルカラー複写機…（蕪木　浩，太田健一）………… **138**

- 11.1　はじめに ………………………………………………………… 138
- 11.2　ディジタルカラー複写機の基本信号処理 …………………… 139
- 11.3　近年のディジタルカラー複写機 ……………………………… 145
- 11.4　ディジタルカラー複写機のさらなる進化 …………………… 148

第12章　カラーレーザプリンタ…（池上博章，石井　昭）…………… **153**

- 12.1　はじめに ………………………………………………………… 153
- 12.2　Color Transformation ………………………………………… 155
- 12.3　Calibration ……………………………………………………… 160
- 12.4　Screen（擬似中間調処理）…………………………………… 162
- 12.5　Smoothing ……………………………………………………… 164
- 12.6　Registration Control …………………………………………… 166

第13章　バブルジェット型カラーインクジェットプリンタ…(中島一浩) …… **171**

13.1　はじめに …………………………………………………………… 171
13.2　バブルジェットの基本原理と特徴 ………………………………… 172
13.3　バブルジェットヘッドの信号処理の特徴 ………………………… 177
13.4　最新のバブルジェットヘッド技術 ………………………………… 178
13.5　対称形カラーバブルジェットヘッド ……………………………… 181

第14章　ピエゾ型インクジェットプリンタ…(枝常伊佐央) ……… **187**

14.1　インクジェット記録方式 …………………………………………… 187
14.2　フォト画質につながった要素技術 ………………………………… 187
14.3　インクジェットプリンタの画像処理技術 ………………………… 196

第15章　サーマルプリンタ…(勝間伸雄) ………………………………… **203**

15.1　はじめに …………………………………………………………… 203
15.2　サーマルプリンタの基本構成 ……………………………………… 203
15.3　サーマルヘッドの構成 ……………………………………………… 206
15.4　サーマルプリンタのむら補正 ……………………………………… 210
15.5　サーマルプリンタの画像処理 ……………………………………… 215

第Ⅳ部　通信系デバイスおよび蓄積系デバイスと画像・信号処理

第16章　カラーファックス…(山田英明) ……………………………… **220**

16.1　はじめに …………………………………………………………… 220
16.2　カラーファックスのシステム構成 ………………………………… 221
16.3　標準色空間 ………………………………………………………… 223
16.4　標準符号化方式 …………………………………………………… 226
16.5　文字領域の符号化 ………………………………………………… 232

第17章　マルチファンクション・プリンタ(**MFP**) …(長沢清人，佐藤 敬，市村 元，野水泰之，阿部 悌，谷内田益義，宮沢秀幸) ……… **235**

17.1 マルチファンクション・プリンタ(MFP)の特長 ………………… 235
17.2 マルチファンクション・プリンタ(MFP)における画像データの扱い … 236
17.3 カラー画像圧縮技術 …………………………………………… 239
17.4 MFPのセキュリティ技術 ……………………………………… 243

第18章 携帯電話用カメラモジュールの技術動向…(古沢俊洋) ……… **251**

18.1 はじめに ………………………………………………………… 251
18.2 携帯電話用カメラとDSC ……………………………………… 252
18.3 カメラモジュールの種類 ……………………………………… 253
18.4 携帯電話用途に向けた取り組み ……………………………… 261

第19章 ネットワークカメラ…(櫻井幸光) ……………………………… **267**

19.1 はじめに ………………………………………………………… 267
19.2 構成とメカニズムの概略 ……………………………………… 267
19.3 光学系 …………………………………………………………… 269
19.4 撮像素子 ………………………………………………………… 270
19.5 アナログ映像信号 ……………………………………………… 272
19.6 ディジタル映像信号 …………………………………………… 273
19.7 画像圧縮技術 …………………………………………………… 274
19.8 ネットワーク …………………………………………………… 276
19.9 ネットワークカメラのアプリケーション …………………… 280

第20章 光ディスク…(横森 清) ………………………………………… **283**

20.1 はじめに ………………………………………………………… 283
20.2 光ディスクの概要 ……………………………………………… 284
20.3 光ディスクでの信号処理 ……………………………………… 287

第V部 デバイス間をつなぐ画像・信号処理

第21章 異機種間でのカラーマネージメント…(梶 光雄) …………… **298**

21.1　ワークフローとカラーマネージメント …………………………… 298
　21.2　どのような「色再現」を求めるか ……………………………… 299
　21.3　測色と標準 ……………………………………………………… 310

第22章　sRGBおよび拡張色空間の標準化…(杉浦博明) ……………… **313**
　22.1　はじめに ………………………………………………………… 313
　22.2　標準色空間によるカラーマネージメント ……………………… 314
　22.3　IECにおける標準色空間 sRGB ………………………………… 316
　22.4　sRGBの普及状況 ………………………………………………… 317
　22.5　IECにおける拡張色空間の標準化 ……………………………… 318
　22.6　その他の標準化動向 …………………………………………… 322
　22.7　日本国内における審議体制 …………………………………… 322

第23章　画像交換としての画像ファイルフォーマット…(松本健太郎) … **325**
　23.1　はじめに ………………………………………………………… 325
　23.2　Exif2.21/DCF2.0 ………………………………………………… 326
　23.3　Exif/DCFの課題 ………………………………………………… 330
　23.4　CIPA DC-001（PictBridge）…………………………………… 333

索　引 …………………………………………………………………… 338

第Ⅰ部

入力系デバイスと画像・信号処理

第1章 画像入力センサー次世代イメージセンシングー
第2章 ディジタルカメラ
第3章 スキャナー

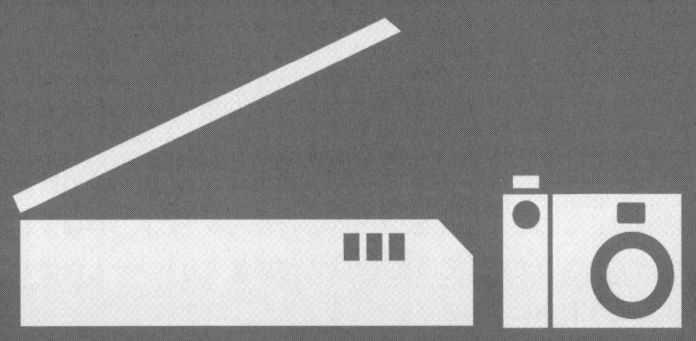

第1章

画像入力センサ －次世代イメージセンシング－

神奈川工科大学　上平員丈，小宮一三

1.1 はじめに

　ネットワークのブロードバンド化などを背景に，画像コンテンツの流通が盛んになり，ビジネスや個人の生活においてますます画像を利用する機会が増えている。画像の利用機会の増大は，その利用形態を多様化させ，この結果，インタラクティブ性や三次元性など，画像コンテンツ自身の態様の多様化も推進する。このような潮流のなかで，今後，多くの新しい画像の応用領域の創出が期待されるが，その推進力として画像入力センサと画像・信号処理技術の果たす役割はきわめて重要となる[1]。

　本稿では，高度情報ネットワーク社会に向けて画像の新しい応用分野開拓を目指す次世代イメージセンシング技術という観点から，超高性能化を目指すスーパーイメージセンシング，インテリジェントイメージセンシング，実空間と仮想空間の融合などへの応用を目指した3-Dセンシング，仮想的なカメラワークを可能にするバーチャルイメージセンシングの四つのセンシング技術について，最近の研究例と技術動向を概説する。

1.2 スーパーイメージセンシング

1.2.1 超高精細化

　画像入力の超高精細化は古くは天文用などの特殊用途向けに，また最近ではディジタルカメラ用など，静止画用撮像デバイスにおいて先行してきたが，

将来的には臨場感通信，臨場感放送，ディジタルシネマなどの分野で動画の超高精細撮像に対する用途が期待される。動画撮像における超高精細化として，最近800万画素のカメラが相次いで発表されている。その一つはCMOS型イメージセンサによる3板式超高精細カメラ[2]であり，水平3840×垂直2048画素（800万画素），素子サイズ29×16mmで画面を4分割してHD-SDIのフォーマットで並列出力としている。

もう一つは，従来米国を中心に天文用などに開発されてきたフルフレーム型の静止画用超高精細CCD技術をベースとしたカメラであり，転送速度を改善するとともにフレーム転送型とすることにより動画化が試みられている。最近，水平4096×垂直2048画素，画素面積8.4×8.4μm，60fpsプログレッシブ走査の動画用FT（フレームトランスファー形）—CCDを用いた走査線2000本のカメラが開発されている[3]。このCCDは画面を16分割して信号を並列に取り出すことにより，水平転送周波数を37.125MHzに低減している。さらに，緑成分画像用に2枚のCCDを用いる4板方式で，上記CCDを用いて試作した走査線4000本のカメラも発表されている[4]。

1.2.2 マルチスペクトル化

照明光を変えたときに変化する色の再現性を，表示時に高めることをねらったマルチスペクトルカメラ[5]がある。これは，スペクトル方向のサンプリング数を増やしてスペクトル情報をより正確に得て色再現性を高めるものであり，上記カメラではフィルタを載せたターレットを回転して，16バンドの静止画像を撮像する。

1.3 インテリジェントイメージセンシング

インテリジェントイメージセンシングとして，単一のチップ内にセンシング機能と処理機能を搭載してデバイスレベルでインテリジェント化を実現するアプローチと，これらを別々のデバイスまたは装置に分離し，装置またはシステムレベルでインテリジェント化を図るアプローチがある。ちなみに，後述の仮想視点カメラは後者に分類されるインテリジェントイメージセンシングの一形態である。また，前処理的な処理はセンサ内で行い，高度な処理

表 1.1 インテリジェントセンサの目的

目的	例
処理の高速化	エッジ検出，動き検出
高機能撮像	空間可変サンプリング
撮像特性の改善	広ダイナミックレンジ化，高感度化

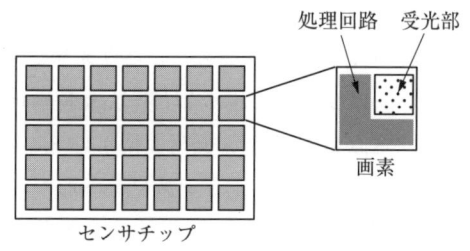

図 1.1 インテリジェントセンサの構成例

は後段のデバイスや装置で行うという階層的な構成をとるものもある．

一般に，インテリジェントセンサ（あるいは，スマートセンサ）と呼ぶ場合には，単一のチップ内にセンシング機能と処理機能を搭載するデバイスを指す場合が多い．インテリジェントセンサの目的は，表1.1に示すように処理の高速化，高機能撮像および撮像特性の改善などであるが，従来の研究では特に処理の高速化を目指したものが多い．これは，単一チップ内にセンシング機能と処理機能を搭載することにより，並列処理が可能になるためである．この究極は図1.1に示すような，画素ごとに処理回路を有するイメージセンサである．高速化の目安は，1フレーム期間内に必要な処理を済ませることであるが，最近ではCPUの高速化により，通常のテレビレートであれば多くの処理はコンピュータに取り込んだ後でも1フレーム内で実行可能である．インテリジェントセンサが高速化の上で威力を発揮できるのは，マシンビジョンの分野など，通常のテレビよりもはるかに高速の撮像が要求される分野である．

最近の動向として，CMOS型のインテリジェントセンサの研究・開発が主流となっている．これは，CMOS型では受光部と同一チップ上に処理回

路を形成するのが容易なほか，ランダム読み出し，非破壊読み出しなど走査のフレキシビリティをインテリジェント化に利用しやすいためである．例として，画素ごとに適応的に蓄積時間を変えて，広ダイナミックレンジ化を目指したイメージセンサ[6]や解像度を適応的に可変できるイメージセンサ[7]などがある．

1.4 3-Dセンシング

三次元入力は従来から工業計測などへの応用を中心に開発が進められてきたが，実写画像と三次元CG画像を組み合わせた映像の制作，後述の仮想視点画像の制作など，最近進展が目覚しいコンピュータによる新しい映像制作においても重要な技術となっている．これらの映像制作への応用において要求される条件を表1.2に示す．ビデオレートで，かつ画素単位または数画素単位での入力が望まれるが，従来の技術でこの条件を満足できるものはそれほど多くない．

三次元入力法には，対象物にレーザ光などを照射し，その反射光から三次元形状を計測する能動型と，通常の二次元カメラで撮像された画像から計測する受動型がある．受動型の代表例として2台以上のカメラで撮像した画像を用い，対応点マッチングで三角測量の原理により被写体の距離画像を得るステレオ法がある．この方法では，処理量が増え画素数が多い画像ではリアルタイム処理が困難であることや，オクルージョンや平たんな模様の部分で対応点がとれないなどの課題があり，現在これらの課題解決に向けた研究が

表 1.2 3-Dセンシングへの要求条件（映像制作分野）

項目	例
入力速度	ビデオレート
空間分解能	テクスチャー画像の画素単位，または数画素単位
奥行き分解能	6bit〜
処理時間	1フレーム期間内
テクスチャー画像との同時，同アングル入力	同一視点，同一画角で同時に入力

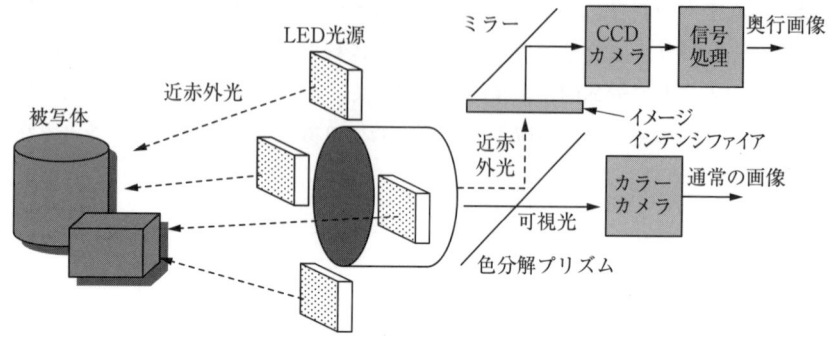

図 1.2 強度変調光照射による奥行き画像撮像装置の構成

活発に行われている．処理の高速化に対しては，対応点マッチングの探索領域を低減する方法[8]，探索のウィンドサイズを適応的に変化させる方法[9]などが検討されている．また，オクルージョンの問題に対しては，今のところ完全に解決できる方法はないが，カメラの台数を増やしたり[10]，カメラを移動させたりすることでその影響を軽減している．

能動型は奥行き分解能の高い入力が可能であるが，ビデオレートでの入力が困難なものが多い．最近，ビデオレート相当の速度で，かつ画素単位で入力可能な方法がいくつか提案されている．その一つは，強度変調照明装置とCCDカメラに取付けた高速シャッターを用い，異なる強度変調光を照射し撮像された2枚の画像より距離画像を求める方法[11]である．原理は，三角波状に強度変調した近赤外光を被写体に照射し，その反射光をとらえることで，光の往復時間差に応じて発生する遅れを光の強さの違いとして検出し，被写体までの距離を求めるというものである．図1.2にカメラの構成図を示す．LEDを光源として被写体に近赤外光を当て，反射光を色分解プリズムで取り出し，イメージインテンシファイアで短時間撮像し，この出力像をCCDカメラで撮影し，信号処理により距離を計算する．一方，被写体からの可視光成分は通常のカラーカメラにより撮像され，テクスチャー画像との同時，同アングル入力を可能にしている．

他の例として，図1.3に示す時分割パタン光投影法[12]がある．この方法は，画素単位に1フレーム内に時間軸方向に白黒2値でコード化したパタンを被

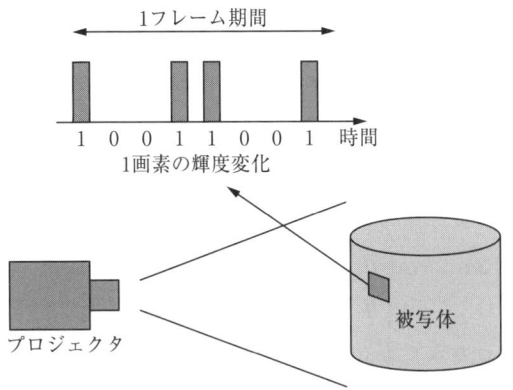

図 1.3　時分割パタン光投影法

写体に投影し，三角測量の原理でリアルタイムに距離画像を求める方法である。コード化に必要なビット数は画素の数によって決まるが，対応点がエピポーラ線上にあることを利用すれば，水平画素数に対応したビット数となり10ビット程度で十分であり，DLP(Digital Light Processing)プロジェクタを用いることにより可能である。しかし，この2値化コードを撮影するために高速カメラが必要となる。

1.5　バーチャルイメージセンシング

　仮想視点カメラの概念図を図1.4に示す。コンピュータの処理速度の向上により，リアルタイムに仮想視点映像の生成が可能になりつつある。この生成法としては，被写体の明示的な三次元モデルを作らないImage - Based

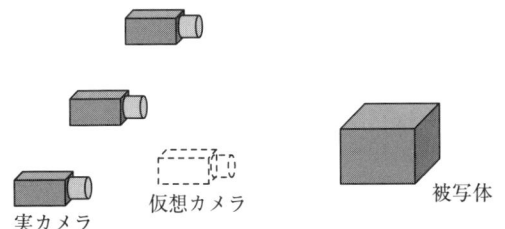

図 1.4　仮想視点カメラの概念図

表 1.3 仮想視点撮像の応用形態

形態	例
固定視点	視線一致撮像, 3D入力, パノラマ入力, 監視用
動的視点	イベント中継, 実空間ウォークスルー

Rendering 法と，被写体の三次元形状モデルを取得して仮想空間を構築する Model-Based Rendering 法がある。Image-Based Rendering 法は複数のカメラで撮像された二次元画像をもとに光線空間法などの手法により仮想視点画像を生成する方式である。この方式では多数の二次元画像を用意する必要があり，膨大な量の画像データを扱う必要がある。

一方，Model-Based Rendering 法では，一旦モデルを取得してしまえば，コンピュータグラフィックスの技法を用いて容易に任意の視点画像を生成することができる。また，扱うデータ量も少なくてすむ。しかし，これは対象とする被写体が小さく，かつ限定された場合であり，被写体の対象が広い空間になるとやはり膨大な処理が必要になる。この問題を解決する方法として，被写体の完全な三次元モデルを作らずに，簡易的な三次元モデルである奥行きマップを利用する方法がある。

仮想視点撮像の応用形態は，表1.3に示すように固定視点と動的視点に分類される。固定視点は視点のダイナミックな動きは必要としないが，物理的制約のためカメラが配置できない位置からの映像が必要な場合に有効である。例として，テレビ電話などで必要とされている視線一致撮像がある。視線一致撮像を実現するには，画面中の相手の目の位置から撮像する必要があるが，画面後方からの撮像は物理的に不可能である。これまで，ハーフミラーを用いる方法など光学的な工夫により視線一致を実現する方法が提案されているが，いずれも表示品質を犠牲にしていた。そこで，図1.5に示すように仮想視点カメラを用いれば，表示品質を犠牲にすることなく視線一致撮像が可能になる。同じようにカメラ配置の物理的制約から逃れる応用として，仮想的にレンズ中心を一致させた複数画像でパノラマ画像を生成する方法[13]などがある。

動的視点は視点のダイナミックな動きが要求される応用に用いられ，イベ

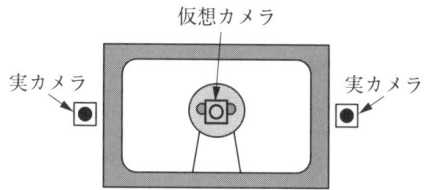

図 1.5　仮想視点カメラを用いた視線一致撮像

ント中継や実空間ウォークスルーなどが具体的応用として考えられている。例として，カメラをドーム状に多数配置し，ドーム内の任意の視点画像を生成する研究[14]や，この応用としてスタジアムで行われる競技をスタジアム内の任意の視点で観察できる仮想スタジアムに関する研究などがある[15]。また，交差点付近に設置された複数のカメラから任意視点の鳥瞰図を作成する研究において，実時間での鳥瞰図生成が達成されている[16]。

参考文献

1) 小宮一三："次世代イメージセンシング技術への期待"，映像情報メディア学会誌, 56, 3, pp.350 - 351 (2002).
2) 田中健二，鈴木保成，荒川佳樹，田中英史，佐藤正人："800万画素超高精細カメラ"，第13回画像入力シンポジウム予稿集, pp.10 - 14 (2001).
3) 三谷 他："60fps順次走査方式800万画素3板式カラー撮像実験装置"，映像情報メディア学会技術報告, 25, 75, pp.1 - 8 (2001).
4) 2002年NHK技研公開資料
5) 内山俊郎："ナチュラルビジョン"，第12回画像入力シンポジウム予稿集, pp.60 - 65 (2000).
6) 浜本隆之 他："適応蓄積時間イメージセンサ"，映像情報メディア学会誌, 55, 2, pp.271 - 278 (2001).
7) 大塚康弘 他："新しい多重解像度スマートイメージセンサの設計と試作"，映像情報メディア学会誌, 55, 2, pp.279 - 286 (2001).
8) M. Kimura and H. Saito: "Machine Vision Applications. 3D Reconstruction Based on Epipolar Geometry", IEICE Trans. E84 - D, 12, pp.1690 - 1697 (2001).
9) 張山昌論 他："高性能ステレオビジョンVLSIプロセッサとその応用"，電子情報通信学会技術研究報告, 101, 266, (ICD2001 65 - 78) pp.39 - 44 (2001).
10) 昼間香織 他："複数の奥行マップを用いた仮想視点画像の生成"，電子情報通信学会論文誌, D - 2, J84 - D - 2, 5, pp.805 - 811 (2001).
11) 河北真宏 他："Axi - Vision Cameraによる奥行き画像の検出"，1999年電子情報通信

学会大会講演論文集, 7, p.161 (1999).
12) 能登 肇 他:"空間コードを用いた3次元情報入力技術の研究", 2001年電子情報通信学会大会講演論文集, D, p.153 (2001).
13) 遠藤隆明, 片山昭宏, 田村秀行, 広瀬通孝:"多視点画像からの全天周画像の生成手法", 第5回日本バーチャルリアリティ学会大会論文集, pp.415-418 (2000).
14) 関藤 誠 他:"リアルタイム自由視点画像生成システム", 映像情報メディア学会技術報告, 25, 84 (BCS2001 69-83), pp.31-34 (2001).
15) 大田友一 他:"仮想化現実技術による自由視点3次元映像スタジアム通信", 電子情報通信学会技術研究報告, 100, 633 (PRMU2000 186-192), pp.17-22 (2001).
16) 沓名輝幸, 関藤 誠, 豊田興一, S. Yang, 藤井俊彰, 木本伊彦, 谷本正幸:"鳥かん図生成のためのリアルタイム画像処理システム", 第7回画像センシングシンポジウム講演論文集, pp.279-280 (2001).

第2章

ディジタルカメラ

富士写真フイルム株式会社　三沢岳志

2.1 はじめに

　1995年より普及の始まったディジタルスチルカメラ（DSC）も，2003年には国内だけで約877万台以上（トイカメラを除く），海外も含めれば約4341万台以上出荷された。すでに国内では金額，数量共に銀塩カメラを抜いている（図2.1参照）。国内では約770万台の出荷見込みである。TVで流れるのは圧倒的にディジタルカメラのCMになった。

　使われるイメージセンサの画素数もコンパクトカメラタイプのDSCで400～800万画素，一眼レフカメラタイプでは1000万画素を超える物も現れ，また画素レイアウトを工夫したイメージセンサを搭載したDSCも登場してきたことで，少なくとも一般ユーザーが解像度で不満を感じることはかなり減った。感度もISO1600を実現したDSCが増えてきており，この点でも銀塩カメラに劣ることがなくなった。またダイナミックレンジを従来比4倍に高めたDSCも登場してきている。

　普及初期にはインフラが整っておらず，ユーザーが戸惑う事が多かったプリント環境であったが，写真プリント店が店頭でDSCからのプリントを受け付けるようになり，もちろん家庭内でのカラープリンタ環境が整ってきたことやインターネットを使ってのプリント受付も現実的になったことで，一般ユーザーがプリントに困る状況は解消された。

　しかし，ユーザーの不満がまったくなくなったかといえば，そうではない。一部のアドバンストアマチュアを対象としたカメラを除けば，DSCは撮影

時に信号処理をすべて行い，完成されたディジタル画像としてメモリカードに記録する．したがって，その信号処理がもし不適当であった場合には画質に直接影響する．従来のネガフイルムを使用した銀塩カメラ系ではフイルムのラチチュードが広いため，露光時に例え失敗したとしてもプリント時に補正することでかなりの確率で救うことができたが，DSC に一般的に使用される CCD にそこまでのダイナミックレンジはない．したがって，DSC 内部で行われる信号処理の出来・不出来が画質を左右しているといえるわけで，重要な位置を占めることになる．

ここでは，まずディジタルカメラについて簡単に述べ，その後，その信号処理について解説する．

2.2 ディジタルカメラの概要

ディジタルカメラは，簡単に言えば従来のフイルムを使うカメラをディジタル化したものである．

レンズやシャッタなどの光を調節する部分に関してはフイルムカメラとほとんど変わらない．銀塩カメラでは，銀塩フイルムが (1) 光を受けて像を形成し（露光），(2) 現像することで像を定着し（記録），(3) そのまま保存（保

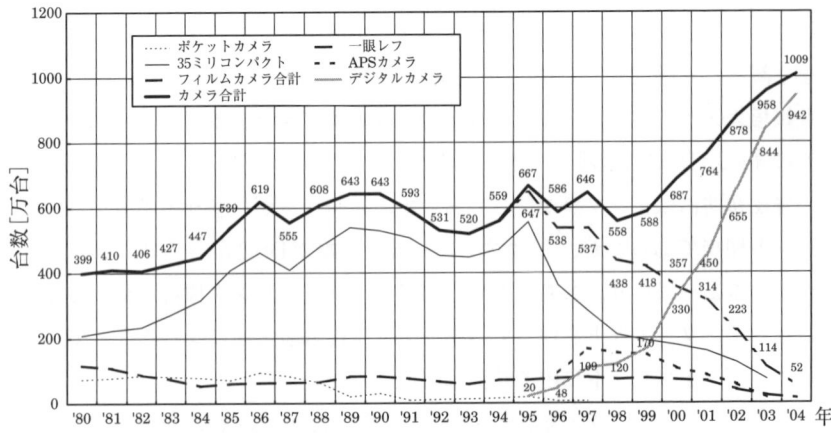

図 2.1　日本国内カメラ種類別出荷台数統計

管）するという一人三役を担っていたが，DSCでは露光部分はCCDやCMOSなどのイメージセンサ，記録する部分は半導体メモリカード，保管にはハードディスク，MO，記録型CDやDVDなどとそれぞれ役割を分担している。

フイルムカメラの現像に相当する部分とプリント時の調整にあたるのが，信号処理である。

また，極めて低価格のディジタルカメラを除いて，撮影した画像を見ることができる液晶ディスプレイなどのモニタを備えている。これによって，インスタントシステムを除けば現像するまではでき上がりを確認することができなかった写真を，撮影した直後に確認することが可能になっている。

ディジタルになって，それまではカメラとプリントの世界だった写真の世界は大きく変わった。それはフイルムにアナログ記録されていた写真が，ディジタルカメラの登場でディジタルのデータとして扱えるようになったことが大きい。一度ディジタルデータになってしまえば，現在のディジタル機器とたいへん親和性の高いものになる。直接プリンタで出力することもでき，またパーソナルコンピュータにデータを移動して大きな画面上で鑑賞することや，ハードディスクやMO，記録型CDやDVDなどにデータを保存することができる。

さらにインターネットを経由することで，写真画質プリントを得ることができ，携帯電話の画面で画像を確認することもできる。パーソナルコンピュータを持たない場合でもディジタル画像を扱えるホームサーバーのような機器もある。

従来のフイルムカメラから大きく変わった点は，(1)撮影直後に撮影画像の確認が液晶などのモニタ上でできる，(2)半導体メモリに記録するので，失敗画像をすぐに消去できる，あるいは満足するまで撮影し直しができる，(3)一度記録した画像は，画像データとして記録されるので保管に注意すれば劣化はない，などのメリットがある部分と，(4)完成画像として記録されるので撮影時にホワイトバランス，シャープネス，記録モード（JPEGなどの圧縮率）に注意しなくてはいけない，(5)フイルムカメラに比べて電池の消耗が激しい，などのデメリット部分に分けられる。もっとも，デメリット

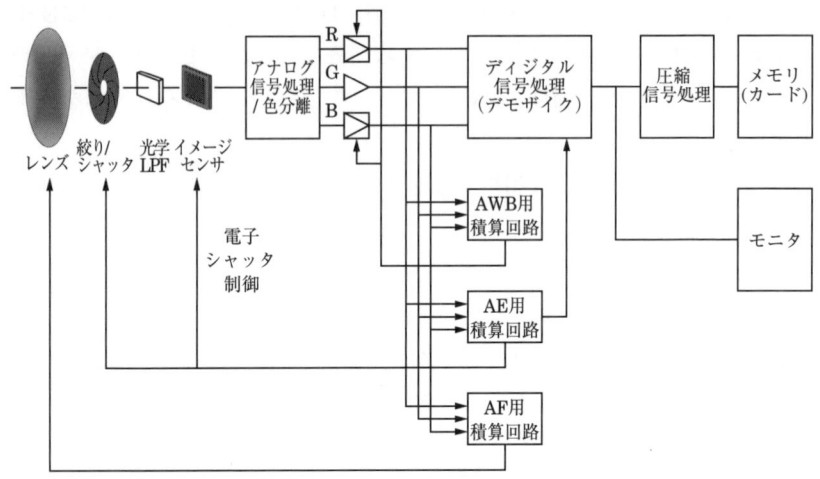

図 2.2 ディジタルカメラのブロック図と信号処理

部は開発が現在も進んでいるので，いずれ問題とならなくなるであろう．

また，フイルムカメラでのフイルムサイズに相当するものとしてイメージセンサの画素数がある．フイルムを大きくすれば，より繊細な写真が撮れるように，一般的にはイメージセンサの画素数を大きくしていけばより繊細なディジタル画像が得られる．ただし，画素配列を工夫したイメージセンサもあり，イメージセンサの画素数が出力画像の解像度と必ずしも一致するわけではない．

2.3 ディジタルカメラの信号処理

ディジタルカメラの主な信号処理は，次の四つである．すなわち，(1) 光学ローパスフィルタ (光学LPF)，(2) 自動露出制御 (AE)，(3) 自動フォーカス制御 (AF)，(4) 自動ホワイトバランス制御 (AWB)，(5) デモザイク処理，(6) 信号圧縮処理，である．光学LPFは厳密な意味での信号処理には当たらないが，ディジタルカメラの信号処理上重要な役割を果たすために取り上げた．

2.3.1 光学LPF

　光を感じるハロゲン化銀がランダムに並んでいるフイルムに対し，イメージセンサは一般に図2.3のようにXYに規則正しいピッチ(Px, Py)で受光素子が並んでいる。つまり，Px, Pyで空間をサンプリングしていることになる。サンプリング理論により，このイメージセンサで再現できる帯域は($1/2Px, 1/2Py$)で囲まれた帯域となり，それ以上の空間周波数が存在した場合には，折り返して低周波の縞として現れる。これがモワレ(Moire)と呼ばれるノイズである。

　このモワレを除去するために，DSCの光学系には光学LPFが入っている。光学LPFは主に水晶などの複屈折(図2.4参照)を利用して，イメージセンサのナイキスト帯域外の高い周波数成分を減衰させる。この特性は，

入力点像：$h\,\text{in}(x) = \delta(x)$ 　　　　　　　　　　　　　　(2.1)

LPF出力点像：$h\,\text{out}(x) = |\delta(x-d/2) + \delta(x+d/2)|/2$ 　(2.2)

これをフーリエ変換すると，

$$H(u) = F[|\delta(x-d/2) + \delta(x+d/2)|/2] = \cos 2\pi u\,(d/2) \quad (2.3)$$

となり図2.5のようにコサイン特性となる。

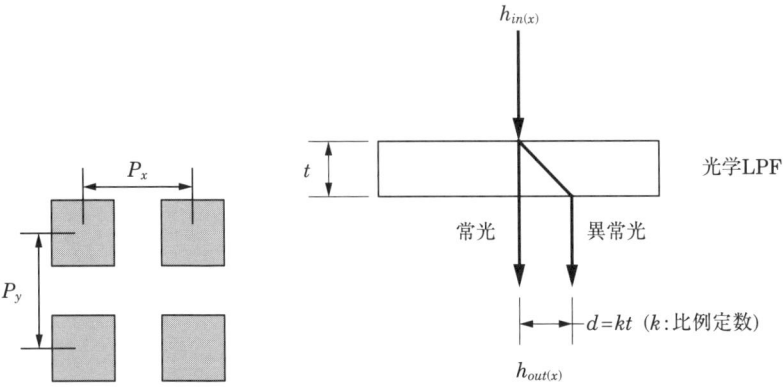

図 2.3 イメージセンサの画素ピッチ　　**図 2.4** 複屈折による光学LPFの構成

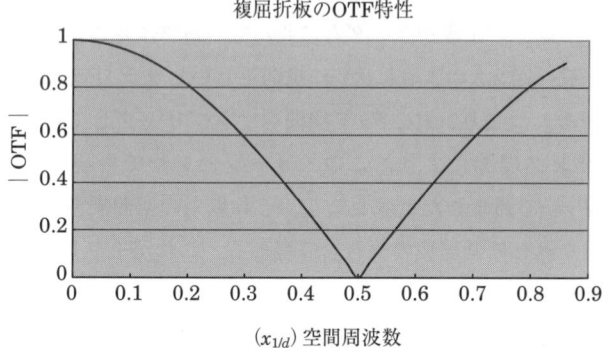

図 2.5　光学ローパスフィルタの空間周波数特性

2.3.2　自動露出制御(AE)

　先に述べたように，入力した像を電気信号に変換するのがイメージセンサであるが，イメージセンサにはこれ以上の過大光は出力されないという飽和光量があり，これを超えないように光量を制御する必要がある。ディジタルカメラでは絞りによって光量を制御するほか，電子シャッタを利用して入射光量を飽和以下に保つ。この制御が自動露出(AE)である。

　AE 方式にはまず測光方式として，①外光式と②TTL(Through The Lens)方式がある。ディジタルカメラではイメージセンサを使って測光する TTL 式がほとんどであるが，一部外光式もある。また測光方式として，①平均測光，②スポット測光，③中央重点測光，これらを組み合わせた④マルチパターン測光がある。測光方式は各社方式が異なり一概に述べることは難しいが，基本的には画面全体の輝度信号の積算値を一定レベルに保つ制御と，スポット光などを検出して例外処理を行う制御などの組み合わせで行っている。

2.3.3　自動フォーカス制御(AF)

　一般に，単焦点かつ絞り込むことができるレンズでは被写界深度を深くすることでフォーカス制御なしのレンズも実現できるが，手ぶれ等を防止したい，あるいは被写界深度をコントロールしたいカメラでは，フォーカス制御を行う。外部にセンサを設け制御する方式もあるが，ディジタルカメラでは AE と同じく TTL 方式で，イメージセンサ出力を利用する方式が主流である。

イメージセンサの輝度信号出力に帯域フィルタをかけ被写体のコントラストに比例した出力を得て，コントラストが最大になるフォーカス位置を検出するものが多い。画面のどの部分を検出範囲とするか，またその組み合わせ方などは各社により異なる。

2.3.4　自動ホワイトバランス制御(AWB)

ホワイトバランスとは，基本的にはカラー画像中の白い色が白く見えるように各色信号のレベルを制御する方法である。基本的に画像を表示する装置はRGBが同一の信号を入力したときに白もしくは無彩色に見えるように調整されている。また，人間の目も照明光源に順応し基本的に白いものは白く見ている。

したがって，撮影する画像は基本的にホワイトバランスをとりその場のRGB反射率とは関係なく，白いものを白く写さなくてはいけない。

一般にすべての色を混ぜ合わせるとグレーになるというエバンスの法則に沿った制御を行うが，忠実にこれを実行しようとすると，画面内を単色の被写体が占めた時には破綻してしまう。したがって，例外制御との組み合わせが重要となる。最近では光源を推測する制御方法を取り入れたDSCも登場している。

2.3.5　デモザイク処理

現在のDSCのイメージセンサは，単板撮像方式がほぼすべてである。これはイメージセンサの各画素に単色の色フィルターを貼り，各画素は単色の信号出力しか得られない方式である。ディジタル画像を構成するためには画素数分のRGBデータが必要であるために，デモザイク処理を行うことでこのデータを得る。

色フィルター配列は正方原色ベイヤー配列が多い。正方画素配列ではないPIA (Pixel Interleaved Aray) イメージセンサを使用したDSCについては後半で述べるが，これらの色フィルター配列とデモザイク後のデータの関係を図2.6に示す。PIAイメージセンサは画素配列が正方配列でないために，正方配列出力を行おうとすると画素数が必然的に2倍になることが注目される。

デモザイク処理を行うと，各原色の帯域の差により偽色が発生する。これは，各色フィルタで再現できる色帯域が異なるためである。図2.7に示すよ

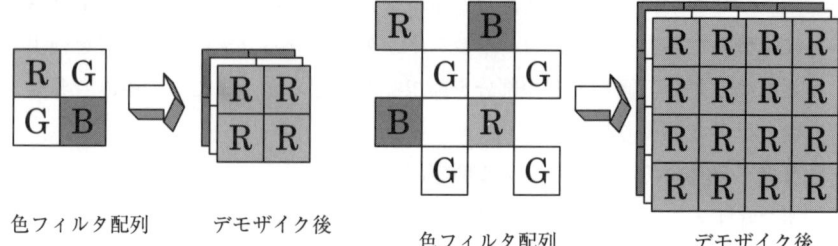

(a) ベイヤーフィルタ配列　　　　(b) PIAフィルタ配列

図 2.6　代表的な二つの色配列とデモザイク後

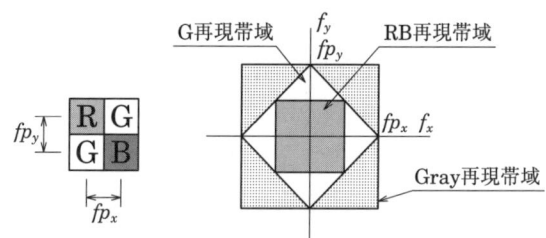

図 2.7　ベイヤー配列の再現帯域

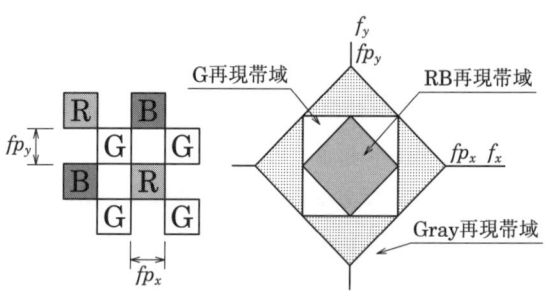

図 2.8　PIA配列の再現帯域

うに，ベイヤー配列では被写体がGrayの場合には図のfp_x, fp_yで囲まれた帯域が再現帯域となる．しかし被写体は色を持つために，図のG再現帯域とRB再現帯域に差が生じる．図でG画素に着目すると再現帯域は$(fp_x, 0)$ – $(0, fp_y)$ – $(-fp_x, 0)$ – $(0, -fp_y)$で囲まれた菱形の領域となる．しかし，RB画素はピッチがGの2倍となるために帯域は$(1/2\ fp_x, 1/2\ fp_y)$ – $(-1/2fp_x,$

$1/2fp_y) - (-1/2fp_x, -1/2fp_y) - (1/2fp_x, -1/2fp_y)$ で囲まれた四角の帯域である。この差が偽色となって現れる。

　原色ベイヤー配列でのデモザイクにも各種方式があるが，異なる色信号間で両者の低周波成分の比で増幅したお互いの信号を補間に用いるCCM (Correlative Coefficient Multiplaying) 補間処理などが注目される。

　一方，PIA-CCDでは前述の再現帯域はちょうどベイヤー配列の再現帯域を45度回転させたものになる。この配列とベイヤー配列で画素ピッチがまったく同じであれば，再現帯域も同じとなるが，図2.6と図2.7の比較でわかるようにPIA画素配列は人間の視感度が敏感な水平と垂直に帯域がのびていることが有利となる。

2.3.6　信号圧縮処理

　ディジタルカメラの信号圧縮は，静止画用のJpeg圧縮，動画用のMotion-Jpeg圧縮やMpeg圧縮がある。これらに関しては，ここで述べるより適切な解説書があると思われるので省略する。

2.4　ディジタルカメラの今後

　すでにコンパクトフイルムカメラを台数でも金額でも上回っているディジタルカメラであるが，今後さらに普及が進むと思われる。

　イメージセンサの画素数は今後どこまで増加するかはわからないが，画質的には300万～500万画素のディジタルカメラで満足しているユーザーも多く，画素数競争は一応の終わりが見えてきていると思われる。

　今後は使いやすい画素数の低価格機が売れ筋の中心となると共に，上位機種に関してはそれでも画素数は増えていくであろう。

　動画機能についてはふれてこなかったが，ほとんどのディジタルカメラは動画機能を持っている。動画機能の高解像度化，高フレームレート化も進むであろう。

　また，ミュージックプレーヤ/ボイスレコーダになるディジタルカメラや，通信機能を備えるディジタルカメラもあり，ズーム倍率の高倍率化や防水などの基本機能の充実と共に，多機能化も進むと思われる。

すでにLサイズ（127×89mm）ではフイルムカメラに見劣りしない画質が得られており，さらに普及させるためにはいかに簡単に使えるかなどの操作性とともに，プリントの容易さなどが鍵となろう．

参考文献

1) 三沢：″ディジタルカメラ″，光学, Vol. 31, No. 4, pp. 323-325（2002）．
2) 小田 他：″広ダイナミックレンジ撮像素子の開発－第4世代スーパーCCDハニカム－″，映情学技法 Vol. 27, No. 25, pp. 21-24, IPU2003-25, CE2003-21（Mar. 2003）．
3) 木内，作佐部：″CCDのエリアシングに対応する複屈折空間周波数フィルタの設計″，テレビ学技報,19, 65, pp. 19-21（Nov. 1995）．
4) 小沢：″信号処理による原色形単板カラーカメラの偽色抑圧″,映情紙, Vol.53, No.2, pp. 302-309（1999）．

第3章

スキャナー

(株)日立製作所　中島啓介

3.1 はじめに

スキャナー[1]は,紙や写真などの二次元情報をスキャン(走査)し,画像上の画素の位置情報と反射(もしくは,透過)率に応じた情報をディジタルデータに変換出力する機器である。スキャナーは,紙上の情報を正確に読み取る機能に特長があり,人間が見たように再現するディジタルカメラやビデオカメラとは,用途が異なる。

スキャナーは,1930年代に色分解,色補正,色再現の理論が確立され,1940年から1950年にかけて米国で試作開発が行われて以来,現代に至るまでに大きく発展してきた[2]。当初は,その膨大なデータ量のため,大型コンピュータを用いるCAD(Computer Aided Design)やOCR(Optical Character Reader)の入力装置として利用されていたが,1980年代後半からPC(Personal Computer)の発展に伴い,DTP(Desktop Publishing)やOA(Office Automation)機器として個人でも簡単に利用できる機器となってきた。このスキャナーの発展は,センサに大きく依存していた。つまり,光電変換センサが高価な時代には,点でしか情報を読み取りできないため,紙をドラムに巻きつけ,ドラムを回転させてスキャンして読み取るドラムスキャナが主流であった。しかし,リニアセンサが開発されたことで,ファクシミリのようなシートフィード型スキャナー,帳票や郵便物を読み取る業務用スキャナーのように,紙を移動してスキャンするものと,フラットベッド型スキャナーやハンドスキャナーのように,走査系を移動してスキャンする

ものが登場した。これらのスキャナーは，走査方法は異なるものの，機器内に光源を持ち，読取対象物を一定の読取条件下で入力することにより高精度な読み取りを実現している。このため，画像処理としては，ほとんど同じ処理で対応しているのが現状である。

最近では，ディジタルカメラの普及で，エリアセンサの高画素数化が進み，紙も走査系も固定し電子的にスキャンすることが可能となり，非接触スキャナーが登場した。これはディジタルカメラ技術を用いてスキャナー機能を実現するものであり，環境照明に対応する新しい画像処理技術が必要とされている。

本章では，現在主流になっているフラットベッドスキャナーを例に光源内蔵型のスキャナーの画像処理を解説し，次に非接触スキャナーを例にオープン環境型スキャナーの画像処理技術を解説する。説明に当たっては，他の解説記事とできるだけ重複しないように，センサーデバイスやカラーマネジメント[3],[4]にはふれず，スキャナー特有の画像処理を中心に解説する。

3.2 フラットベッドスキャナーの画像処理

図3.1にフラットベッドスキャナーの構成を示す。透明ガラスの上に原稿をおき，移動する光源で照明し，反射光をミラーで折り返し，ライン型カラーCCD(Charge Coupled Device)で読み取る構成が一般的である。小型スキャナーの場合は，光源とセットになったCIS(Contact Image Sensor：密着型センサ)を用いる例も増えたが，センサのインタフェースが少し異なるだけで，画像処理系は，ほとんど変わりはない。

図3.2に，画像処理のフローを示す。スキャナーにおける画像処理は，大きく分けて，センサや読取系によるひずみを除去する画像補正と，読み取った画像から所望の画像へ変換する画像編集のフェイズに分類できる。まず，画像補正のフェイズでは，光源，センサの感度ばらつきを補正するシェーディング補正，センサの隣接画素の影響によるボケ補正を補正するMTF(Modulation Transfer Function)補正，センサの非線形性や色のバランスをとるガンマ補正を行う。画像編集のフェイズでは，2値化，ノイズの除去，

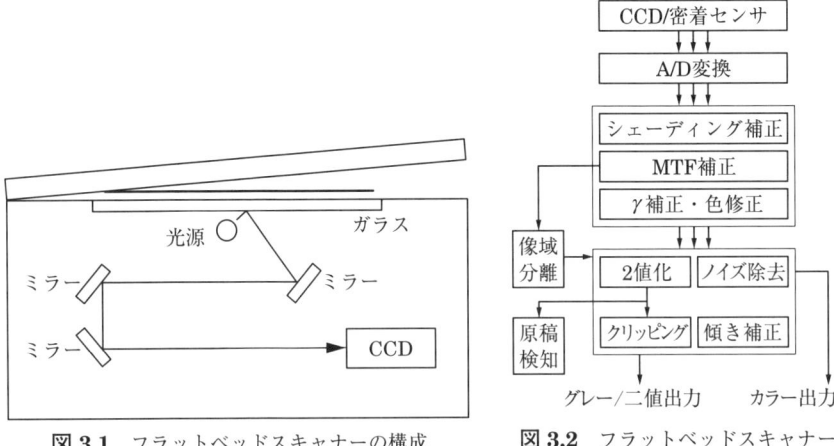

図 3.1　フラットベッドスキャナーの構成　　図 3.2　フラットベッドスキャナーの画像処理フロー

原稿を検知してクリッピングや傾きを補正する処理を行う。以下，順に各処理の概要を説明する。

3.2.1　シェーディング補正

センサは，フォトダイオードの集合体であるため，個別のダイオードは，感度特性，色分解特性，CCDの転送効率，暗電流が異なり，原稿の同じ濃度値を読み取っても，出力値が異なる。また，照明も，発光(蛍光)体の発光特性，発光体(管壁)温度の変動，フィラメントの劣化による不均一性が生じ，またレンズの特性によって，センサからの出力波形は，模式的に図3.3に示すような形状となる。Wiは，白基準を読み取った波形，Biは，黒基準を読み取った波形を示しているが，中央が明るく，周辺が暗くなっており，一部分に不均一な波形となる。補正方式としては，読み取りに先だって基準画像を読み取らせ，これを基に読取信号を正規化する手法が一般的に用いられている[5]。フラットベッドスキャナーでは，ガラス面の裏側のセンサ読み取り範囲外に基準版が配置されており，走査系が読み取り前に対応するそれぞれの画素の基準値を読むことができるようになっている。

図3.4は，シェーディング補正の概念図を示す。i画素目の入力信号をP_iとすると，シェーディングひずみのために，P_iは，黒基準B_iと白基準W_iの

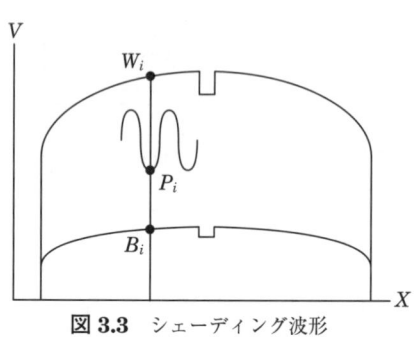
図3.3 シェーディング波形

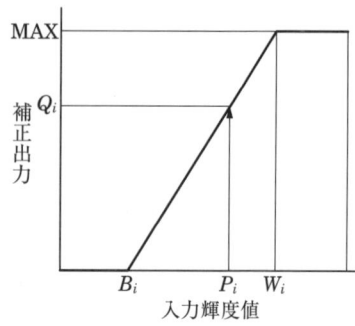
図3.4 シェーディング補正の概念図

値しか取れなくなっているので，$P_i=B_i$なら0，$P_i=W_i$なら最大値（MAX）に線形変換すればよい．数式で表現すれば，

$$Q_i = (P_i - B_i) \cdot \mathrm{MAX} / (W_i - B_i) \tag{3.1}$$

となる．ここで，P_i：i画素目の入力値，Q_i：i画素目のシェーディング補正後の出力値，W_i：i画素目の白基準値，B_i：i画素目の黒基準値，MAX：出力値の最大取り得る値．$P_i=W_i$時の出力値．

3.2.2 MTF補正

CCDセンサは，フォトダイオードを密集させて配置されているため，例えCCDセンサ上に焦点を合わせても，隣接画素への光量漏れや読み取り光学系の持つローパス特性，ディジタルサンプリングによる解像度，有効周波数帯域の制限等で，高周波数域でのMTF（変調伝達係数：Modulation Transfer Function）特性が減衰し，画像の鮮鋭度再現に大きな劣化を生じる．文字についてはもちろん，自然画中のエッジ部についてもぼけが生じ，不鮮明な画像となる．このため，高域成分を強調して鮮鋭度を回復する必要がある[6]．

MTFは，入力系の各周波数におけるコントラスト（信号比）の伝達係数を示し，次式および図3.5で示すように定義される．

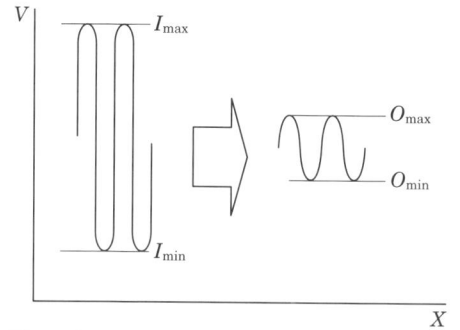

3.2 フラットベッドスキャナーの画像処理

$\mathrm{MTF} = ((O_{max}-O_{min})/(O_{max}+O_{min}))/((I_{max}-I_{min})/(I_{max}+I_{min}))$

図 3.5 MTFの定義

$$\mathrm{MTF} = C_o / C_i$$
$$C_o = (O_{max} - O_{min}) / (O_{max} + O_{min}) \tag{3.2}$$
$$C_i = (I_{max} - I_{min}) / (I_{max} + I_{min})$$

ここで，I_{max}：入力レベルの最大値，I_{min}：入力レベルの最小値，O_{max}：出力レベルの最大値，O_{min}：出力レベルの最小値。

厳密にMTF補正を行うためには，点広がり関数PSF（Point Spread Function）などを用いて系によって起こっているぼけ関数を求め，これの逆関数フィルタを作用させることで空間周波数特性を復元する必要がある。しかし，実際には，近似的に注目画素と隣接画素との差に係数をかけ，注目画素にフィードバックをかける手法が一般的に用いられている[7]。

MTF補正を数式で表現すれば，

$$Q(x,y) = P(x,y) + \sum_{i=-i_{max}+1, j=-j_{max}+1}^{i=i_{max}-1, j=j_{max}-1} (K_{ij} \cdot (P(x,y) - P(x+i, y+j))) \tag{3.3}$$

となる。ここで，$P(x,y)$：座標(x,y)の入力画素値，$Q(x,y)$：座標(x,y)のMTF補正後の出力画素値，K_{ij}：フィルタ係数。

ハードウエアで構成する場合は，図3.6に示すような構成で，$i_{max}=j_{max}=2$，$K_{00}=K_{02}=K_{20}=K_{22}=0$，$K_{01}=K_{10}=K_{12}=K_{21}=0.5$，$K_{11}=2$など，小さなサイズで簡単な係数を用いる場合が多い。

また，エッジを強調しながらモアレを抑圧できるフィルタも提案されている[8),9)]。

$$\sum_{i=0, j=0}^{i=i\max, j=j\max} (K_{ij} \cdot (P(x,y) - P(x+i, y+j)))$$

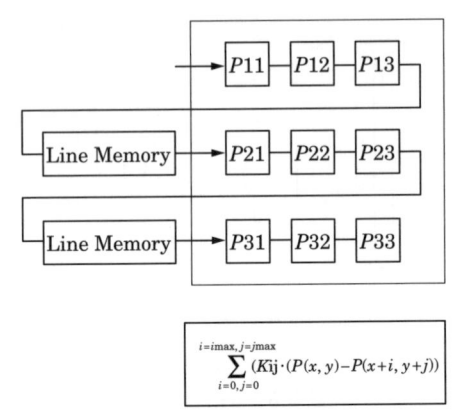

図 3.6 MTF補正回路

3.2.3 γ補正

γ補正は，センサの階調特性の非直線性を補正し，系として入出力が比例するよう補正する．一般に光学処理と電気信号処理の変換は，非直線的関係があり，

$$y = x^\gamma \tag{3.4}$$

の関係が成立することが知られている．ここで，γの値は，撮像素子では0.7〜1.0，表示系のCRTでは2.2が用いられる．図3.7は，写真フィルムを例にして，横軸に対数スケールでの入力光量，縦軸に対数スケールでの出力電圧をプロットすると，入力光の範囲（ラティチュード）を限定することで，特性の傾きが直線になる．この傾きをガンマ（$\gamma = \tan\theta$）と呼んでいる[10]．

補正方式としては，関係が非線形であるため，入力画素値を出力画素値へγひずみを補正するための変換ルックアップテーブルを用いることが多い．

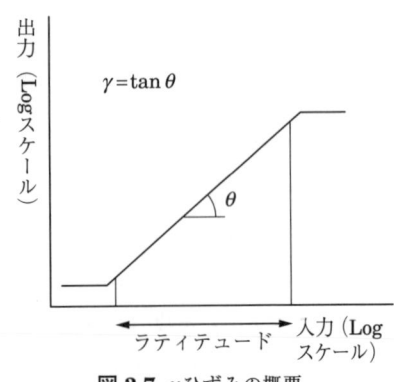

図 3.7 γひずみの概要

ガンマ補正を数式で表現すれば,

$$Q_i = \gamma \mathrm{func}(P_i) \tag{3.5}$$

となる。ここで,P_i:i画素目の入力値,Q_i:i画素目のガンマ補正後の出力値,$\gamma \mathrm{func}$:補正関数(テーブル)。

3.2.4 2値化

2値化には,文字や図形を2値化する単純2値化と,写真や網点画像を2値化するハーフトーン2値化がある。近年,この切り替えを自動化するために,画像を判別する像域分離機能を搭載するものがある。以下,これらの機能を説明する。

(1) 単純2値化

文字や図面などは,白と黒の2値で表現されることが多く,カラーで入力した画像も2値化することで画像の情報量を減らし,ファイルサイズの削減や,その後の処理を簡単化できる。単純2値化と呼ばれる2値化方式は,図3.8(a)に示すように,入力値と固定しきい値と比較し1か0を決定する。しかし,画面中をすべて同じしきい値で比較すると,新聞や青焼き原稿など,背景に色がある場合に,文字の判読が難しくなる場合がある。このため,しきい値を周辺の画素値の関数とする手法や,ヒステリシスを持たせる手法が提案されている。

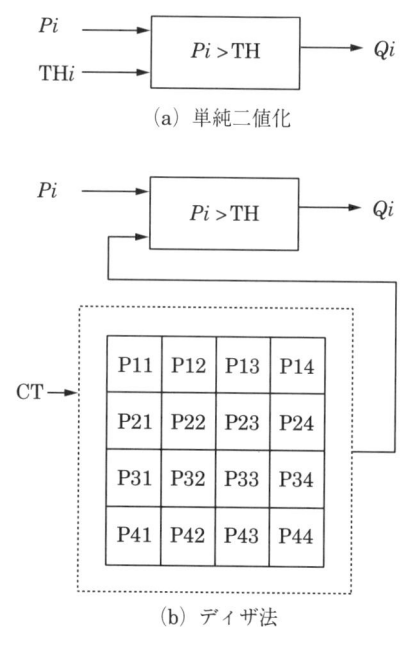

(a) 単純二値化

(b) ディザ法

図3.8 2値化処理

$$Q_i=0: (P_i \leq \mathrm{TH}_i)$$
$$Q_i=1: (P_i > \mathrm{TH}_i) \tag{3.6}$$

P_i：i画素目の入力値，Q_i：i画素目の2値化後の出力値，$\mathrm{TH}i$：i画素目のしきい値．

固定しきい値の場合は，

$$\mathrm{TH}_i = \mathrm{TH} \tag{3.7}$$

となる．周辺画素を参照する場合は，$\mathrm{TH}_i=$(参照画素値の合計)/参照画素数などでしきい値をダイナミックに変動させる．

(2) ハーフトーン2値化

写真や網点画像を2値化する手法には，ディザ法や誤差拡散法が利用されている．ディザ法は，図3.8(b)に示すように，単純2値化のしきい値を小さな領域において，一定規則で組織的に変化させることで擬似的な中間調表現する手法である．一般に画素位置，画素ライン数での下位2ビットを用いて4ビットのカウンタ(CT)を形成し，16個のテーブルから規則的にしきい値を選択する手法が用いられている．ディザ2値化は，処理が簡単なため，長い間多く利用されてきたが，エッジ部や文字部の再現性が十分でないこと，また網点画像を2値化すると網点周期とディザの周期がビートを起こしモアレが発生するため，誤差拡散法に置き換えられつつある．

誤差拡散法は，図3.9に示すように，2値化で生じた誤差(例えば，画素値30を2値化で0と判断した場合は，入力画像と2値化出力画像の濃度が30相当分だけ少なく評価されたことになっている)を，いまだ

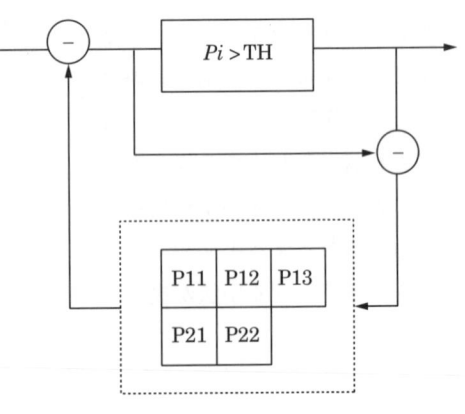

図3.9　誤差拡散法2値化処理

2値化されていない画素に位置関係に応じて分配する方式であり，入力画像値と出力結果の濃度値を保つことができ，高い解像度が実現可能である。しかし，拡散画素の選び方によって誤差拡散特有の模様の発生や符号化効率が悪いため，これを防止する提案が続けられている。

(3) **像域分離**

　像域分離とは，画像の領域を文字領域と他の領域に分離し，それぞれに異なる処理を施すことで画質や符号化効率を向上するものである。画像領域を分離する方法として，図3.10に示すように4×4画素など局所的なブロック内での最大値と最小値を求め，しきい値と比較することで2値化結果を選択する手法がある。この手法は，カラーや網点画像の判別も含めた種々の改良が提案されており，実用化されている[11)～14),16)～19)]。しかし，局所領域の判断では，誤判定が避けられないため画面全体をマクロに見て分離する手法も提案されており，さらに研究が進むものと思われる[15)]。

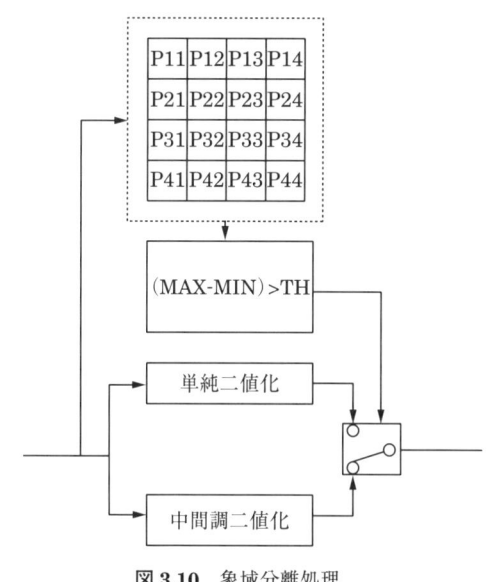

図3.10　象域分離処理

(4) **背景除去**

　青焼原稿や新聞のように入力原稿の背景に色がついている場合，背景値の変動補正(ピーク値補正)を行うことで判読性，画質の向上が可能である。

　背景除去は，背景検出エリア(1ライン，周辺領域など)の最も輝度の高いレベルを検出し，これを最大幅(MAX)に正規化することで，地濃度の影響を取り除くことができる[20)]。

　ピーク値補正を数式で表現すれば，

$$Q_i = P_i \cdot \mathrm{MAX} / \mathrm{PK}_j \tag{3.8}$$

となる．ここで，P_i：i 画素目の入力値，Q_i：i 画素目の出力値，PK_j：j ライン目のピーク値（代表値），MAX：出力値の最大値．

3.2.5 クリッピング

　最近のスキャナは，ボタンを押すだけでパソコンにデータを転送するなどの操作性向上だけでなく，画像サイズを入力画像から判定し，原稿が傾いていても自動的に修正する機能を備えているものがある．これは，原稿と原稿以外の部分を切り分けする機能である．原稿押さえのガラス面を鏡面にして原稿以上の反射率を判定基準にする方法，ある程度の反射率以上がないと原稿領域ではないと判断する方法など，種々の手法が採用されている[21),22)]．

3.2.6 傾き補正

　図3.11のように，原稿領域が判定できると，原稿存在領域の上下左右端から原稿外形をたどることで，原稿の傾きを推定できる．これを基に，正立した画像へのマッピングを実行する．

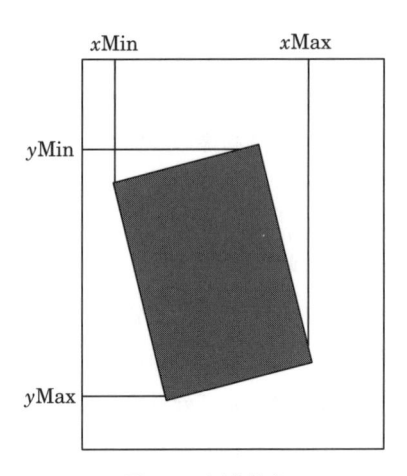

図3.11　原稿抽出

3.2.7 スキャナー向け画像処理プロセサ

　スキャナー向け画像処理プロセサは，ASIC（Application Specific Integrated Circuit）として開発が進められている[23)～25)]．センサのインタフェースから，各種補正演算，編集処理も実現可能となっている．一方，パソコンの処理速度向上により，画像変換処理などはパソコン側で柔軟に行う例もある．

3.3 非接触スキャナーの画像処理

　以上で説明したフラットベッドスキャナーも，ファクシミリのようなシートフィードスキャナーも，原稿は装置内の光源で照明し，一定条件でスキャンすることで高画質な画像を保証している。しかし，これと引き換えに，ユーザの操作性は失われている。つまり，フラットベッドスキャナーでは，原稿を裏返してセットし，蓋を閉じて，スキャンする必要があり，シートフィードスキャナーでは，厚みのある書類を読むことはできない。

　最近登場した非接触スキャナーは，原稿を上向きに置き，確認しながら，高速に入力できるというメリットがあり，金融機関を中心に導入が進められている。非接触スキャナーは当初ライン型CCDを機械操作するものであったが，デジカメ技術の進展でエリアセンサを用いるものが主流になりつつある。従来のスキャナーとは異なる画像処理としては，ダイナミックに変動する環境光の変化への対応，二次元対応処理が挙げられる。

3.3.1　環境光への対応

　照明が変化した際でも輝度を補正する技術は，移動物体検出などで研究が進められている[26]が，スキャナ向けの補正方法が提案されており[27]〜[30]，局所ブロックでの特徴値を統計処理し，また幾何学的に線形補完する方法[28]，非接触スキャナの画質劣化をカバーする補正方式も提案[29],[30]されている。

3.3.2　二次元対応処理

　センサがデジカメと同様なエリアセンサとなることで，従来のラインセンサを前提としていた画像処理から，拡張が必要となっている。例えば，シェーディング補正でも，従来は一次元情報のみの記憶でよかったが，非接触スキャナーの場合は，二次元的に明るさは異なるため，二次元情報として記憶する必要がある。また，画素密度の変換に関しても，従来であれば，主走査方向の一次元の変換を電子的に行い，副走査方向は，走査ヘッドや紙の移動速度で対応する例が多かったが，二次元センサの場合は，すべて電子的に実施する必要がある。以下，画素密度の変換を例に二次元処理の例を解説する。

　二次元の画素密度変換を数式で表現すれば，補間演算なしの場合は，

$$Q(i,j) = P(i/di, j) : 出力座標基準の場合$$
$$Q(i \cdot di, j) = P(i,j) : 入力座標基準の場合 \tag{3.9}$$

となる。ここで，$P(i,j)$：座標値 i, j の入力値，$Q(i,j)$：座標値 i, j の出力値，d_i：i ラインにおける縮小率：d_i = 出力画素幅 (D_w) / 入力画素幅 (S_w)。出力座標基準の場合を図 3.12 に示した。

縮小処理の場合は，出力画素数が入力画素数より小さくなるため，出力座標基準のほうが考えやすい。

出力座標基準で，出力座標 i に対応する入力座標 i/d_i は，画素単位で演算を繰り返す場合は，

$$1/d_i = 1/(D_w/S_w) = S_w/D_w \tag{3.10}$$

を加算し，1を超えたら，1を減算することで計算できる。プログラムでは，余り量をDDA，入力アドレスをInADRとすると，

$$\begin{aligned}&\text{DDA} = \text{DDA} + S_w/D_w; \\ &\text{if}(\text{DDA} >= 1) \{ \\ &\text{InADR} + \text{InADR} + 1; \\ &\text{DDA} = \text{DDA} - 1\}\end{aligned} \tag{3.11}$$

しかし，これは小数が必要となるので，ハードで扱うのは困難である。このため，グラフィックス処理の直線発生のアルゴリズムを適用して，系に

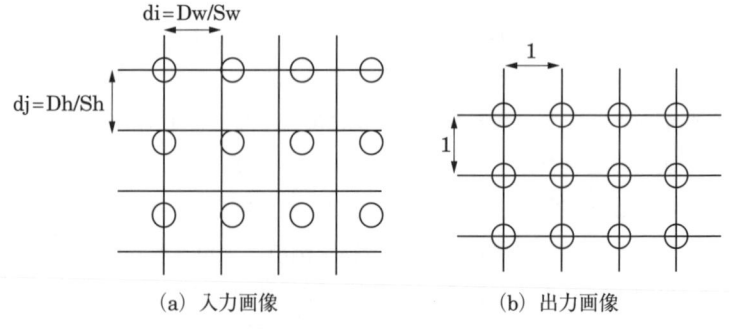

(a) 入力画像　　　　　(b) 出力画像

図 3.12 画素密度変換処理
(出力座標基準の場合)

Dwを乗じて，小数演算を整数化すると，

$$\begin{aligned}&\text{DDA}=\text{DDA}+S_w;\\&\text{if}(\text{DDA}>=D_w)\{\\&\text{InADR}=\text{InADR}+1;\\&\text{DDA}=\text{DDA}-D_w\}\end{aligned} \quad (3.12)$$

となる。

これでDDA(Digital Differential Analyzer)が適用できる。これを二次元的に利用することで，二次元の画素密度変換を実現できる。しかし，この際，ソース側の値は画素が存在しない位置に指定されるため，補間処理が必須である。図3.13にバイリニア補間処理の例を示す。

補間後の画素 $Q(i,j)$ を求めるため，まず $Q_h(i,j)$, $Q_h(i+1,j)$ を求める。$Q_h(i,j)$ は，$P(i,j)$ と $P(i,j+1)$ を $Q(i,j)$ の座標位置で線形補間する。

$$Q_h(i,j)=P(i,j)+((P_i,j+1)-P(i,j))\cdot DDA_h/S_h \quad (3.13)$$

同様に

$$Q_h(i+1,j)=P(i+1,j)+((P_i+1,j+1)-P(i+1,j))\cdot DDA_h/S_h \quad (3.14)$$

とすると，

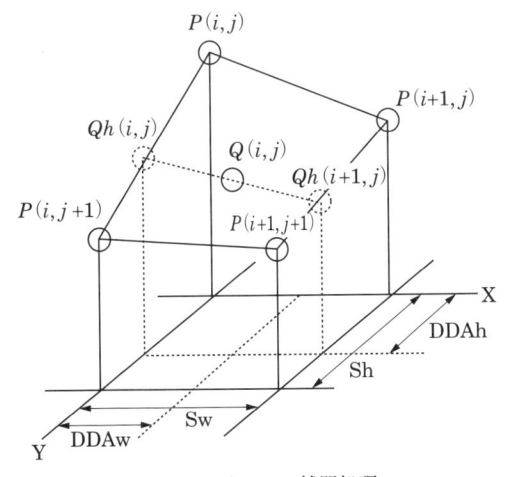

図3.13 バイリニア補間処理

$$Q(i,j) = Q_h(i,j) + ((Q(i+1,j) - Q(i,j)) \cdot DDA_w / S_w \tag{3.15}$$

を求めることができる．

スキャナー関連の技術動向を簡単に解説した．今後，スキャナーが，単なるパソコン周辺機器としてではなく，新しいヒューマンインタフェースとして，さらに大きく発展することを期待する．

参考文献

1) 中島啓介："7-3スキャナ"，画像電子学会誌, Vol.31, No.6, pp.1117-1118 (2002).
2) 「スキャナ」のすべて―カラー画像処理編：日本印刷協会1988年3月31日発行.
3) 梶　光雄："4.色再現管理に関する標準化の動向"，Vol.30, No.3, pp.225-230 (2001).
4) 小寺宏曄："色空間の分割による入出力デバイスの高精度マッチング"，画像電子学会誌, Vol.29, No.2, pp.128-139 (2000).
5) シェーディング：尾崎　弘，谷口慶治："画像処理―その基礎から応用まで"，共立出版, pp.21-24 (1983).
6) 谷萩隆嗣，野口考樹："2次元ディジタルフィルタによるぼけ画像の復元"，電子通信学会論文誌, Vol.J64-D, No.2, pp.156-163 (1980.2).
7) 江尻公一，他2名："実時間MTF補正回路によるボケ画像の補正"，Richo Technical Report No.6 pp.37-42 (1981.12).
8) 小林和人，他："ファクシミリイメージプロセッサFRIP2"，電子情報通信学会技術報告IE92-63, pp.21-28 (1992.10).
9) 中村敏明，他2名："モアレ抑圧エッジ強調フィルタによる高画質化方式"，画像電子学会誌, Vol.22, No.5, pp.445-450 (1993).
10) M.R. Shroeder: "Image form Computer", IEEE Spectrum 6, pp.60-78 (1969).
11) 鉄谷信二，越智　宏："2値画像と濃淡画像の混在する原稿の2値化処理法"，電子通信学会論文誌, Vol.J67-B, No.7, pp.781-788 (1984.7).
12) 南日俊彦："文字・写真・網点印刷の混在する画像の2値化処理方法"，平元画電全大予稿, 22, pp.91-94 (1989).
13) 上野　博，他2名："網点写真の二値化法"，昭60電子通信学会情報・システム部門全国大会, pp.1-223 (1985).
14) 大内　敏，他2名："文字・網点・写真混在画像の像域分離方法"，電子情報通信学会技術報告IE90-32, pp.25-32 (1990).
   瀬政孝義，他3名："中間調領域の階調保存を考慮した2値画像の画素密度変換法"，画像電子学会誌, Vol.21, No.5, pp.519-527 (1992).
15) 越智　宏："階層処理による高品質多値誤差拡散法"，画像電子学会誌, Vol.24, No.1, pp.10-17 (1995).

参考文献

石谷康人, 宮本隆司:"多階層構造と階層間相互作用に基づく文書構造解析", 電子情報通信学会技術報告, PRMU96-169, pp.69-76 (1997-3).

16) SPIRE技術:富士ゼロックスDocuPrintC626PSカタログ
17) AAS (Auto Area Segmentation):セイコーエプソンColorioスキャナGT-8700カタログ
18) VIP (Visual Inregration Process):シャープデジタルフルカラー複合機「リブルカラー」〈AR-C150〉カタログ
19) AIモード:東芝FANTASIA22i/15iカタログ
20) 背景除去TET (Text Enhancement Technology):セイコーエプソンColorioスキャナGT-8700カタログ
21) 自動用紙サイズ検知:リコーIPSIOSCAN3000DCEXカタログ
22) 原稿領域自動切り出し機能:パナソニックKV-S2025CNカタログ
23) "VSP3010: 12ビット, 12MHzCCD/CISシグナルプロセッサ" BURR-BROWN社カタログ
24) "LM9822: 3チャンネル, 42ビットカラースキャナ・アナログ.フロントエンド" Natinal Semiconductor社カタログ
25) 加藤真一, 他:"画像処理LSI〈LC82103〉"
26) 松山隆司, 他:"照明変化に頑健な背景差分", 電子情報通信学会論文誌, D-II, Vol.J84-D-II, No.10, pp2201-2211 (2001-10).
27) 足立満則, 他:"カメラ型カラーイメージスキャナ", テレビジョン学会技報, Vol.12, No.41, pp.1-6 (1988).
28) 岩下博一, 他:"ダイレクトスキャナ向け動的影補正方法", 電子情報通信学会情報・システムソサイエティー全国大会, D-12-21, p.208 (2000).
29) 中島啓介, 他:"非接触カラースキャナ「Blinkscan」", 映メ技報, Vol.26, No.54, pp.17-20 (2002-7).
30) 村田憲彦, 他:"文書画像入力のためのあおり歪み補正技術", 第7回画像センシングシンポジウム講演論文集, pp.385-390 (2001).

第Ⅱ部

表示デバイスと画像・信号処理

第4章 液晶ディスプレイ
第5章 プラズマディスプレイ
第6章 FED (Field Emission Display)
第7章 有機ELディスプレイ技術
第8章 液晶プロジェクタ
第9章 広色再現域カラーディスプレイ
第10章 立体ディスプレイ

第4章

液晶ディスプレイ

三菱電機(株)　結城昭正，山川正樹，
蔵田哲之，井上満夫

4.1 はじめに

　液晶ディスプレイ(Liquid Crystal Display：LCD)は，外部電界で制御の可能な厚さ数μmの液晶層の複屈折性を利用した光透過率制御型の表示デバイスである。液晶自身は発光機能を有しないため，外部光源であるバックライトを備えることが必要であるが，発光効率の高い光源を用途に応じて選択できる点がメリットであり，冷陰極管ランプを用いて5～10lm/Wの高い発光効率を実現できている。また，周囲光を利用した反射型ディスプレイにも応用でき，液晶の駆動も数ボルト程度の低電圧で行えるため，省エネルギー表示デバイスとして，家庭用の液晶TVや携帯電子機器用のディスプレイとして用いられ始めている。

　液晶は，棒状分子がファンデルワールス力により弱く規則的に配列した液晶相の状態にあり，結晶のような光学的異方性と液体のような流動性を併せ持つことを特徴とする。1888年にライニッツアにより特異な色の変化が発見されていたが，表示装置への応用が検討され始めたのは1960年代に電界による液晶の配列変化が発見されてからである[1]。当時，壁掛けTVの開発を目指していた米国RCA研究所により，1968年に世界初のLCDが発表された。これ以降，わが国を中心に世界的な規模での開発競争が始まり，半導体プロセス技術から生まれたTFT(Thin Film Transistor)技術との融合により今日の発展につながっている[2]。

　ここでは，まず，これまでに開発された液晶ディスプレイの中で今日実用

化されている技術を用途ごとに列挙し整理する。ついで，最も普及しているカラーTFT駆動透過型LCDを例に，液晶ディスプレイを構成する主たる要素技術である液晶モード，TFT駆動素子，バックライト，信号処理技術に関して解説を行う。

4.2 LCDの種類，その構造と表示動作

表4.1に，LCDに用いられている技術を構成要素ごとに列挙する。最も一般的なノート型パソコンや液晶モニター，液晶テレビに用いられているカラーTFT-LCDの特長は，大画面で高いコントラストと色再現性を実現できる高画質である。基本構成を図4.1に示す。薄型高輝度の白色光源バックライトを透過型液晶パネルの背面に備え，コントラスト300〜500，輝度300〜500〔cd/m^2〕を実現できる。1画素を赤・緑・青色の3原色カラーフィルターをそれぞれ備える三つのサブ画素に分割し，サブ画素の個別の階調制御と面積混色により1200万色のカラー表示が可能である。駆動素子としてTFTを備えており，短時間の電荷注入で安定した外部電界を液晶に印加できるため，XGA(1024×768)LCDにおいて60Hzのフレームレートで500を超える高いコントラストを実現できる。液晶モードはTNモードの他

表4.1 液晶ディスプレイの技術の分類

分類		〈大型〉モニター, TV用LCD	〈中小型〉携帯電話, PDA用LCD		その他
用途と特徴		高精彩・動画	高精彩・低消費電力		高反射率・抵消費電力
基本構成		透過型LCD+バックライト	半透過LCD+バックライト, 反射型LCD		反射型LCD
カラー化方式		カラーフィルター面積混色	カラーフィルター面積混色, フィールドシーケンシャルカラー		積層加法混色,積層減法混色
パネル	駆動方式	アクティブマトリクス駆動	アクティブマトリクス駆動,	単純マトリクス	単純マトリクス
	駆動素子	アモルファスTFT	低温 p-SiTFT	MIM(TFD),なし	コレステリック液晶,ゲストホストモード
	液晶モード	TN, IPS, MVA, OCB	ECB, TN, STN		
照明	方式	バックライト（直下型，エッジライト型）	バックライト,	フロントライト	
	光源	冷陰極管, 三原色LED	白色LED	LED, 冷陰極管	

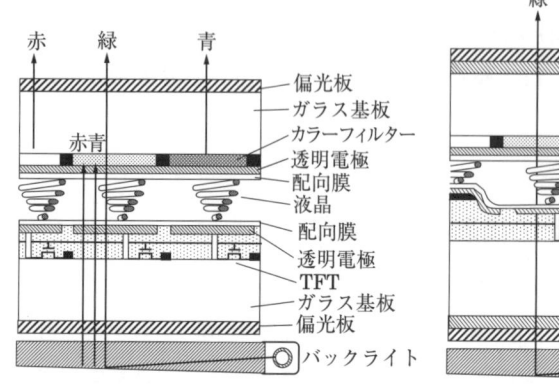

図 4.1 透過型LCDの断面構造 **図 4.2** 半透過型LCDの断面構成図

に，視野角の広いIPS（In-Plane Switching）モード，MVA（Multidomain Vertical Alignment）モードが用いられており，さらに，応答速度の早いOCB（Optically Compensated Birefringence）モードの開発も行われている。バックライトに関しても，形式として直下型とエッジランプ型があり，光源も主流の冷陰極管に加え，色域の拡大を図るため3原色LEDを用いたものもある。

　携帯電話や電子手帳用のディスプレイに用いられている小型LCDには，室内環境での画質を重視した透過型LCDと，屋外での画質と省電力を重視した反射型LCD，そして，両者の機能を併せ持つ半透過型LCDがある。図4.2に示すのは，半透過型LCDの断面図である。屋外での使用に備えた外光反射型表示機能と，暗い室内での使用に備えたバックライト方式透過型表示機能とを併せ持つ方式である。サブ画素内に透過電極部に加え反射電極部がある点が，透過型LCDと異なっている。反射型表示部では，表面側偏光板が透過型LCDの裏面側偏光板を兼ねるため，旋光性を利用したTNモードは使用できず，液晶セル内の金属反射板と1/4λ板を組み合わせた複屈折制御（ECB：Electrically Controlled Birefringence）モード液晶を用いる構成が一般的である。カラー化の方式は，透過型と同じく，赤緑青のカラーフィルターのサブ画素による面積混色方式であるが，反射部はカラーフィルターを2回通過するため透過部に比べ薄くするなど，反射領域と透過領域でカ

ラーフィルターの透過率を変える工夫が施されている。

画質を重視する透過型LCDでは，駆動はコントラストを高められるTFT方式が一般的であるが，小型の半透過型LCDでは，TFT方式に比べスイッチング性能は劣るが駆動消費電力の少ないTFD(Thin-Film-Diode)方式も用いられている。さらに，応答速度，視野角とコントラストに対する要求が低い用途では，コストと消費電力で有利なSTN(Super-Twisted-Nematic)パッシブマトリクス方式も用いられている。パッシブマトリクス駆動の場合，非選択画素にも低電圧が印加されるため，ある程度以上の電圧で動作する急峻な電圧―透過率特性を有すSTNモードを用いているが，コントラストの低下は避けられない。さらに，STN特有の視野角の狭さも短所である。

この他，小型の透過型LCDでは，RGBの3原色LEDバックライトと組み合わせたフィールドシーケンシャル方式カラーLCD[3]も実用化されている。この方式のLCDの構造は基本的に透過型LCDと同じである。時間混色であるためカラーフィルターのサブ画素分割が不要であり，画素の開口率が高く，カラーフィルターによる光ロスもないため高い光利用効率が期待される。

完全反射型LCDにおいても，カラーフィルターがなく紙に匹敵する明るさを実現できる方式として，コレステリック液晶LCD[4]やゲストホストモードLCDが開発されている。

4.3 TFTカラー透過型LCD

TFTを用いたアクティブマトリクス駆動透過型LCDは，各種LCDの中で，最も高い画質を実現しており，モニター用LCDや携帯電子機器用の表示装置として普及している。高画質化のポイントとその改善技術を，デバイス技術と信号処理技術に分けて表4.2にまとめる。

以下に，TFTを用いたアクティブマトリクス駆動透過型LCDに用いられている，液晶モード，TFT駆動素子，バックライト，信号処理の各技術に関して最新動向を紹介する。

4.3.1 液晶モード

液晶ディスプレイの表示モードは，単純マトリクスではSTN方式，TFT

表 4.2 透過型LCDの技術的課題

	デバイス技術	信号処理技術
高輝度化	バックライトの効率向上 カラーフィルター透過率向上 アレイ開口率向上	
高コントラスト化	液晶モード最適設計	
高視野角化	液晶モード最適設計	
色域拡大	LED，新蛍光体CCFL	カラーマネージメント
高精細化	アレイ開口率向上 端子数削減	画素数変換
動画ボケ	高速応答液晶 間欠点灯バックライト	FFD過電圧駆動 黒書き込み

を用いたアクティブマトリクス方式ではTN(Twisted Nematic)方式を中心として発展してきた。

(1) TN方式

　TN方式の特長としては，構造が簡単，透過率が高い，高コントラストが得やすい，などが挙げられる。一方，課題としては，視野角が狭い，階調反転が起きやすい，応答速度が遅いなどが挙げられる。これらを解決する多様な表示モードが開発されており，それらを表4.3にまとめて示す。

　普通のTNではコントラスト10で定義される視野角の範囲が左右80°上下40°程度しかない。TNの広視野角化については，ディスコティック液晶を用いた位相差補償によるフィルム貼付方式が広く行われている。この位相差補償フィルムによって，視野角の範囲は左右120°上下100°程度まで広が

表 4.3 主な液晶表示モードの一覧

モード名称	TN	フィルム補償 TN	IPS	VA	OCB
液晶の配列	(図)	(図)	(図)	(図)	(図)
視野角特性	狭い，階調反転	やや広い	広い	広い	広い
応答速度	普通	普通	中間調速い	普通	高速
その他	低駆動電圧	簡便な構造	高画質	黒表示良好	動画対応

っている。また，普通のTNでは白黒間の応答速度は普通であるが，中間調で極端に応答速度が低下する。この中間調の高速応答化としては，目標レベルより高い電圧を印加して液晶分子の配向変化を高速化する過電圧方式が開発されている[5)～7)]。

(2) IPS方式

IPS(In-Plane Switching)方式は，TFT基板側に設けた櫛形電極の電界によって液晶分子が面内で動く方式で，光学フィルム不要で広視野角性が得られることと，一軸配向状態を用いるノーマリーブラック方式であるため，コントラストが高いことが特長である。従来のIPSは面内方向でスイッチングする液晶分子の長軸方向の斜めから見ると青色シフトし，短軸方向から見ると黄色シフトするという問題があったが，図4.3に示すくの字型電極による画素分割を行って大幅に改善されており，櫛形電極の存在による開口率低下も，液晶材料物性の最適化による開口率向上で大幅に改善されている[8)]。最近では，セル厚を薄くすることによって，印加電圧によるリタデーションの変化を小さくして階調による色度の変化を抑えられることが報告された[9)]。これによってxy座標上での色度の変化を従来のIPSの3分の1程度に抑えており，液晶ディスプレイとしては最も色変化が小さいものとなっている。

(3) VA方式

VA(Vertical Alignment)方式は，液晶分子が垂直配向したノーマリーブラック方式である。黒が沈んでいることが特長で，高コントラストが得られる。MVA(Multi-Domain VA)方式では，畝構造によって垂直配向した分子の倒れる方向を制御して，配向分割することで広視野角化を実現している[10)]。当初は，ドメイン境界におけるディスクリネーショ

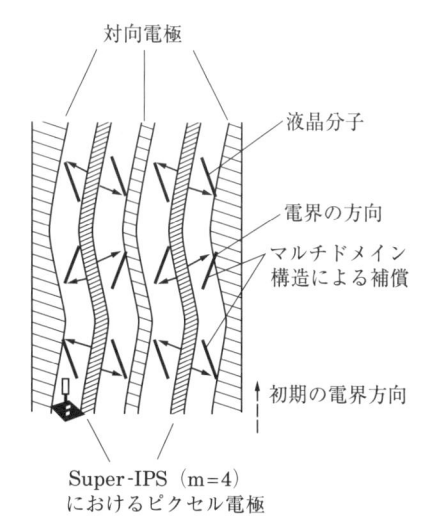

図 4.3 IPS色特性改善のためのくの字電極構造〔Y.Mishima et al., Proc. SID'00 pp.260(2000)〕

ン発生のために透過率が低いという課題があったが，突起構造の制御などによる工夫によって発生の抑制が図られている[11]。また，従来のスリット電極の代わりに図4.4に示す櫛歯状電極を用いて，液晶ダイレクタの変形の起点がより広い範囲に広がったことから応答特性が改善され，特に中間調でも30ms程度の高速性が得られるようになっている[12]。

(4) ASV方式

ASV(Advanced Super-V)方式では垂直配向の変形である連続ピンホール配向を採用している。これは，垂直配向液晶にカイラル剤を添加することにより電圧印加時に液晶分子がらせんを巻いたように倒れるようにしたもので，無境界の連続的な配向分割を実現できる。視野角特性は光学補償フィルムを用いて図4.5に示すように全方位170°を実現し，コントラストも500と高い。応答速度も15msと高速で，中間調でも15msを得ている[13]。

(5) OCB方式

OCB(Optical Compensated Bend)方式はベンド配向を用いた複屈折モードであり，ネマチック液晶では最も高速応答であることが特長である。

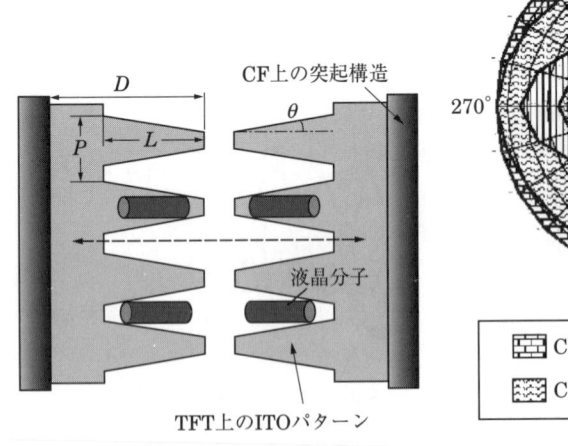

図4.4 MVAにおける櫛歯状スリット電極
[S.Kataoka et al., SID'01, pp.1066 (2001)]

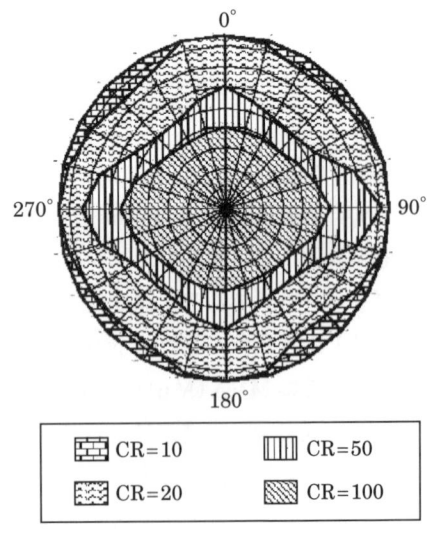

図4.5 ASVモードの視野角構造
[Y.Ishii et al., SID'01, pp.1090 (2001)]

OCBモードでは図4.6に示すように電圧無印加ではスプレイ配向となっているものを電圧印加によってベンド配向に転移させてダイナミックな状態での配向変化を利用している。そのため、高速応答ではあるが、電圧が低く

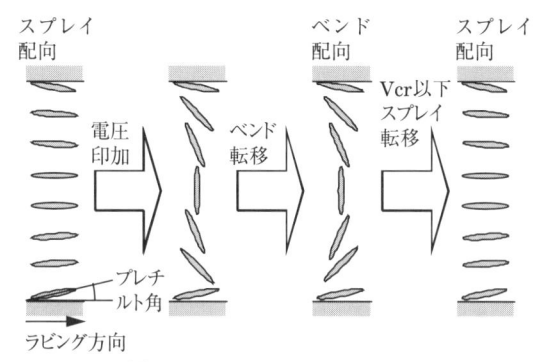

図 4.6 OCBモードの配向状態

なるとスプレイ配向に戻ってしまうという問題点がある。最近ではオンオフで7msの高速応答ながら、視野角でも左右160°上下140°の広視野角特性を実現している。また、透過率に関しても、ベンド配向とスプレイ配向の平衡電圧を下げることによって白表示での透過率向上を行い、TN比で90%の透過率を得ている[14]。

(6) 半透過型液晶モード

以上の液晶表示モードは、ノートPC、モニタ、TVなど中大型に用いられているものであるが、携帯電話やPDA用としては近年半透過型の適用が急速に拡大している。最も一般的な半透過型は、一つの画素の中に反射部と透過部を有しており、暗い環境下ではバックライトによる透過型表示が行われ、明るい環境下では外光による反射型表示が行われるものである。あらゆる環境下で視認性がよく、反射型だけで使用すれば省エネルギー効果も得られるという効果がある。用いられている液晶モードは、TN液晶が平行配向したECB(Electrically Controlled Birefringence)である。

4.3.2 液晶駆動素子

(1) アモルファスシリコンTFTアレー構成

薄型・軽量、低消費電力を武器に登場したLCDの用途はますます拡大し、中でも技術的完成度の高いアモルファスシリコンTFT-LCDは、すでにノートPCやモニター、さらにはTV用途へも実用化されている[15)~17)]。

図4.7にアモルファスシリコンTFTアレーの構造を示す。アレーはガラス

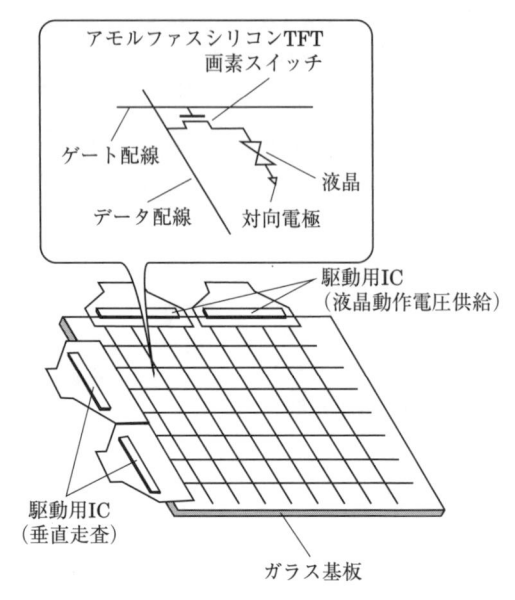

基板の上にデータ配線，ゲート配線をマトリクス状に形成し，その交点にアモルファスシリコンの半導体層で形成されるTFTを配置し，それを画素スイッチとして用いる。ゲート配線，データ配線にはそれぞれ垂直走査，液晶動作電圧供給のための駆動用IC[18]が接続されている。垂直走査駆動用ICからゲート配線を介してゲート信号が伝達されることにより，選択された行のTFTが一斉にON状態

図4.7 アモルファスシリコンTFTアレイの構造

となり，液晶動作電圧供給するための駆動用ICからデータ線を介して，液晶動作電圧を液晶に印加（液晶は対向基板間に封入されているので，もう一方の電位は対向電極となる）することができる。ゲート信号を切ることにより，選択されたTFTはOFF状態となり，1フレームの間，与えられた液晶電圧を維持する。その後，次の行が選択され，同様に液晶にデータ信号電圧が印加され，画面全体の表示が可能となる。

現在のアモルファスシリコンTFTでは，TFT製造プロセス簡略化による低コスト化，AlやCuを用いたゲート配線やデータ配線の低抵抗化による高精細化などの技術開発に主眼が置かれている[19]。

(2) 低温ポリシリコンTFT-LCD

低温ポリシリコンTFT-LCDは，半導体層として結晶性の良いポリシリコンを用いたもので，アモルファスシリコンTFTに比べてON電流が数百倍大きい[20],[21]。これにより画素内のTFTが占める面積が削減され，開口率が高くなる。

さらに，この高性能TFTを用い，画素スイッチに加えてゲート配線やデ

ータ配線に信号を与える駆動回路をガラス基板上にTFT回路網で形成することができる[22)～32)]。すなわち，アモルファスシリコンTFT-LCDで必要であった駆動用ICがなくなり，ICを接続するための実装プロセスが不要となること，接続端子部に要する額縁が小さくなることなどの利点がある。これらは，特に200ppiを超える高精細LCDや可搬時の強度が必要なモバイル用途のLCDでは非常に有効である。このような特長を活かして低温ポリシリコンTFT-LCDは現在，携帯電話やPDA用として実用化されており，モバイル機器の高画質化が進展するにつれその需要はますます拡大してきている。

低温ポリシリコンTFT-LCDでは，画像コントローラやメモリー，CPUまでLCDと同じガラス基板上に形成して各種機能を修正したシステム・オン・パネルも提唱されており，それに向けた技術開発が精力的になされている[33)]。低温ポリシリコンTFT技術のロードマップを表4.4に示す。

低温ポリシリコンTFTにより機能を集積したLCDの例として，超低消費電力LCDが実現されている[34),35)]。

表4.4 低温ポリシリコンTFT技術のロードマップ
[西部徹, EDF電子ディスプレイフォーラム2003講演集, 6-9 (2003)]

世代	現行技術	次世代	次々世代
移動度〔$cm^2/V \cdot s$〕	100	150～300	500
設計基準〔μm〕	4	3～1.5	<1
クロック周波数	5M	10M～40M	100M
動作電圧〔V〕	10	5	3
ガラス上の回路	ドライバ, シフトレジスタ	DAC,一部メモリ・コントローラ	コントローラ, メモリ, CPU
要素プロセス技	ELA	ドライ加工, ラテラル成長	アライナ, 低温酸化

4.3.3 バックライト

LCDは光の透過率を制御する液晶パネルと，光源であるバックライトから構成されており，輝度の面内均一性，色域，配光分布，消費電力は，主にバックライトの性能により決まる。

さらに，動画表示時に問題となるホールド型点灯に起因する動画ボケの抑制のためのパルス点灯化もバックライトの課題である。ここでは，基本的なバックライトの構成を紹介し，次いで，高輝度化，色域拡大，さらに，パルス点灯化について紹介する。

(1) 構成方式

バックライトの構造には，エッジランプ型と直下型がある。エッジライト方式は，薄型バックライトが実現できる点が特徴であり，薄型を要求される20インチより小さな小型LCDに用いられる。これに対し，直下型方式は，多数のランプを配置でき，また，光利用効率が70～80％とエッジランプ方式の50～70％に比べ高いため高輝度を実現できる。さらに，光の利用効率を高めるため，反射偏光板を配置し，LCDパネルのバックライト側偏光板で吸収される直線偏光成分をあらかじめ反射し，再利用する工夫も行われている。

(2) 色再現性の拡大

光源には，60lm／W程度の高い発光効率を有する冷陰極低圧水銀ランプを用いるのが一般的である。水銀ランプの内側には励起水銀から発せられた紫外線をそれぞれ赤(R)，緑(G)，青(B)の光に変換する蛍光体が塗られており，RGBの光が混ざって白色光となる。この白色光とカラーフィルターとの組み合わせで，色の再現範囲が決まる。図4.8はLCDのRGBそれぞれを表示した時の各スペクトルの例である。従来のカラーフィルターと冷陰極管

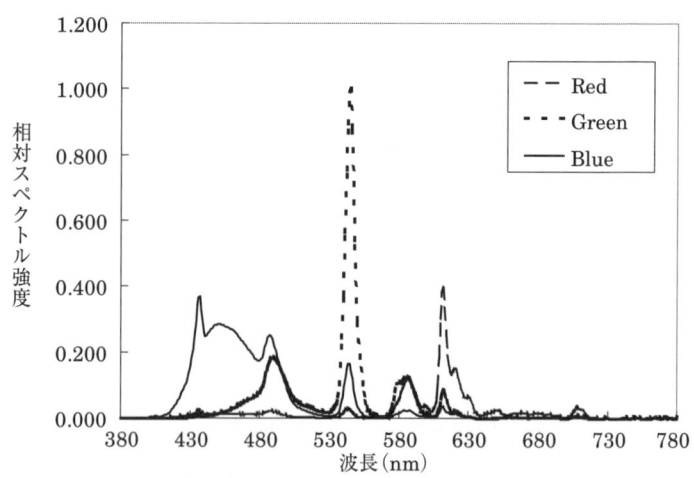

図 4.8 LCDのRGB表示時の各スペクトル
[Hideyo Ohtsuki, Kunifumi Nakanishi, Akihiro Mori, Seiji Sakai, Shigeru Yachi,Wim Timmers 18.1-inch XGA TFT-LCD with wide color reproduction using high powerLED-Backlighting, SID 02 DIGEST,p.1154(2002)より]

ランプを組み合わせた場合のスペクトルであるが[36]，青色では543nm，緑では490と580nm，赤590nm付近の光漏れが，色純度を下げていることがわかる。最近はカラーフィルターの変更や光源に赤緑青のLEDを用いることにより，色域はNTSC比100％まで拡大している。

LED光源は，色域の拡大に加え，水銀レス，長寿命（輝度低下，色変化，黄変）という長所もあり，今後の利用が期待されている。

(3) 間欠点灯

静止画の表示装置として発達してきたLCDの動画表示性能は，CRTに比べて劣るが，主たる要因の一つは図4.9(b)に示すホールド型表示に起因する動画ボケによる輪郭の不鮮明化である[37]。これは，移動する動画の表示を行う場合，ホールド型表示では1/60秒の間移動しない静止画を表示しつづけるのであるが，人は滑らかに移動する動画と錯覚するため，視点と表示画像位置にずれが生じて発生する。対策としては図4.9(a)に示すインパルス型表示のように，ずれが生じるタイミングでは画像表示を消すのが有効である。LCDでは通常水平方向ゲート上の画素を一括して上から下方向へ画像の書き換えを行うが，直下型のバックライトの場合，水平方向に並べたランプをLCDの書き換えと同期して点灯と消灯を繰り返すバックライトが提案されている。[38),39)]

図4.10に示すのは，人間の目と同様に追視する追視カメラで撮影したLCD上の移動画像である。(a)に示す従来LCDの画像に比べて，(b)と(c)に示す間欠点灯の画像は輪郭が鮮明になっている。ここで，(b)は後で述べる液晶応答加速の手法であるFFD(Feedforward Drive)駆動がない場合であり液晶の応答遅れによる二重像が見えるが，(c)ではFFDにより液晶の応答遅れが解消され二重像が解消しているのがわかる。

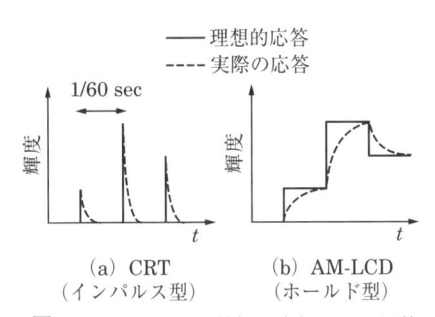

図4.9 インパルス型(LCR)とホールド型(LCD)の輝度の時間変化の比較
[T.Kurita.,Moving Picture Quality Imprenement for Hold-type AM-LCDs, SID '01 Digest pp.986 (2001)]

通常駆動 連続点灯	
通常駆動 間欠点灯1/4	
FFD駆動 間欠点灯1/4	

図4.10 追従視カメラにより撮影したLCD上の移動する画像

4.3.4 画像信号処理

　一般的なディスプレイは，入力処理部，信号処理部，駆動部，ディスプレイ部，制御部，および電源部から構成される。図4.11に表示装置の基本構成図を示す。液晶ディスプレイにおける画像処理は，明るさ調整，コントラスト調整，γ補正，色変換など表示状態をユーザの好みに合わせるための処理回路や画質改善のための回路が含まれる。ここでは，この画像処理部に含まれる色変換，γ補正，液晶応答改善，画素数変換について述べる。

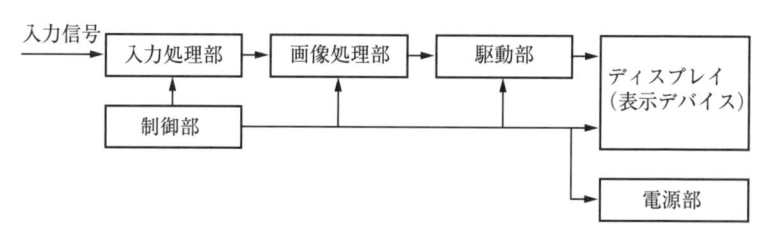

図4.11 表示装置の基本構成図

(1) カラーマネージメント

　近年カラーマッチングの重要性が高まっており，いくつかの標準化が行われている[41]。液晶ディスプレイにおいても，sRGBなどのカラーマネージメント技術が採用され，他の表示装置やプリンター等周辺機器とのカラーマッチングが行われている。液晶ディスプレイの信号処理回路における色変換は，大別すると，3次元ルックアップテーブル (three-dimensional look-up table, 3D-LUT) 方式とマトリクス演算方式とに大別される。

　3D-LUT方式は，入力される画像データの組に対して，出力される画像

データの組をあらかじめ求めておき，表にしてROMなどのメモリに記憶しておく方式である．入力される画像データに対して，出力画像データを求める場合，図4.12に示すような3D-LUTが必要となる．入力画像データから色変換された出力画像データへの変換は，この3D-LUTの内容を変更することにより，任意の変換特性を採用できるため，色再現性に優れた色変換を実行できる．しかしサンプル点の数がRGBそれぞれの抽出分の3乗個になるため，膨大なメモリ領域が必要になる．

マトリクス演算方式は，入力画像データ Ri, Gi, Bi より出力画像データ Ro, Go, Bo を式(4.1)のような基本演算式を用いて演算する方法である．この方法は，色変換の加減算や乗算にて簡単な演算が実現でき，大容量のメモリも必要としない．しかし，無彩色成分と有彩色成分が混在する画像データを直接使用するため，演算の相互干渉が発生したり，デバイス本来の色再現範囲を狭めたりすることがある．

$$\begin{bmatrix} Ro \\ Go \\ Bo \end{bmatrix} = (Aij) \begin{bmatrix} Ri \\ Gi \\ Bi \end{bmatrix} \tag{4.1}$$

最近では，これらの問題点を解決したNCM(Natural Color Matrix)方式[42]が提案されている．図4.13のブロック図に示すように，NCMは入力信号より有彩色と無彩色に分けて処理を行うことにより相互干渉がなくなっている．

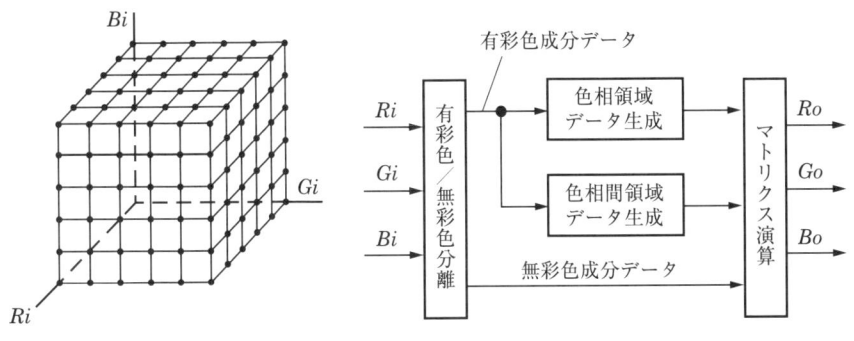

図4.12 3D-Look Up Tableの構成　　**図4.13** NCMの構成

(2) γ補正

輝度信号に対するディスプレイの輝度特性を両対数軸上で現した時の傾きをγ特性という。ディスプレイに使用されるγ特性は，今までCRT (Cathode Ray Tube) の特性に合わせていたために，液晶ディスプレイではそのままの輝度信号を用いることができない。一般的にCRTの輝度信号と輝度の関係は，図4.14(a)に示すようなカーブを描く。これに対して液晶ディスプレイは，図4.14(b)に示すようなカーブを描く。この異なる特性から，液晶ディスプレイに合わせて必要な輝度に変換する処理をガンマ補正と呼んでいる。具体的には，図4.15(b)に示す矢印のように入力輝度信号を必要な透過率を得るための輝度信号に変換する処理を行う。

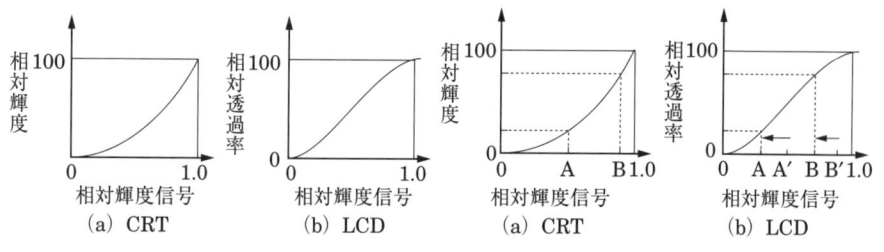

図 4.14 CRTと液晶の輝度信号と相対輝度，透過率関係

図 4.15 輝度信号変換

(3) 液晶応答改善

TVやDVDなどの映像を液晶ディスプレイで表示するとき，液晶応答の遅れは動画視認性を妨害する要因の一つになっている。CRT上の映像は電子ビームを走査することによって得られるため，蛍光体の残光期間を考慮しても発光期間は2～3msであり，1フレーム周期 (1/60=16.7ms) に対して十分に小さい。このため，速い動きを有する映像もほとんど違和感なく見ることができる。ところが液晶ディスプレイは，印可電圧により，粘性を有する液晶材料の分子方向を変化させるため，光学応答速度が遅くなる。この応答速度を改善する方法として駆動電圧を大きくする方法がある[5)～7)]。図4.16を用いて印可電圧最適化による液晶の応答時間の加速について説明する。100％の透過率から60％の透過率に変えるために，輝度信号がV1からV2

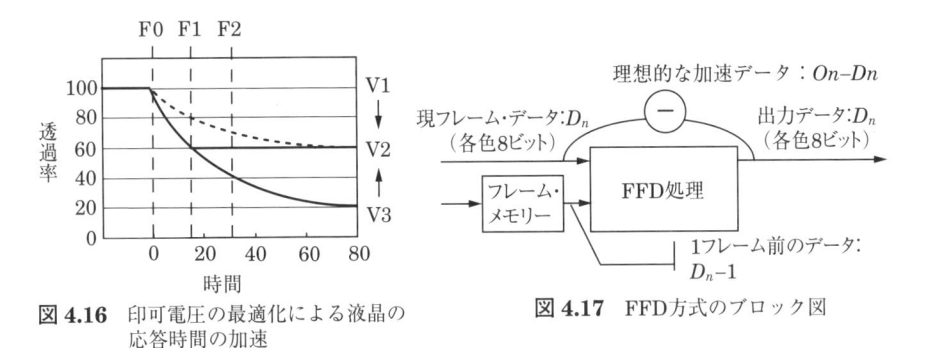

図 **4.16** 印加電圧の最適化による液晶の応答時間の加速

図 **4.17** FFD方式のブロック図

に変化すると，点線のような動きを示す。すなわち1フレーム後のF1のところでは透過率は60％に到達していない。そこで，F1時間の時に必要な透過率に到達するV3の輝度信号を与え，1フレーム後にV2の輝度信号に戻すことにより1フレーム内での遷移が可能となる。この原理は，オーバードライブ駆動と呼ばれ，フィードフォワード制御で最適印加電圧を予測するFeedforward Drive（FFD）法が開発されている。図4.17にブロック図を示す様にFFDでは，現時点のフレームデータと1つ前のフレームデータの関係から必要とする補正値を決定し，実際の液晶に印加すべき新しいフレームデータを出力する[6],[43]。

(4) 画素数変換画素変換

　液晶ディスプレイは，マトリクス型ディスプレイであるために画素数が固定されている。一方，PCなどからの入力信号は様々な画素数とフレーム周波数がある。そのために，映像信号の画素数がディスプレイの画素数と一致しない場合，画素変換（画像の拡大・縮小）を行うかディスプレイの一部に表示する必要がある。画像の拡大手法は，零次ホールド型とデジタルフィルタ型に分類される。零次ホールド型は，一定の割合でデータを繰り返す方法であり，処理は容易であるが，入力信号と画素数の関係によっては，線が太くなったり細くなったりと均一な文字表示ができない。デジタルフィルタ型は，参照する画素数（演算に用いる画素）を多くサンプリングし平均化などの処理を施す方法である。この方法は，理想的フィルタに近付けることができるが，回路規模が著しく大きくなる。そこで，参照画像を少なくするなど

(a) 零次ホールド方式　　(b) デジタルフィルタ方式

図 4.18　画素数変換後の画像例

サンプル数を下げる方法が一般的に使われている．実際の処理を施した例を図 4.18(a)(b)に示す．(a)の零次ホールド方式では縦線や横線の太さがまちまちであり，(b)のデジタルフィルタ方式はほぼ均一な線に見えている．

4.4　今後の展望

　液晶ディスプレイは，その薄型・軽量・低消費電力という優れた特長ゆえに，電卓用ディスプレイから始まり，ノートパソコン，パソコン用モニターへと利用分野が拡大されてきた．これに伴いLCDメーカはもちろん，液晶，光学フィルム，半導体，成形部材など多くのメーカの力が合わさり，画質が大幅に改善されてきた．さらにより多くの市場の拡大が期待されるTVの応用を目指し，動画質の改善ならびに，大型化，低コスト化が押しすすめられている．TV用途で見た場合，自発光型FPDとの比較では，唯一スポット輝度の上昇によるダイナミックレンジの拡大が残された課題であるが，これもバックライトと液晶の工夫により解決されていくだろう．また，携帯電話の普及に伴い，反射型LCDが開発され，ガラス基板のフレキシブル化，さらには立体LCDの開発も行われている．これは，LCDには他のFPDにはない光変調素子と光源との組み合わせという自由度の高さあるためである．今後も様々なシステムへ利用が広がり，多くの技術者の開発への参画により一層の発展が続くと期待される．

参考文献

1) R.Williams:J.Chem.Phys., 39,p.384(1963)．
2) 堀浩雄，鈴木幸治編集：カラー液晶ディスプレイ，共立出版　p.1(2001)．
3) 沖田雅也；時分割駆動液晶，光ディスプレイ，オーム社，p. 21(2002)．
4) 橋本清文：コレステリック選択反射モード・カラーLCD，反射型カラーLCD総合技

術，シーエムシー社, p. 138 (1999).
5) H.Okumura et al.,Proc.SID'01,pp.601 (1992).
6) K.Nakanishi et al., Proc.SID'01 pp.488 (2001).
7) K.Kawabe et al., Proc.SID'01 pp998 (2001).
8) et al., Proc.SID'00 pp.260 (2000).
9) Y.Utsumi et al.,Proc.IDW'01,pp.117 (2001).
10) A.Takeda et al.,Proc.SID'98,pp.1077 (1998).
11) Y.Tanaka et al.,Proc.SID'99,pp.206 (1999).
12) S.Kataoka et al.,SID'01,pp.1066 (2001).
13) Y.Ishii et al., SID'01,pp.1090 (2001).
14) C.H.Lee et al.,SID'02 P-93 (2002).
15) P.G.LeComber, et.al.,Electron.Lett.15,179 (1979).
16) 鈴木八十二,「液晶ディスプレイ工学入門」, 日刊工業新聞社 (1998).
17) 松本正一編,「液晶ディスプレイ技術-アクティブマトリクスLCD-」, 産業図書 (1996).
18) 鈴木八十二, 月刊ディスプレイNo.6, 44 (2002).
19) J.Jang, EDF電子ディスプレイフォーラム2003講演集, 6-14 (2003).
20) T. Sameshima, et.al., IEEE Electron Device Lett., EDL-7, 276 (1986).
21) H.Kuriyama, et.al., Jpn. J. Appl. Phys. 30, 3700 (1991).
22) Y.Matsueda, et.al., AMLCD'01,77 (2001).
23) 浦壁隆浩他, 映像情報メディア学会誌Vol.54, 118 (2000).
24) S.Morozumi, et.al., SID 84 Digest, 316 (1984).
25) M.Itoh, et.al., SID'96 Digest, 17 (1996).
26) K.Suzuki, et.al., AMLCD'98, 5 (1998).
27) Y.Mikami, et.al., Proc. 8th Intl. Display Workshop, 1607 (2001).
28) Y.Matsueda,et.al., SID'98 Digest, 879 (1998).
29) A.Suzuki, et.al.,Journal of SID.9, 51 (2001).
30) 橋戸隆一他, 電子通信学会論文誌. J85-C, 692 (2002).
31) Y.Goto, et.al., AMLCD'01 Digest. 21 (2001).
32) M.Senda, et.al., SID'02 Digest. 790 (2002).
33) 西部 徹, EDF電子ディスプレイフォーラム2003講演集, 6-9 (2003).
34) H.Tokioka, et.al., SID'01 Digest, 280 (2001).
35) M.Inoue, et.al., Proc. 8th Intl. Display Workshop, 1599 (2001).
36) Hideyo Ohtsuki et.al. ; 18.1-inch XGA TFT-LCD with wide color reproduction using high power LED-Backlighting, SID 02 DIGEST,p.1154 (2002).
37) 栗田泰市郎：ホールド型ディスプレイにおける動画表示の画質, 電子情報通信学会技術報告, p.55EDI99-10,Vol.6 (1999).
38) J.Hirakata et. al.:Super-TFT-LCD for Moving Picture Images with the Blink Backlight System SID01 Digest, p990 (2001).
39) [5] H.Oura,et.al.,Improved Image Quality of Motion Images on TFT-LCD by FFD (Feedforward Driving) and Sequentially Intermittent Switched Backlighting,

Asia Display/IDW '01 pp.1779 (2001).
40) Kyoichiro Oda, Akimasa Yuuki, Tomoya Teragaki; Evaluation of Moving Picture Quality using the Pursuit Camera System, Digest Eurodisplay 2002 p.115 (2002).
41) IEC 61966-2-1, Multimedia systems and equipment - Colour measurement and management - Part 2-1: Colour management - Default RGB colour space - sRGB (1999).
42) H. Sugiura, S. Kagawa, M. Takahashi, N. Matoba, "Development of new color conversion system", Proceedings of SPIE, Vol. 4300, pp. 278-289 (2001).
43) J.Someya,M.Yamakawa,N.Okuda,T.Kimura,M.Yoshida & E.Gofuku:SID Digest,7.4L Late News (2002).

第5章

プラズマディスプレイ

NHK放送技術研究所　栗田泰市郎

5.1 はじめに

　プラズマディスプレイすなわちPDP（Plasma Display Panel）は，プラズマ状態にあるガスの放電現象を利用した画像ディスプレイである。その特長は，構造が比較的簡単であり40型以上の大型平面ディスプレイを実現しやすいこと，また直視型のマトリックスディスプレイであるため，解像度の劣化要因が少ないことにある。このため，早くからテレビ用や大型情報表示用ディスプレイとして有望とされてきた。マトリックスディスプレイとしてのPDPの最初の開発は1964年イリノイ大学でなされたが，実用化に向けた研究開発は1970年代から日本を中心に進められてきた[1]。

　PDPは特に，新世代の高画質・高臨場感なテレビシステムである"ハイビジョン（HDTV）"にふさわしい大画面高精細ディスプレイとして，大きな期待を担って開発が進められてきた。その結果，長年の研究成果が実り，1990年代後半から実用製品が相次いで登場した。現在では，サイズで32型から65型まで，画素数ではVGAからハイビジョンクラスまでのプラズマテレビが多数市販されている。それらは，最近のディジタル放送の開始とともに，その放送サービスの中心であるディジタルハイビジョン放送の魅力を生かす大画面高画質なテレビディスプレイとして普及し始めている。また，空港や駅，病院など公共的な場所で情報表示用として目にすることも増えている。

　PDPはCRTや液晶ディスプレイ（LCD）と異なり，明るさの階調（グレースケール）をディジタル的にパルス数変調で表現する点が動作上の大きな特

徴である。このため，画像表示に関してPDP特有の性質があり，また，特有の信号処理も必要である。本章では，PDPの構造や原理，画像・信号処理について概説する。ただ，以下で述べるのは一つの例であり，現在では様々な改良により，多数のバリエーションがあることもご承知いただきたい。

5.2 PDPの構造と表示原理[1), 2)]

現在主流の3電極面放電AC（交流）型PDPの構造を図5.1に，その中の1表示セルの断面図と発光原理を図5.2に示す。前面板と背面板の間の空間は隔壁で区切られており，表示セル（各画素の中の各色）の一列ごとにRGBの蛍光体が塗り分けられている。また，空間内にはNe-Xe（ネオン-キセノン）あるいはHe-Xe（ヘリウム-キセノン）などの混合ガスが封入されている。

前面板の維持電極と背面板のアドレス電極の間に200V前後のパルス電圧をかけるとセル内でガス放電を生じ，前面板のMgO（酸化マグネシウム）保護膜表面（セル内部）に壁電荷と呼ばれる電荷が発生する。壁電荷を生じた状態で，2種の維持電極（X，Y）の間に100〜200V前後の交流パルス電圧をかけると，放電がパルス状に連続して維持される。前者の放電をアドレス放電，後者を維持放電と呼ぶ。放電によりXeから紫外線が放射され，その紫外線により蛍光体が励起されて可視光を生じる。PDPの発光輝度のほとんどは維持放電により得ており，アドレス放電は維持放電の有無を制御するためのものである。

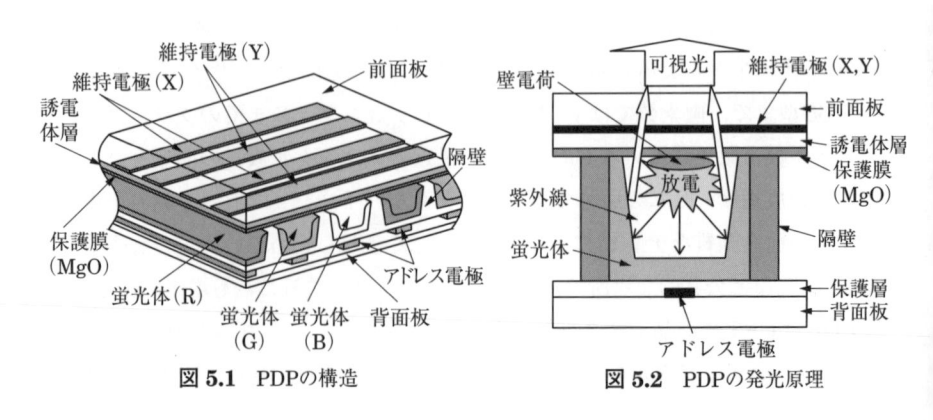

図 5.1 PDPの構造

図 5.2 PDPの発光原理

5.2 PDPの構造と表示原理

PDPは印加電圧により放電の強さをアナログ的に制御しにくいため，明るさの階調表示（中間調表示）は以下のように行われている。PDPの駆動回路構成の例，および発光波形の例を図5.3，図5.4に示す。

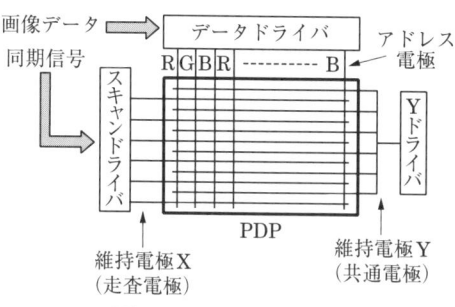

図 5.3 PDPの駆動回路構成

図5.3において，表示する画像データはディジタルデータで与えられる。各ビットのデータは，データドライバで放電に適した電圧に変換され，アドレス電極に与えられる。その結果，データが"1"であれば前記のアドレス放電を生じ，壁電荷が発生する。"0"であれば壁電荷は発生しない。この動作を書き込みと呼ぶ。書き込みは，画面の上から下まで表示セルを1ライン（1行）ごとに走査（スキャン）しながら行われる。

図5.4において，アドレス期間（書き込み期間）の後の維持期間には，維持用の交流パルス電圧が維持電極（X, Y）から画面の全セルに一斉に印加されるが，壁電荷を生じているセル，すなわち"1"が書き込まれているセルのみで維持（サステイン）放電を生じ，維持発光パルスが発生する。このとき，与える電圧パルス数の設定により，維持期間すなわち維持発光パルスの数を各ビットの重みに比例して設定する。トータルの発光輝度は発光パルス数に

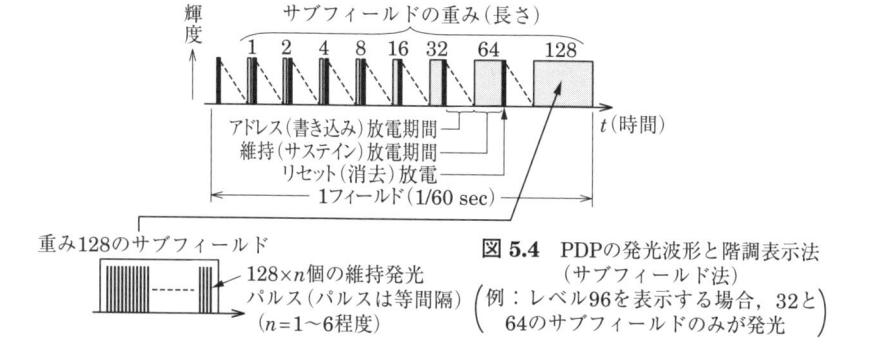

図 5.4 PDPの発光波形と階調表示法（サブフィールド法）
（例：レベル96を表示する場合，32と64のサブフィールドのみが発光）

比例するので,このようにすればパルス数変調として各ビットの明るさ(重み)を表現できる。これら各ビットに対応する一群の発光はサブフィールドと呼ばれる。サブフィールドの発光をマクロ的に見れば,パルス幅変調で明るさを表現しているともいえる。維持期間から次のアドレス期間に移る前に残留した壁電荷をリセット(消去)する必要があり,このため,全セル一斉にリセット放電(消去放電)が行われる。

サブフィールドを画像データのビット数分だけ設け,それらのオン/オフをデータに応じて制御すれば,1フィールド内の積分値として各画素の明るさを表現できる。例えば,図のような8ビット表現においてレベル96を表示する場合,32と64のサブフィールドのみを発光(オン)させ,他のサブフィールドはオフとする。1フィールド内の発光は目の中で積分されるため,観視者にはレベル96に対応した明るさが知覚される。われわれ人間の視覚系は光に対してある程度の時間積分特性を持っているため,このような階調表現が可能となっている。このような表示方法をサブフィールド法と呼ぶ。

なお,パネルはリセット放電でも発光するため,すなわち画像データが黒であってもPDPは多少発光するため,従来は黒の浮き上がりを生じ,コントラストの低下を生じるといわれていた。しかし最近では,白輝度の向上,リセット放電回数の節減,駆動波形の改善などによりあまり問題にならないレベルとなっている。

5.3 PDPにおける画像表示の特徴

以上のように,PDPでは視覚系の時間積分作用を利用したディジタル的な階調表現が行われている。しかしそのため,画質上一つの問題を生じる。

視覚系の時間積分は目の注視点に沿って行われるが,動画を表示した場合,眼球運動により観視者の視点が動物体を追従し,積分路が画面上を移動する[3]。図5.5はサブフィールドの発光の状況をx(画素水平位置)$-t$(時間)領域で表した図であるが,例として8ビット表現でレベル127と128の境界を持つ画像が,時間とともに画面の右方向に移動する場合を示している。この場合,視点が動きに追従し,視点の軌跡上での光の積分結果として,原画には

5.3 PDPにおける画像表示の特徴

ない255という明るい偽の画素が観視者に見えてしまう。このように，動画では複数の画素に表示されたサブフィールドの発光が，視覚系では一つの画素として積分されてしまう。この結果，原画像にはない色や模様が表示画像中に観視される場合がある。

この現象は一種の画質妨害となる。特に，人の肌のように明るさがなだらかに

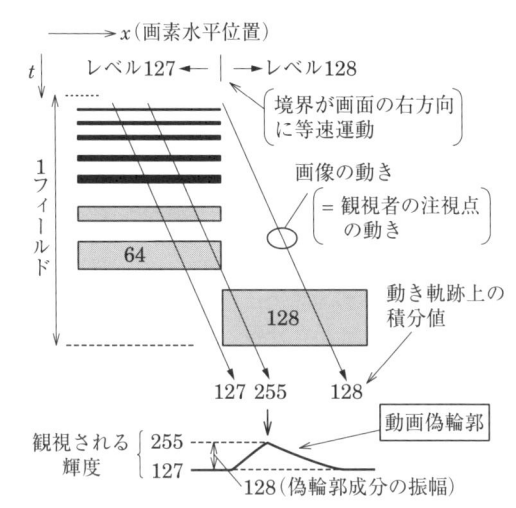

図 5.5 動画偽輪郭の発生メカニズム

変化する部分が動くと偽の輪郭が観察されることが多いため，この妨害は動画偽輪郭(Dynamic False Contour)と呼ばれる[4],[5]。前記の図5.5の例では，レベル境界に振幅128の偽輪郭を生じている。妨害を生じた画像の例を図5.6(b)((a)はその原画像)に示す。画像の絵柄や動き速度，サブフィールドの設定方法によっては，妨害が動きぼけや人工的なノイズとして見える場合もある。この妨害による動画表示画質(動画質)劣化の程度は大きく，過去に大きな問題となった。しかし種々の改善法の開発により，最近ではかなり改善されている[6],[7]。

改善法の一つの例は，図5.7のように，重みの大きいサブフィールドをより重みの小さい複数のサブフィールドに分割する方法である。図の例では，

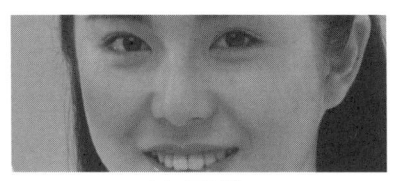

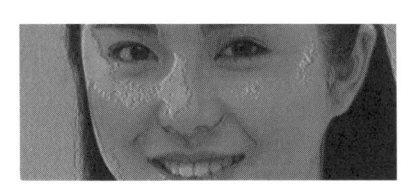

(a) 原画像   (b) 動画でしか観視されない妨害をシミュレーションにより再現した画像

図 5.6 動画偽輪郭妨害の例（原理的な例，現在はかなり改善されている）

重み128と64の二つのサブフィールドを，重み48の四つのサブフィールドに分割している（同時に，それらの配置も妨害が目立ちにくいよう視覚的に最適化している）．分割により偽輪郭成分の

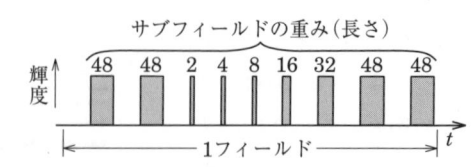

図 5.7 動画偽輪郭改善法の一例（上位ビット分割）．128と64のサブフィールドを48×4に分割し，1のサブフィールドを省略して，計9サブフィールドで駆動

振幅の最大値が128から48に減少し，妨害が目立ちにくくなる．しかし，サブフィールド数を二つ増加させた駆動を行うことが必要になる．

　この方法はあくまで初歩的な改善法の一例であり，これだけで動画質劣化を許容限以内に改善することは一般に難しい．しかしこの例からわかるように，動画偽輪郭妨害の改善は，より多くのサブフィールドを必要とする場合が多い．

　これに対し，パネルの駆動速度や駆動特性，例えば，動作マージンなどの点から安定に駆動できるサブフィールド数には限界がある．例として，駆動できるサブフィールド数の限界が9である場合，前記の分割ではサブフィールドの数が一つ不足する．そこで図5.7では，最下位の重み1のサブフィールドを省略してサブフィールド数を9に収めている．このようにすると階調表示精度が不足するが，後に述べる疑似的階調表現の信号処理によりある程度補償できる．しかし逆に，十分な精度で階調を表示しようとすると動画質改善のために多数のサブフィールドを利用しにくくなる．

　また，先の図5.4からわかるように，サブフィールド数が増加すると，1フィールド内で必要なアドレス放電期間の数も増加する．すると維持期間の1フィールド内トータルの長さは逆に減少する．これは維持発光パルス数の低下を招き，白ピーク輝度の低下につながりやす

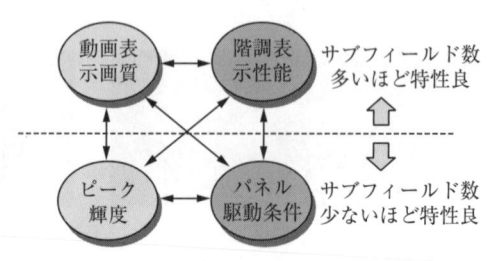

図 5.8 PDP画像表示におけるトレードオフ

い。

　以上のようにPDPでは，サブフィールド法により中間調を表示しているため，動画質，階調表示性能，表示できるピーク輝度とパネル駆動条件の間にトレードオフの関係を生じる（図5.8）。これはCRTやLCDにはみられない性質である。

5.4 PDPにおける画像・信号処理

5.4.1 画像信号処理系の構成

　図5.9に，PDPディスプレイにおける画像信号処理系の構成例を示す。CRTに比べて多くの信号処理が必要であり，それらの内容も高度になっていることから，ディジタル信号処理が用いられる。

　図の信号入力部から画素数変換までは，PDPだけでなくLCDも含めほとんどのマトリクスディスプレイに共通のビデオ信号処理である。

　ビデオ信号処理を経た信号は，後に述べる逆ガンマ補正，APC，疑似階調表現などの信号処理により，PDP表示に適した階調データに変換される。そして，サブフィールド変換部で，PDPの駆動に用いるサブフィールドに1：1に対応したサブフィールドデータ信号に変換される。サブフィールドデータ信号とそれに同期した走査信号により，ドライバを通してPDPを駆動し，画像を表示する。

　ハイビジョン用ディスプレイなどで画素クロック周波数が高い場合は，信号処理部全体を2〜4

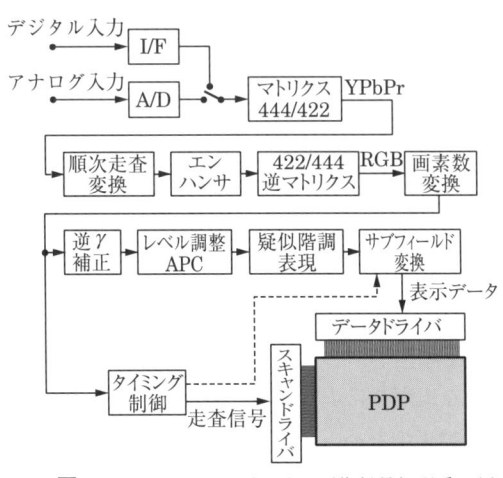

図 5.9 PDPディスプレイの画像信号処理系の例

相の並列処理で構成する場合もある。

5.4.2 ビデオ信号処理[8]

ディジタル入力信号は適切なディジタルインタフェースを通し，また，アナログ入力信号はA/D変換機により，ディジタル画像信号として以後の信号処理回路に入力される。

入力信号がRGB信号であれば，まず，マトリクス回路により一度YPbPr信号（Y：輝度信号，Pb, Pr：色差信号）に変換されることも多い。後段の信号処理の内容によってはYPbPr信号の形式のほうがやりやすい，または回路規模の節減になるためである。また，YPbPr信号ではデータ形式として一般に422，すなわちPbPr信号の情報量をY信号の半分にした形式が用いられる。これにより信号処理回路の規模をRGBの場合の2/3に抑えられる。もとの情報量を持つ信号，すなわち444の形式の信号から422信号への変換もここで行われる。変換は，PbPr信号に対して前置フィルタと画素間引き回路により行われる。多くのテレビ信号のように入力信号がすでにYPbPr/422信号であればこの回路はパスされる。逆にYPbPrに変換する必要がない場合は，当然この回路は不要である。

動画表示用ディスプレイの入力信号の主役はやはりテレビ信号である。テレビ信号は一般にインタレース走査（飛越し走査）されている。一方，PDPは順次走査（プログレッシブ走査）で表示される場合が多いので，インタレース走査のテレビ信号を順次走査に変換する必要がある。変換回路としては，画像の動きに画素ごとに適応して処理方法を変える動き適応型順次走査変換回路が一般に用いられる。変換精度に大きな影響を与える画像の動領域検出は，Y信号をベースにして行われる。視覚的に感度や解像力が高いのは輝度情報であるためである。外部パソコン入力などで入力信号がすでに順次走査の場合は，この回路はパスされる。

次に，必要に応じてエンハンサが設けられる。CRTでは電子ビームの空間的な広がりにより，高い解像度成分に対してMTF（振幅応答）が低下する。その補正のため，テレビ用CRTディスプレイは入力信号の高域成分をエンハンス（強調）するエンハンサ（アパーチャ補正回路）を持っているのが普通である。PDPではこのようなMTFの劣化要因はほとんどないが，入力信号

ですでに解像度が低下している場合の補正や，観視者の好みに応じた鮮鋭度の調整，などの理由により，やはりエンハンサは有効である。エンハンサは通常 Y 信号に対してのみ用いられる。視覚的に鮮鋭度に関連が深いのは輝度情報であり，また，色差信号をエンハンスすると画像の色を含むエッジ部分で色相が変化してしまうためである。一般に，水平，垂直の高域成分をエンハンスする二次元エンハンサが用いられる。

次に，以上の処理が YPbPr/422 信号で行われていれば，PbPr 信号の補間フィルタによる 422/444 変換回路と逆マトリックスにより，RGB/444 信号に逆変換される。

続いて画素数変換が行われる。ディスプレイには様々な画素数の入力信号が入力される。CRT はこれらの画素数の違いに走査周波数の切替えだけでもある程度対応可能であるが，PDP や LCD などのマトリックスディスプレイでは表示デバイスの画素数が固定であるため，映像信号の画素数をデバイスの画素数に合わせる必要がある。また，ディスプレイに画像を表示する際に，入力画像の 100% の画素を表示するとは限らず，通常はむしろ縦横とも数%ずつ周辺画素を切り捨てて表示するオーバースキャンを行っている。CRT であれば走査する画面サイズを調整すればオーバスキャン率を調整できるが，マトリックスディスプレイでは画素数変換によってこれを行う必要がある。例えば，5% のオーバスキャンを行うのであれば 1.05 倍の画素数変換を行い，周辺 5% の画素を切り捨てる。このように，PDP や LCD では画素数変換回路は必須のものである。画素数変換回路は水平，垂直の標本化周波数変換 (いわゆる D/D 変換) 回路で実現される。

5.4.3　逆ガンマ(γ)補正，レベル調整，APC

テレビ信号をはじめ通常の映像信号は，ディスプレイが CRT であることを前提に作成されている。すなわち，CRT のガンマ(γ)特性 (CRT に加える信号電圧 (E) 対発光輝度 (L) の特性が $L = E^\gamma$ であること，通常 $\gamma = 2.2$ を仮定) をあらかじめカメラ側で補正する送像側ガンマ補正が信号にほどこされている。一方，PDP は通常 $\gamma = 1$ (輝度が電圧に比例) に近いので，信号に合わせるため，意図的に $\gamma = 2.2$ の処理を行う逆ガンマ補正回路が必要である。これは単純な ROM テーブルで実現できる。ただし，補正後十分な階調精度を

得るには，一般にテーブルの出力ビット数は {(入力ビット数) + 2bit 以上} が必要である．例えば，8bit 入力に対する逆ガンマ補正回路として，出力 10bit 以上の ROM テーブルが用いられる．

続いて，各種のレベル調整がある．ブライトネス（明るさ）調整とコントラスト調整は，ディスプレイとして最低必要なレベル調整機能である．図 5.10 では一応レベル調整回路を逆ガンマ補正回路の後に置いているが，これらを全体のどの部分で行うかはディスプレイによりまちまちである．これらをアナログ部とディジタル部で分担して行っている例もある．処理としては，ブライトネス調整は RGB 信号の各々に同じ値を加算し，コントラスト調整は RGB 信号の各々に同じ係数を乗じる．また，RGB 信号の各々に異なる係数を乗じれば表示される色の色度をある程度調整できる．

このほかのレベル制御として，PDP では一般に APC（Automatic Power Control，メーカにより名称異なる場合あり）を行っている．現状では PDP の発光効率が十分高くないため，全白画像などの平均レベルの高い入力信号に対しては，輝度を下げて表示しないとデバイスの発熱が問題となる場合がある．このため，表示画像の平均輝度を計算し，それが許容値より高い場合は自動的に表示輝度を下げるのが APC 回路である．このような回路は CRT でも用いられている．図のように，APC 回路を逆ガンマ補正回路以降に配置すると，信号値が表示輝度に比例しているため，平均輝度を計算しやすい．

5.4.4 疑似階調表現信号処理

以上の処理により，各画素が表示すべき階調データの目標値が確定したが，これを受けて階調ビット数節減のための疑似階調表現信号処理を行う．5.3 で述べたトレードオフの関係から，PDP の画像表示において最適なバランスの画質を得るには，階調ビット数の節減が必要な場合が多いためである．逆ガンマ補正からパネル駆動までの階調ビット数・サブフィールド数の流れの例を図 5.10 に示す．

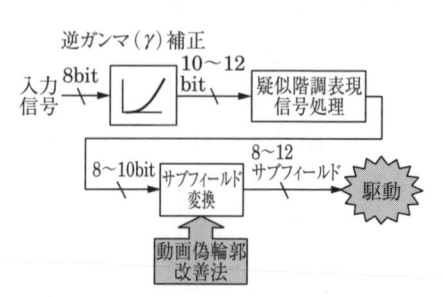

図 5.10 階調・サブフィールド処理の例

5.4 PDPにおける画像・信号処理

ビット数節減のため下位ビットを単純に切り捨てると階調表示性能が大きく劣化する。そこで，性能をあまり劣化させずにビット数を削減できるよう疑似階調表現用の信号処理を用いる。疑似階調表現処理はもともと2値画像で濃淡表示を行うために開発されたもので，輝度の空間的・時間的な平均値として，少ないビット数でも擬似的に多くの階調数を表現可能とするものである。具体的にはディザ法や誤差拡散法などが用いられる。特に近年は，性能の良い誤差拡散法が用いられることが多い。

誤差拡散法の原理を図5.11に示す。逆ガンマ補正後の信号である入力信号の画素Pのデータは所要の出力ビット数に切り捨てられるが，切り捨てられた誤差はA～Dの画素に図に記された割合（分配比）で分配される。分配すなわち拡散された誤差は各々の画素の入力信号に加算される。A～Dの画素では画素Pと同様な操作が繰り返される。これらの処理は画面の走査と同じ順で画素ごとに行われる。以上により，各画素の量子化誤差は単純に切り捨てられることなく，累積されながら画素間を伝搬していき，累積値が出力のLSB値を超えると出力信号のLSBに加算されて表示される。したがって，出力に現れるLSBのパターンは絵柄に適応して変化し，ディザのように固定的なパターンが見えてしまうことは比較的少ない。図に示した分配比は経験的に固定パターンが見えにくく，性能が良いとされている値である。

ビット数を12bitから8bitに削減する誤差拡散回路の例を図5.12に示す。一見，巡回型ディジタルフィルタのような構成をしているが，入力側に帰還されるのは切り捨てられた量子化誤差のみである。それをディレイさせ，分配比k0～k3を乗じた信号を帰還する。

上記のように，誤差拡散を含めた疑似階調表現処理は，画素データの空間的または時間的な積分値として中間調を表現している。これらを用いた場合，

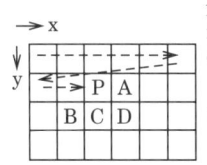

量子化誤差（切り捨てられた下位ビット）を周囲の画素に分配する

分配比（例）
k0 (P→A) : 7/16
k1 (P→B) : 1/16
k2 (P→C) : 5/16
k3 (P→D) : 3/16

例：入力Pが12ビットで47，出力が8ビット（4ビット切り捨て）のとき，
出力 = 47/16 = 2
誤差 = 47 − 16 × 2 = 15
Aに拡散される誤差 = 15 × 7/16 = 6

図 5.11 画面の走査と誤差拡散法

画像の見え方として，一般に，自然な多階調の画像にノイズが重畳されたようにみえる。視覚的に許容できるノイズ量にも限界があるので，多くの階調ビット数を削減しなければならない場合は注意を要する。

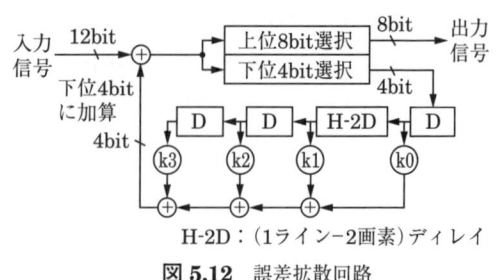

図 **5.12** 誤差拡散回路

5.4.5 サブフィールド変換

前項までの処理で得られた信号を，メモリを用いてサブフィールドに1：1に対応したサブフィールドデータ信号に変換する。メモリ容量的には2フィールド分あればよいが，書き込み・読み出しのシーケンスが複雑であり，FIFOメモリ等は使えない。機能が単純である割に回路規模が大きくなりやすい部分である。

5.4.6 動画偽輪郭改善法

5.3節で述べたように，動画偽輪郭の改善はPDPの画像・信号処理の中で重要かつ特徴的なものの一つである。このため多数の方法が提案されているが，それらは四つに分類できる[7]。それらの実現手段も，サブフィールド変換回路の制御だけで実現できるもの，専用の信号処理を必要とするもの，駆動回路の変更を必要とするものなど様々である。

（1）動画偽輪郭の見え方を緩和する方法

動画偽輪郭の見え方をサブフィールド配列や信号処理により緩和させ，目立ちにくくする方法である。比較的実現容易なので現在の市販のプラズマテレビの多くはこのカテゴリーに入る方法を用いている。具体的には，図5.7に示したような重みの大きいサブフィールドを分割する方法や，2組のサブフィールド配列を準備し，1画素おき，もしくは1フィールドおきにそれらを交互に切り替えて使用する方法などがある。これらは一般にサブフィールド変換回路の制御か，簡単な専用の信号処理で実現できる。

（2）疑似パルス幅変調

通常のPDPのように画像データをビットごとに別々のサブフィールドに

変換するのではなく，図5.13(a)に示すように，1群の連続したサブフィールド列で表現し，その長さのみを明るさに応じて変化させる方法である。すなわち，表示する明るさに比例して発光するサブフィールド列の全長も長くする。このように，セルの発光全体を疑似的にパルス幅変調で表現する。この方法によれば動画偽輪郭を原理的に解消することができる。しかし同じサブフィールド数であれば，表示できる階調数が大きく低下する。このため，それを補償する疑似階調表現信号処理が必要となる。実現には，専用の信号処理と駆動回路の変更を必要とする。

(3) 時間圧縮駆動

図5.13(b)に示すように，駆動回路の工夫により，サブフィールドの発光を1フィールド内のできるだけ狭い範囲に集中させる方法である。このようにすると，図5で説明した動画偽輪郭の原因であるサブフィールドの発光と視覚系の積分路の不一致が減少し，動画偽輪郭も本質的に減少する。画質改善効果は大きく，表示できる階調数も減少しない。ただし，その実現には駆動回路の大きな変更を必要とする。専用の信号処理は不要である。

(4) 動き補償

図5.13(c)に示すように，サブフィールドの時空間配置そのものを画像の

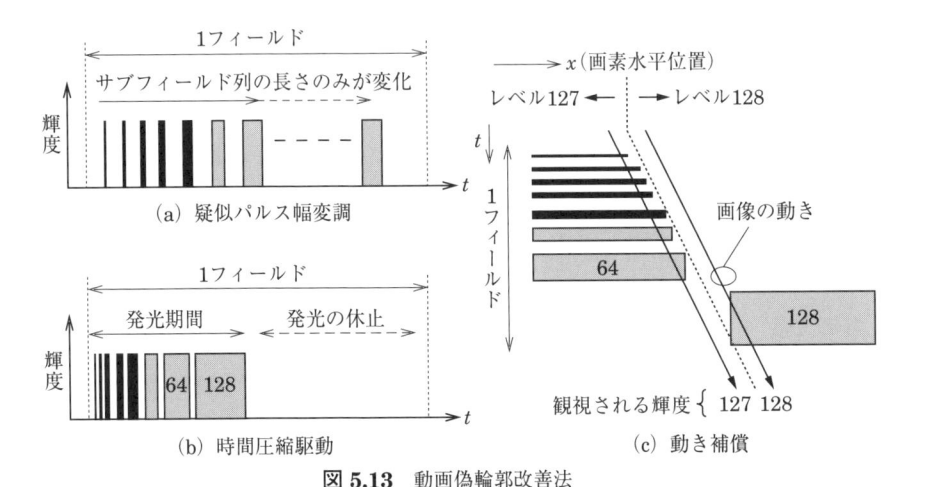

図 5.13 動画偽輪郭改善法

動きに合わせて整列させる方法である。補償した動きが観視者の視線の動きと一致していれば動画偽輪郭を解消できる。表示できる階調数も減少しない。しかし，一般の動き補償処理と同様，動き推定回路の精度が問題となり，動き検出を誤った場合はかえって大きな画質劣化を招く可能性がある。実現には，駆動回路の変更は必要ないが，動き補償を行うための多量の信号処理を必要とする。

以上の方法のうち，現在実用化されているのは (1)，(2) であり，それらは一定の効果を上げている。しかし今後，より高画質な PDP を実現するためには，(3)，(4) や (1)〜(4) を組み合わせた方法の実用化も望まれる。

5.4.7 ピーク輝度改善技術

このほか，PDP 特有の画質改善技術として，駆動方法の最適化によるピーク輝度（コントラスト）改善技術がある。これは，5.3 で述べたようにピーク輝度も PDP の駆動/画質トレードオフの 1 要素に含まれるため，独特な技術が提案されている。具体的には，画像の平均輝度を検出し，それが低い場合は駆動するサブフィールド数を減少させてピーク輝度を増加させる方法[9] や，サブフィールドごとにパネル内のセル点灯率を計算し，それに応じて維持パルス数を最適化してピーク輝度を増加させる方法[10]，などがある。

PDP の構造や動作原理，必要とされる画像・信号処理について概要を述べた。PDP の画像・信号処理はすでに一定のレベルに達しており，大画面・高精細・高画質なプラズマテレビが視聴者の目を楽しませている。しかし，画質的に CRT などと比較するとまだ見劣りする部分もある。今後，ハイビジョンフル画素（1920×1080）を持つ高精細パネルや，より洗練された画像・信号処理を有する PDP の登場が期待される。

参考文献

1) 映像情報メディア学会編：“電子情報ディスプレイハンドブック”，II 編 3 章 “PDP”，培風館（2001）．
2) 内田，内池監修：“フラットパネルディスプレイ大事典”，技術編 4 章 “プラズマディスプレイ”，工業調査会（2001）．
3) 斎藤，栗田：“ホールド型ディスプレイの動画表示における観視メカニズムの検討”，

映像情報メディア学会技術報告, Vol.22, No.17, pp.19-24 (March, 1998).
4) T. Masuda, T. Yamaguchi, and S. Mikoshiba: "New Category Contour Noise Observed in Pulse-Width-Modulated Moving Images", Proc. IDRC '94, pp.357-360 (Sep. 1994).
5) 栗田："PDPの動画質と信号処理", 映像情報メディア学会誌, Vol.51, No.4, pp.464-469 (Apr. 1997).
6) S. Mikoshiba: "Visual artifacts generated in frame-sequential display devices: an overview", SID 00 DIGEST, 26.1, pp.384-387 (2000).
7) T. Kurita: "Temporal image artifacts on PDPs and their improvement methods", AD/IDW '01, PDP6-1, pp.857-860 (2001).
8) 映像情報メディア学会編："電子情報ディスプレイハンドブック", Ⅲ編2章 "テレビ方式とディスプレイ", 培風館 (2001).
9) M. Kasahara, et al: "New Drive System for PDPs with Improved Image Quality: Plasma AI", SID 1999 DIGEST, 14.2, pp.158-161 (1999).
10) M. Takeuchi, et al: "The Peak Luminance Enhancement Technology with Maintaing Stable Driving", IDW '02, PDP6-4, pp.745-748 (2002).

第6章

FED（Field Emission Display）

静岡大学電子工学研究所　青木　徹

6.1 はじめに

　CRTにかわる次世代ディスプレイとして各種のフラットパネルディスプレイが注目され実用化されるなかで，電界放射ディスプレイ（FED: Field Emission Display）は自発光型のフラットパネルディスプレイとして実用化を目指した研究が進められている。FEDは電界放射陰極アレーからの電子線で蛍光体を励起・発光させる方式の自発光型ディスプレイで，パネル発光効率が高くインパルス発光で十分な輝度が得られることを特長としており，原理的にテレビジョン動画を自然に表現できるディスプレイとして研究が進展している。本章では電子源，蛍光体のそれぞれとディスプレイとしての仕組み，および最近の動向について解説する。

6.2 FEDの特長

　FEDは基本的にはCRT（Cathode Ray Tube）やVFD（Vacuum Fluorescent Display：蛍光表示管）と同じ原理の真空自発光型ディスプレイである。構造は蛍光体による発光画素と電界電子放出素子がそれぞれ対向しているフラットパネル構造である。したがって，1）高速応答，2）広い視野角，3）画像ひずみがない，4）耐環境性に優れる，5）高い色再現性，6）瞬時表示，といった特長を持ち，高輝度でインパルス駆動による表示が可能なため自然な動画が表現できるほか，高精細，大面積，階調表示などが可能

なディスプレイである。これらの特長は主に，電子源の性質と蛍光体の特性に依存しており，発光画素に対応する電子源からのみ電子放出をし，そのほぼすべてを蛍光面に到達させる仕組みと，効率の高い電子源および効率の高い蛍光体ディスプレイ構造が相まって，全体として高い効率で美しい動画を表示することができるディスプレイとして期待されている。

6.3 ディスプレイの構成

FEDは何種類かの構造が提唱され実際に試作されているが，主に電子源である電界電子放出素子と発光画素となる蛍光体，ゲートまたは電子引き出し電極とそれをマウントしている筐体から構成される。一般に電界電子放出素子がエミッタ，蛍光体面がアノードとなりその間で電子を加速し蛍光体を発光させる。図6.1に代表的なFED構造の一例を示す。ディスプレイは上面，下面の二枚のガラスに各素子が挟まれた形となり，この挟まれた空間は電子ビームを走行させるために真空となっている。この図の例では，ガラス基板上に電子ビームの源となるエミッタラインが並び，その上部にこれと直行するライン形状でゲートラインが並ぶ。ゲートラインはエミッタ先端に電界を加えることで，電子ビームを引き出す役割を担い，エミッタラインとゲートラインのマトリクスで電子の放出をコントロールする。これら電子放出

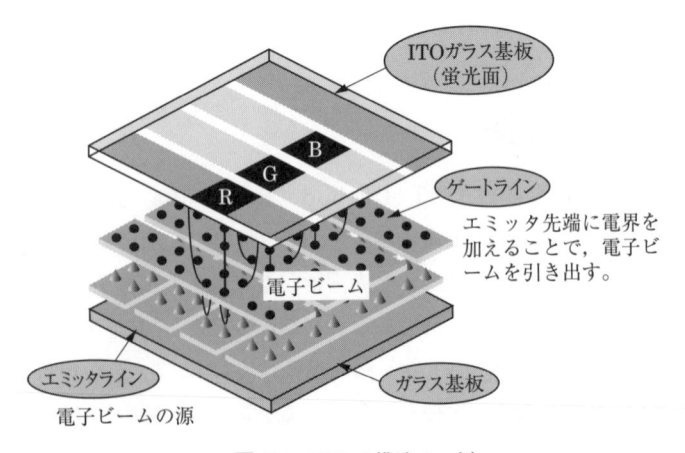

図 6.1 FEDの構造の一例

源から放出された電子ビームは加速され，対面ガラス内面に形成されたR，G，Bの蛍光体に到達し発光する．したがって，電子放出源と蛍光体は各画素が対応した形であるほかは，基本的にはCRTとほぼ同じ原理であるため，CRTの持つ特長をほとんどそのまま引き継ぎ，テレビジョン画像を自然に表現できるディスプレイとして期待され注目されている．

しかし，CRTと基本原理が同じであるといっても，あくまでも原理であって，図6.1よりわかるとおり構造は明らかに異なる．例えば，二枚のガラス板はプラズマディスプレイと同様に短い間隔で一定の距離を保つ構造となるため，そのためのスペーサーが必要である．また，個々の要素も，熱電子源を持つ電子銃に対して冷陰極素子のアレーであり，カソード，アノード間の距離は短いため，CRTのような加速電圧を得ることが容易ではない．そのため，低速励起でも十分な輝度で満足する色純度の発光を得ることのできる蛍光体が必要であり，また，同様にCRTのようなメタルバックを施して電子を逃すことはできないため，蛍光体に導電性を付加するなど新たな機能が必要となるなど，それぞれの要素はCRTとは異なったまったく新しい研究開発が必要となる．

FEDは細かく多くの種類に分けられるが，個別要素ごとに大きく分けると，
(1) 電子の加速速度によって：低電圧型(加速電圧約1kV以下)，高電圧型(加速電圧約1kV以上)
(2) 電子源の構造によって：Spindt型，CNT型，SCE型，MIM型など
(3) 電子の引き出し方によって：2極管型，3極管型，4極管型など
に分けられ，一般的に大きく分ける場合は低電圧型と高電圧型に分類される．モノカラータイプのFEDは一般にVFD(Vacum Fluorescent Display：発光表示管)において多く用いられている低速電子線励起蛍光体を用いた低電圧型が多く，これに対してフルカラータイプのFEDは低電圧型，高電圧型の両者がある．高電圧型ではCRT用のP-22などの蛍光体を用いることができ，高色純度かつ高輝度が得やすく高効率であり，消費電力も小さい利点を持つ．しかし，パネル構造上では，数mmギャップのパネル内での高電圧印加という課題があり，信頼性確保からどうしても電極間隔が広がる傾向

にあるため，電極間隔を一定に保つためのスペーサーの大きさが視覚上無視できなくなって，画質に影響を与える問題がある．同時に，電子線の広がりが画像の品質に影響を与える問題，高電圧による全体のコスト増という問題も併せ持つ．一方，低電圧型は約1kV以下の電圧領域であり，これらのパネル構造上の問題が解決されるが，低速電子線励起で高効率，高色純度の蛍光体が求められる．

上述の分類に関してはそれぞれの個別要素に大きくかかわるため，6.4に詳しく述べる．

6.4 個別要素

6.4.1 電子源

電子源はその開発時期の関係から，大きくはSpindt型とCNT型等に分けられる．これら，およびその他電子源のそれぞれの特長を述べる．

(1) Spindt型

Spindt（スピント）型は現在FEDの電子放出源として最も進んでいる形の電子放出源で，金属の微細加工技術を用いて円錐状の微細構造を形成し，その頂点から電子を放出させるエミッタである．図6.2にその電子顕微鏡写真を示す．Spindt型エミッタは100％に近い圧倒的に高い電子引出し効率と，一つの画素に対して複数のエミッタが配置されるため電流密度の面内均一性に優れ，またビームの方向性がきわめて均一である特長を持つ．反面，他のディスプレイとの競合・棲み分けを考慮に入れた大画面化に際しては，大型基板へのSpindt型エミッタの作製が半導体のプロセス装置依存となる制約を持つ．現在，最も実用化に近いエミッタであり，実際に

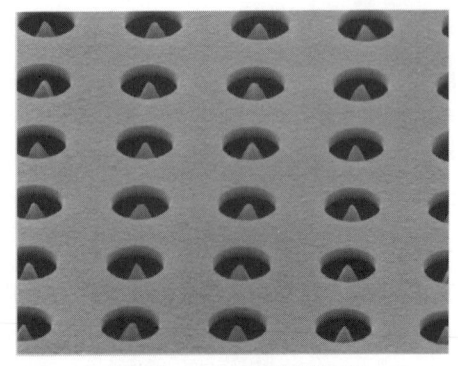

図6.2 Spindt型電子放出源

Spindtエミッタを用いた低電圧型のモノクロFEDが特定用途向けに出荷され始めている[1]。

(2) CNT型

カーボンナノチューブ(CNT：Carbon nano-tube)型の電子源は，印刷技術を用いた低コストで大面積形成が可能であるという特長を持ち，直径数10nm，長さ数μm以上と極めて高いアスペクト比を有する究極の最小針形状であることから，究極の電界放出素子として期待され研究されている（図6.3）。また，基本的な性質がグラファイトと同様で化学的に安定して機械強度も高い。印刷法の場合，それぞれのCNTの先端を上部に向けて揃えることが難しい欠点も持つが，大画面ディスプレイに対応した電子放出源として研究が続けられている[2],[3]。

(a) カーボンナノチューブの一例　(b) 円錐の先端にCNTを持つエミッタ

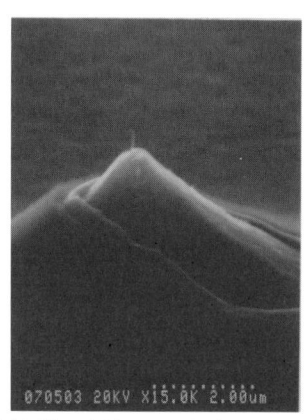

図6.3

(3) SCE型

表面導電素子(SCE：Surface Conduction Electron emitter)は，ガラス基板上に形成した二組の白金電極上に酸化パラジウム超微粒子をインクジェット法で形成して通電することにより，電極間の酸化パラジウム膜に亀裂が生じそこから電子が放出される原理で，実用化に向け開発が進められている。このナノサイズのギャップから引き出された電子は，その独特の電子軌道により，収束電極なしで楕円状のビームスポットが高電圧印加アノード上に得

られる特長を持つ。電子の取出し効率は低いものの,電子の取出し電圧が低く,電子ビームの広がりが少ないため高電圧型に有利であることや,エミッタ構造が簡単でパターニングが容易であることから,大型パネルに向けて開発が続けられている[4]。

(4) その他

その他,MIM,MIS,BSDやMOS-FETタイプなど多くの電子源が研究されている。紙面の関係で詳細は省略するが,どのエミッタも大画面ディスプレイに対応して安定した電子源となるべく研究が進められている。複数のエミッタを1画素に対応させるSpindt型に対して,これらのエミッタの多くは1画素に対して1エミッタとなるため,一つひとつのエミッタの電子放出特性のバラツキがそのまま画像のちらつき,ムラなどに反映される。そのため,より安定で均一なエミッタを形成する必要があるが,構造が簡単であったり高解像度のパターニングプロセスが不要なものが多いため,大画面化に適すること,電子ビームの広がりが小さく高電圧用に有利であったりとそれぞれ特長を持ち,今後の展開が期待される。その他,新しい試みとして,最近ではSiで形成した円錐の頂点にCNTを形成したり,ダイアモンドチップを形成するなどの報告もされている[5],[6]。

6.4.2 蛍光体

蛍光体はディスプレイ構成の項で簡単に述べたように,高電圧励起用と低電圧励起用の二つに大きく分けられる。高電圧励起用では,CRT用のP-22などの蛍光体がそのまま用いられているため詳細は省略する。低電圧励起用では,高輝度高効率と高色純度が求められると共に,メタルバックを施すことができないため次の二点が必要とされる。一つは,ほとんどの蛍光体が絶縁体であるため,電子線照射により蛍光体の表面が帯電し電子発光が阻害されるゆえに,何らかの方法で蛍光体に導電性を持たせる必要がある。もう一つは電子線照射による蛍光体表面の分解,劣化の問題で,例えば硫化物蛍光体は電子線照射によって分解し,残留ガスと反応して酸化硫黄となり電子源表面に付着し電子放出特性が劣化し,全体として性能劣化させるとの報告がある。電子線による分解のない材料での高性能蛍光体が求められている。このため,高い効率を持つZnS系の蛍光体が使えないが,酸化物を母体材料

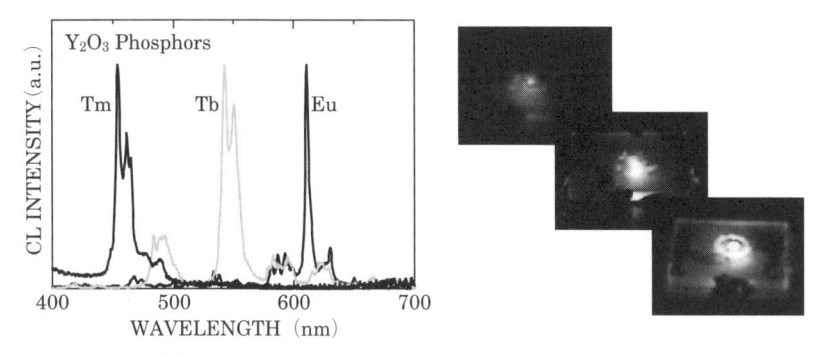

図 6.4 Y_2O_3蛍光体のCLスペクトル(上)とRGB発光写真(下)
写真は上からR(Y_2O_3:Tm), G(Y_2O_3:Tb), B(Y_2O_3:Eu)

とする蛍光体の研究が進められている[7]。一例としてY_2O_3母体をTm, Tb, Euで付活したR, G, B蛍光体薄膜のCLスペクトルを図6.4に示す。色純度はいずれも満足できる状態であるが,輝度の向上が検討課題である。電子源の開発が着実に進展している状況の中で,FED実用化のためのキーテクノロジは高性能蛍光体の開発ともいえ,前述のとおり,導電性と安定性を兼ね備えた,高輝度,高効率,高色純度蛍光体のさらなる研究開発が続けられている。

6.4.3 電極構造

　エミッタから電子を引き出し,アノード上の蛍光体へ電子を照射し発光を得るFEDでは,その電極構造も重要な要素技術である。詳細は少々専門的になるので他記事を参照いただきたいが,少なくとも電子放出源であるエミッタと蛍光体を持つ単一または分割されたアノードの2極管構造が最低限の構造である。これにゲートまたは引出し電極を加えた3極管型の構造が多く用いられ,さらに収束電極を加えて高電圧型による電子線の広がりを防ぐ4極管型の構造も多く用いられている。それぞれの用途は,2極管型はゲートを持たないために簡単な選択しかできないので,バックライトのような特殊光源や屋外表示素子に,3極管型は計測器用モニターやヘッドマウントディスプレイ,4極管型は高電圧に対応し,高輝度のCRT用カラー蛍光体を用いたノートパソコンのディスプレイや計測機器用のモニター,大型パネルなどの用途が考えられ,実際にパネルが試作されている。

6.4.4 その他

2枚の平行ガラスパネルで作製された真空容器内を電子が走行するFEDでは，この真空パネルの作製技術も忘れてはならない重要な技術である。均一な電極間隔を保ったまま数mm以下のギャップで40インチ以上のサイズを得るために，スペーサを挿入しているが，ギャップが大きくなればそのサイズも大きくなり，目に見えるようになれば当然画質にも影響する。このため，パネルのガラス材料も含めてこの構造の作製技術が開発されている。

6.5 実用化に向けて

以上述べたように，FEDは現在，実用化に向けた最終研究段階に来ていると同時に，新しい要素技術の研究が日進月歩に展開されており，FEDが市場に投入展開される日も目前になってきていると思われる。実際には寿命やセットとしての消費電力，低コスト化などが課題とはなっているが，冒頭で解説したとおりFEDは基本特性がディスプレイとして必要とされる要件をほぼ満たしている。また，そのシンプルな構造や材料は，大面積で民生用に大量生産をするディスプレイというデバイスでは避けて通ることのできない環境問題に対しても，対応しやすい特徴も持っている。さらに，表示品位がCRTに一番近く，これはテレビジョン動画を美しく表現できるディスプレイであり，一方，対応可能なサイズも小型ディスプレイから壁掛けテレビとなる大型サイズのディスプレイまでを網羅するタイプのディスプレイとして今後実用化に向けてさらに精力的に研究が展開されると考えられる。現在では実際に大学などの研究機関を始め，数多くのメーカーで次の世代のフラットパネルディスプレイを目指した研究開発が盛んに行われている。なお，最近の動向として，専門家を対象にした記事や論文が多数報告[8)～10)]されている。

また，一般新聞紙上でもFED関連事業の開発動向や試作品紹介，産業展開などが見受けられるようになってきた。FEDが次の世代のフラットパネルディスプレイの一翼を担う日も遠くないことを確信してむすびとしたい。

参考文献

1) Futaba Field Emission Display Application Note FAN1101-02.
2) S. Uemura, et. al.: Tech. Digest of Euro Display '99. pp.93-96 (1999).
3) 山本敏裕, 他：映情学技報, Vol.26, No.39, pp.29-34 (2002).
4) E. Yamaguchi, et. al.: Tech. Digest of SID '97, pp.52-55 (1997).
5) J. Ito, et. al.: Appl. Phys. Lett., Vol.69, pp.1577-1578 (1996).
6) S. Uemura, et. al.: Tech. Digest of Euro Display '98, pp.1052-1055 (1998).
7) 和田英樹, 他：信学技報, EID2000-262, (2001).
8) 例えば, FED総説として；伊藤茂生：月刊ディスプレイ1月号, pp.39-47 (2000).
9) 例えば, 蛍光体の解説そして；中西洋一郎：月刊ディスプレイ5月号, pp.1-9 (2001).
10) 例えば, 技術動向の年報として；内田龍男他：映情学誌, Vol.56, No.9, pp.1397-1402 (2002).

謝辞：本章は静岡大学電子工学研究所の中西洋一郎教授，小南裕子助手および三村秀典教授の全面的な協力および図表の提供を得て完成しました。ここに謝意を表します。

第7章

有機ELディスプレイ技術

NHK放送技術研究所　時任静士

7.1 はじめに

　芳香環や複素環などの π 電子系の化学構造を持つ有機化合物に電気的刺激を加えることで発光を得ようとする電界発光（EL：ELectroluminescence）の研究は1960年代に学術的な興味から盛んに行われた[1]。しかしながら，この頃の研究は単結晶や多結晶膜に数百Vもの高電圧を印加するもので，発光強度も非常に弱く不安定なものであった。現在の有機EL開発[2]〜[4]の発端となったのは1987年のイーストマンコダック社のTangらの研究発表である[5]。電子的性質の異なる2種類の有機化合物を薄膜で積層することにより，わずか10V程度の印加電圧で1000cd/m^2 もの発光強度（輝度）が得られた。この報告から2年後には，主鎖に沿った共役系を有する共役系高分子と呼ばれる大きな有機化合物を用いた単層の有機EL素子がケンブリッジ大学から報告された[6]。これら有機EL素子をガラス基板上にマトリックス状に形成し，情報を表示できるようにしたものが有機ELディスプレイである。最も単純なディスプレイ構造は図7.1に示すような線順次駆動で画像を表示する単色タイプである。

　有機材料を発光させるこの発光素子の表現としては，無機EL素子との対比で「有機EL素子（OELD：Organic ELectroluminescent device）」の表現が一般に用いられるが，欧米では電流駆動であることから「有機発光ダイオード（OLED：Organic light-emitting diode）」と表現されている。また，画像を表示するディスプレイの場合は，有機ELディスプレイ（OELD：

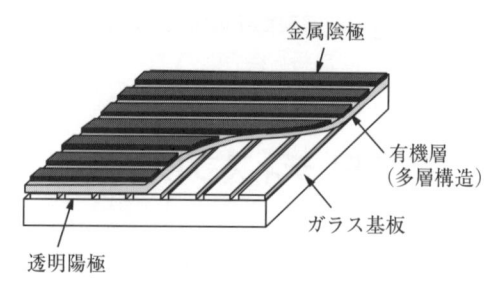

図 7.1 簡単な単色有機ELディスプレイの構造：有機層は発光層を含む多層構造

Organic Electroluminescence display)」以外に，有機発光ダイオードディスプレイ（OLED display: Organic light-emitting diode display)」といった表現が使われている。これら表現は統一的でなく，現在，国内で(財)電子情報技術産業協会(JEITA)を中心に用語の標準化が進めてられている。また，Tangらのような低分子系有機材料を用いたものを低分子有機EL素子(small molecule OELDあるいはsmall molecule OLED)，ケンブリッジ大学のような高分子材料を用いたものを高分子有機EL素子(Polymer OELDあるいはPLED)と表現する。

国内では，Tangらの発表を機に九州大学が精力的な研究を展開し，新しい素子構造の提案，新規発光材料，発光機構に関する成果を学会等で発表した[7]〜[9]。この研究活動に刺激され，多くの企業がこの分野へ参入し，次世代のフラットディスプレイを目指した研究，開発が国内でスタートした。世界初の有機ELの実用化は，1997年，国内メーカーによって車載用オーディオ機器の緑色単色パネルとして成し遂げられた[10]。有機ELディスプレイが注目される理由には以下の特長がある。

(1) 自発光型であるため視野角依存性がなく視認性に優れている。
(2) 応答速度が速いため動画表示に適している。
(3) 構造が簡単であるため非常に軽く薄くできる。
(4) 構造が簡単で製造プロセスも比較的単純であるため低コストが期待できる。

現在，この特長を生かし，携帯電話やデジタルカメラの表示部への応用展開が進められている。また，将来のテレビを意識した大型ディスプレイの試

作検討も行われ始めている[11]。

本章では有機ELディスプレイに関し，まず，その基本となる有機EL素子の構造や動作機構について述べる。次に，フルカラーディスプレイ実現のためのカラー化技術と実際のディスプレイ試作動向について解説する。最後に，将来の展望として省電力化のための高効率発光への試みについて述べる。

7.2 有機EL素子の構造

有機EL素子は発光層に低分子材料を用いるか高分子材料を用いるかによって，低分子有機EL素子と高分子有機EL素子に大別できる。その代表的な素子構造を図7.2に示すが，陽極と陰極を除けばすべて有機薄膜(固体)で形成されている。低分子有機EL素子はガラス基板上に透明陽極，正孔輸送層，発光層，電子輸送層，最後に金属陰極の構成となっている。ただし，発光層などの有機材料の選択によっては，薄い電子注入層と正孔注入層が陰極側と陽極側の界面に挿入された複雑な積層構造とする場合もある。一般に，発光層はホスト材料とドーピング材料の2成分系で，ドーピング材料が0.1〜10％の濃度で含まれている[12]。各有機層は高真空条件下の蒸着法によって厚みが数十nm程度に形成され，3層の合計厚みは100〜200nm程度と非常に薄い。これら有機層は多くの場合，緻密なアモルファス状態で形成されている。その理由は，デバイスの安定性を確保する上でアモルファス構造が最適だからである。陽極は素子内で発生した光を外部に取り出すために80％以上の透明性が要求される。現在では，ITO(Indium-Tin-Oxide)が

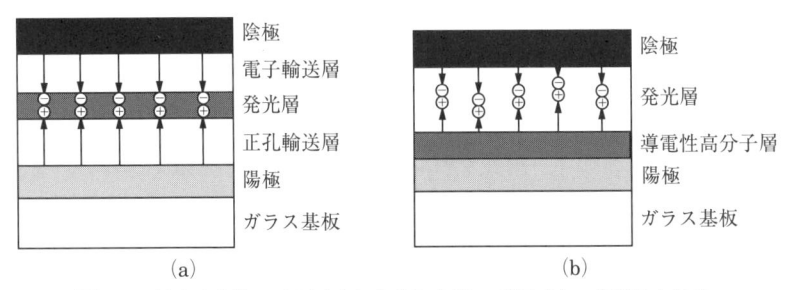

図 7.2 低分子有機EL素子(a)と高分子有機EL素子(b)の代表的な構造

広く使用されている。ITOはガラス基板上にスパッタ法や電子ビーム法で成膜され,表面の凹凸が小さく抵抗率が低いものが望ましい。陰極には,アルカリ金属のフッ化物や酸化物,たとえばLiFあるいはLi_2OとAlの積層が低分子有機EL素子の代表的な陰極構造となっている[12),13)]。この場合,LiFやLi_2Oは0.5〜1nm程度の超薄膜で用いられる。さらにはLiやCs金属を電子輸送層の界面層にドーピングする例も報告されている[14)]。

一方,高分子有機EL素子は導電性高分子層と発光層の2層型が一般的で,低分子系より構造が単純である。この導電性高分子は発光層への正孔注入を容易にするために用いられる。導電性高分子を電極の一種とみなせば,動作上は単一層の構成となっている。導電性高分子層や発光層はスピンコート法などの塗布法で作製される。陰極は低分子有機EL素子の場合と同様に真空蒸着法で形成される。材料とては,CaあるいはBaとAlの積層が一般的である[15)]。溶液からの塗布法はスピンコート以外にスクリーン印刷やインクジェット法が適用でき,大画面,高精細を低コストで実現できる方法として注目されている[16)]。

陰極まで形成した有機EL素子は水分と酸素を除去した不活性ガス(窒素やアルゴン)環境でガラスや金属キャップを用いて封止される。必要に応じて吸湿剤をキャップ内に取り付ける。水分や酸素の混入は有機EL素子の金属電極の酸化や有機薄膜の劣化を引き起こし,素子寿命を著しく低下させる[17)]。

7.3 動作機構と発光量子効率

低分子有機EL素子のエネルギー構造を図7.3に示す。一般的な無機半導体の伝導帯と価電子帯に対応するのが,有機分子のπ電子が形成する最低非占有分子軌道(LUMO)と最高占有分子軌道(HOMO)である。有機薄膜は弱いファン・デア・ワールス力で有機分子同士が凝集しているにすぎないため,厳密にはそのエネルギー構造をバンド的に記述することはできない。また,有機層と金属との界面,あるいは有機層同士の界面では真空準位のシフトが存在し,個々の電子構造を接合する単純なものではない[18)]。しかしながら,この単純なエネルギー構造図でも有機EL素子の動作を定性的に理解する上

7.3 動作機構と発光量子効率

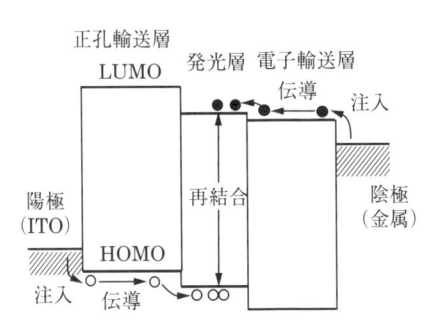

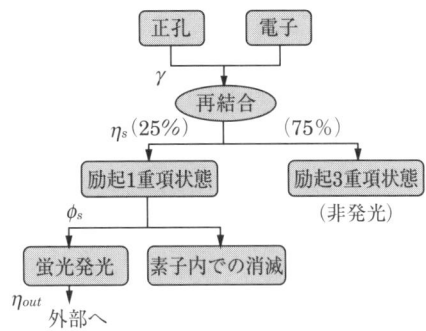

図 7.3 低分子有機EL素子のエネルギーダイアグラム

図 7.4 有機ELにおける発光機構の模式図

では十分に役立っている。陽極であるITOから注入された正孔は正孔輸送層を輸送され発光層へ注入される。そのため，仕事関数の大きいITOほど正孔輸送層との電位障壁を低くできる。陰極からは電子が電子輸送層へ注入されるため，仕事関数の小さなものが好ましい。この電子は電子輸送層を経由し発光層へ注入される。電荷の注入と伝導機構についてはいくつかの機構が提案されているが，明確には分かっていない。π共役系の極端に長い有機材料を除けば，LUMOとHOMOのエネルギーギャップは2～3eVと非常に大きいため，従来の定義からすれば，これら有機薄膜は内部にキャリアを持たない絶縁体の部類に入る。電荷注入によって有機分子上に電子（ラジカルアニオン）あるいは正孔（ラジカルカチオン）が生成し，これらが中性分子との間で電子のやり取りを繰り返すことで分子間をホッピング移動する。実測されている移動度は，10^{-3}から$10^{-6}cm^2/Vs$程度と無機半導体と比べて非常に小さい[19]。このことから，空間電荷制限電流での機構が有力である[2],[20]。

有機分子の上で電子と正孔が出会うことで再結合が起こる。この発光の素過程を図7.4に示す。電子と正孔の再結合は有機分子の励起状態を生成する。励起状態には電子スピンの向きが上か下かによって励起1重項状態と励起3重項状態に別れ，その生成確率は25％と75％と見積もられている[1],[21]。実際，励起1重項状態が23％生成していることが代表的な発光材料で報告されている[22]。大多数の有機材料は，励起3重項状態からの発光（燐光）は禁制であり，励起エネルギーは熱エネルギーとして消失する。そのため，現在

の有機ELディスプレイ開発は励起1重項状態からの発光，つまり蛍光を利用している。発光層で発生した蛍光発光は正孔輸送層，ITO層，ガラス基板を通して外部へ取り出される。以上のことから，発光には以下の過程が密接に関係する。

(1) 電極から正孔輸送層と電子輸送層への電子と正孔の注入
(2) 正孔輸送層と電子輸送層内での正孔と電子の伝導
(3) 発光層内での電子と正孔の再結合による励起状態の生成
(4) 励起1重項状態からの蛍光発光
(5) 蛍光発光の外部への放出(取り出し)

有機EL素子の外部で観測される発光の量子効率(外部量子効率)は(3)－(5)が関係し，これら支配因子をもとに記述すると

$$\eta_{ext} = \gamma \times \eta_s \times \phi_s \times \eta_{out} \tag{7.1}$$

となる[23]。電子と正孔の電荷バランス因子 γ，励起1重項状態の生成確率 η_s，励起1重項状態の発光量子収率 ϕ_s，素子外への光取り出し効率 η_{out} で決まる。電荷バランス因子 γ は注入された電子と正孔がいかに効率的に再結合するかを示すものである。図7.2に示した3層構成であればほぼ1に高めることができる。発光層の両側に正孔輸送層と電子輸送層を配置することで，注入された正孔や電子を発光層内に閉じ込め再結合させる。光取り出し効率については後述するが，発光層の屈折率で決まり，約0.2が見積もられている。例えば，発光量子収率 ϕ_s が1の理想的な発光材料を用いて電荷バランス因子が1の有機EL素子を試作したとすると，外部量子効率として5％の値が導き出される。この値が一般に言われている蛍光発光材料での理論限界値である。

7.4 ディスプレイ化技術

7.4.1 フルカラー技術

フルカラーディスプレイは小型のものでもQVGA以上の解像度が必要である。3原色(赤緑青)の各画素となる有機EL素子1個のサイズは100μmレベルあるいはそれ以下となる。これを実現する方法としていくつかの方式が

提案されている(図7.5)[24]。その中でも3原色の発光材料をそれぞれ塗り分ける方式(a)が一般的である。低分子有機EL素子の場合，真空蒸着装置の中でシャドーマスクを10μm以内の精度で移動させることで数十μmサイズの画素を蒸着する。現在，実用化が進められているフルカラーディスプレイのほとんどはこの方式である[25]。難しい方式ではあるが，発光材料の性能を最も効率良く発揮させることができる。その他，青色発光から蛍光体の色変換(CCM)層を通して緑色と赤色を得る方式(b)や，白色発光を実現しそれをカラーフィルターを通して3原色に分ける方式(c)などが提案されている。青色あるいは白色で高効率発光が実現できれば，(b)(c)の方が(a)よりも製造プロセスが簡単なため現実的である。

高分子有機ELディスプレイの場合，インクジェット法で3原色の発光材料を塗り分ける方法が最も有力な方法とされている[16,26]。画素間を分離するバンクが形成され，基板に高精度で高分子液滴を吐出して成膜する。現状では，バンク構造を工夫し，ITO表面とバンク内面の表面処理によって，十μmの精度でパターンニングできるようになってきた。これは大画面化，高精細化，低コストを満足する魅力ある画素形成法である。その他，レーザー処理によって高分子薄膜を基板に融着する方法で3種類の発光層を形成する

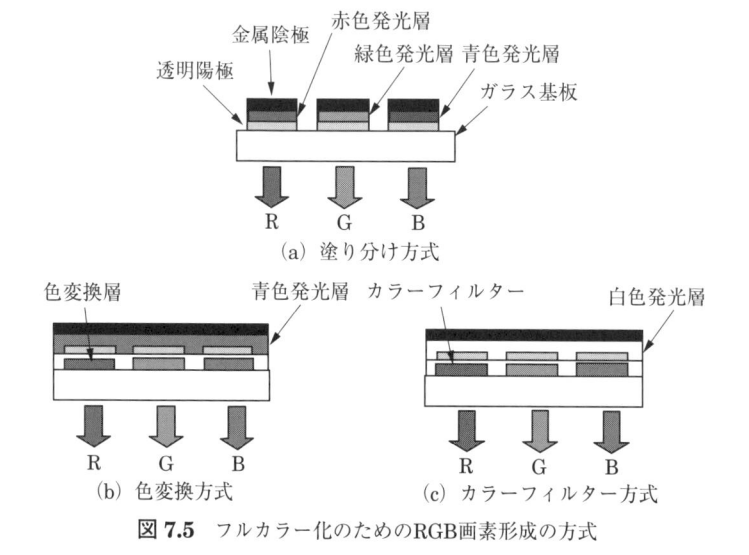

図 7.5　フルカラー化のためのRGB画素形成の方式

7.4.2 ディスプレイの駆動法

ディスプレイの画素の駆動法には液晶ディスプレイと同じように線順次で駆動するパッシブマトリックス方式と薄膜トランジス(TFT)で駆動するアクティブマトリックス方式がある。図7.6にパッシブとアクティブディスプレイの基本的な等価回路図を，図7.7にディスプレイの外観図を示す。アクティブ方式では有機EL画素を選択するSw-TFT以外に，電流を流すDr-TFTが必要となる[27]。Sw-TFTがスイッチング用でDr-TFTが駆動用である。TFTには移動度の高い低温ポリシリコンが用いられているが，パネル内での特性(特に閾値電圧Vth)のばらつきが問題視されている。これに関しては，パネル内でのTFT特性のばらつきを抑える努力が進められる一方で，複数のTFTを用いてばらつきを補償する回路の検討も進められている。現在は，アクティブ方式が主流となってきている。その理由は，

(1) 垂直ライン数の増加に関係なく高輝度が実現できる。
(2) 駆動回路をパネルに内蔵できるため，ディスプレイを小型化できる。
(3) スタティック駆動であるため長寿命化できる。
(4) 低電圧駆動であるため低消費電力である。
(5) 高画質が実現できる。

などの特長を有しているためである。

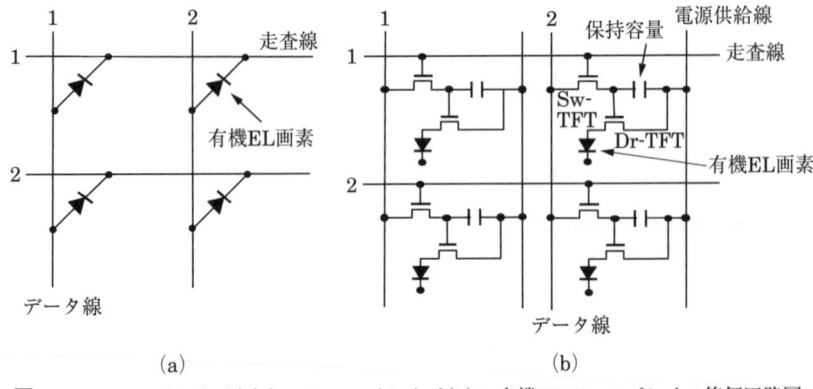

図7.6 パッシブタイプ(a)とアクティブタイプ(b)の有機ELディスプレイの等価回路図

7.4 ディスプレイ化技術

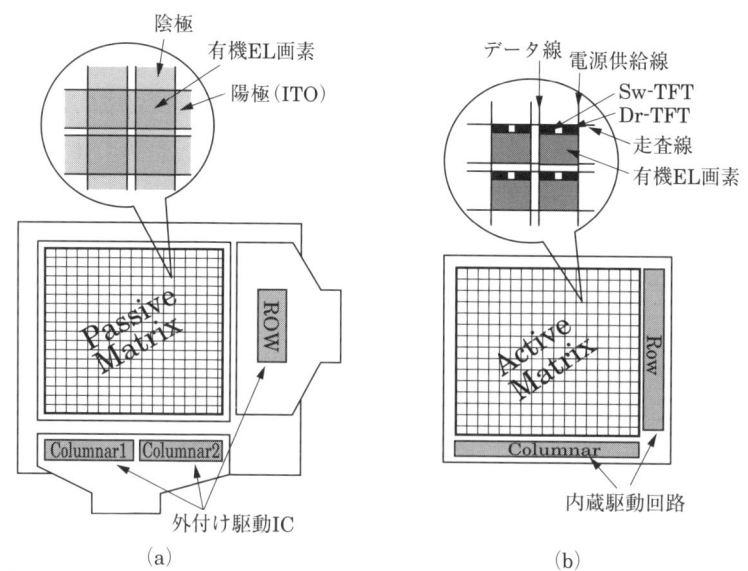

図 7.7 パッシブタイプ(a)とアクティブタイプ(b)の有機ELディスプレイ概観と画素部の構成

7.4.3 ディスプレイの試作動向

フルカラー有機ELディスプレイの試作は1995年の4インチがおそらく最初と思われる。輝度の面ではまだ不十分なものであったが，記念すべきフルカラー実現である。これまでに試作されたフルカラーディスプレイの画面サイズの推移を図7.8に示す。1998年頃からディスプレイ試作が活発化し，2001年頃からテレビへの応用展開を意識した中型サイズのものまで試作されるようになった。前述したように，初期はパッシブタイプを中心にディスプレイの試作が進められたが，最近はアクティブタイプが主流である。2001年には，13インチのSVGA($800×600$)，15.1インチのXGA($1024×768$)が，2002年には14.7インチの

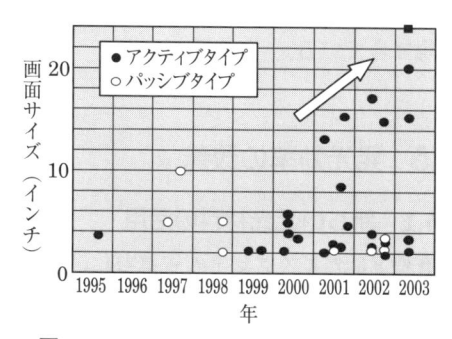

図 7.8 カラー有機ELディスプレイ試作の進歩

SXGA（1280×720）と17インチのXGA-W（1280×768）の試作品が相次いでディスプレイ展示会等で報告された[28),29)]。これらはすべて低温ポリシリコンTFTによるアクティブタイプである。いずれも表示色数が26万色，コントラスト比が200以上を実現できている。輝度も200～300cd/m^{2}が実演された。2003年には，12.1インチパネルを4枚組み合わせた24.2インチの（1024×768）やアモルファスシリコンTFTを用いた20インチが試作されている。2004年には20インチを4枚組み合わせた40インチ（1280×768）と，大型化の傾向が強くなっている。この40インチは高分子型で，インクジェット法によって試作された。高分子材料の利点は，このような溶液塗布法が適用できるため大面積，高精細に対応できることであるが，このディスプレイはそれを実証している。輝度と寿命の点でまだ実用域に入っていないが，40インチクラスを実現した意義は大きい。

　一方，真空蒸着法では，数十μmサイズの画素をシャドーマスク移動で精度良く塗り分ける必要がある。試作レベルでは可能な技術であるが，生産ベースとなるとかなりの困難さがある。最近，カラーフィルター方式（c）での試作が増えている。この場合，RGBの発光層を塗り分ける必要がなく，パネル全面に白色発光層を形成すればよい。ガラス基板上に高精細なカラーフィルターを組み込むことはLCDの技術としてすでに確立されているため，ある程度の画面サイズでも高精細化が容易である。また，製造コスト面でも優位性がある[30)]。ごく最近，12.5インチのフルカラーディスプレイ（854×480）が公開されたが，白色発光とカラーフィルターの組み合わせであるにもかかわらず，NTSCに近いRGBの色再現性があり，高画質の動画表示が実現できている。

7.5　発光効率の改善

7.5.1　新しい発光材料の活用

　有機ELディスプレイの省電力化は，長寿命化とともに大きな課題である。省電力化を実現するためには，有機EL素子の高効率化が不可欠である。現在，新しい発光材料の開発とデバイス構造の改良の両面から研究が進められ

ている。前述したように，実用化が進められている有機EL素子は励起1重項状態を利用したもので，その外部量子効率の理論限界は5％である。もし，励起3重項起状態からの発光（燐光）が室温で可能となれば5％を越える高効率が達成でき，1重項と3重項の両方を発光に寄与させることができれば，原理的に4倍の超高効率が可能となる。

1998年，プリンストン大学の研究グループから白金ポルフィリン（PtOEP）が4％の外部量子効率で赤色燐光を示すことが報告された[21]。その後，イリジウム錯体（Ir(ppy)$_3$）の緑色発光で15％が報告され[33]，また，素子構造を工夫することで20％近い高効率が報告された[32),34)]。外部量子効率20％は，究極の内部量子効率100％を示唆するものである。最近では，赤色や青色に関してもイリジウム錯体の配位子を修飾した系で，11％の効率が報告された[35),36)]。代表的な燐光材料を用いた有機EL素子の発光スペクトルを図7.9に示す。素子構造は蛍光材料の場合（図7.2(a)）と類似しており，発光層に3〜8wt％の濃度で燐光材料がドープされる。色純度的には緑色と赤色はほぼNTSCを満足できるが，青色はまだ不十分である。しかしながら，難しいと予想された青色の燐光発光が実現でき，3色（RGB）が揃ったことは大変画期的である。その他の発光色も含めて有機EL素子での量子効率をまとめたのが図7.10である。従来の蛍光材料に比べて，2倍から4倍の効率改善となっている。有機ELディスプレイの抜本的な効率改善を進める上で，燐光材料の活用は不可避と言える。赤色と青色での発光効率改善，

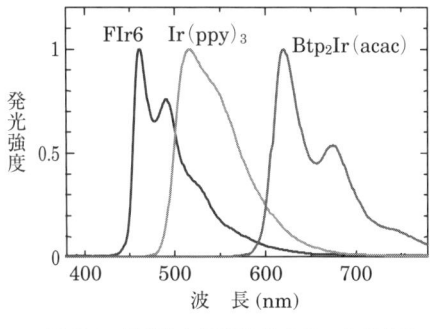

図7.9 代表的な燐光材料を用いた高分子有機EL素子の発光スペクトル

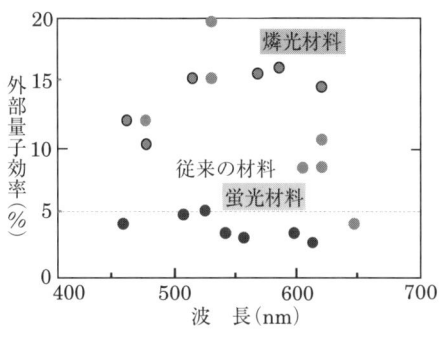

図7.10 フルカラー有機ELディスプレイの試作サイズの推移

7.5.2 光取り出し効率の改善

発光効率を考える上で忘れてはいけないのが光の取り出し効率である。図7.11に示すように，発光層内で発生した光は有機薄膜，陽極，ガラス基板を通過して素子外部へ放出される。この取り出し効率は有機薄膜の屈折率で決まる臨界角に依存する[37]。有機層の屈折率を1.6とすると，素子外部へ取り出せる光はわずかに20％程度である。残りの80％は有機薄膜とガラス基板内を横方向へ導波して，基板端面から放出されるか，あるいは陰極の金属表面で消失する。この80％をどのようにして実質的な発光に寄与させるかが課題である。これに対して，いくつかの提案がなされている。たとえば，マイクロレンズをガラス基板面に配置する方法や，シリカ微小球を並べることでガラス基板内の導波成分を外部へ取り出している[38]。また，ITO層とガラス基板の間に非常に屈折率の低い層（エアロゲル層）を挿入する[39]。現在のところ，まだ有効な技術は開発されておらず，将来にわたっての大きな課題である。

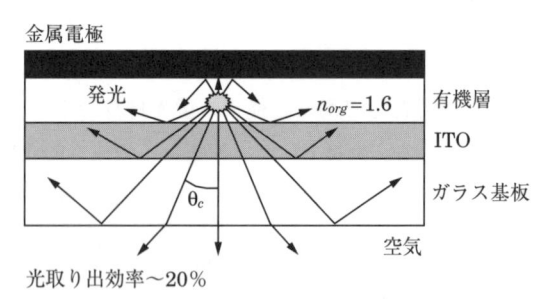

図7.11 発光層からの光の取り出しを模式的に示した図：θ_cは光を外部に取り出せる臨界角

7.6 今後の展望

実用化が懐疑的に見られていた有機ELディスプレイは，最近の実用化によってようやく市民権を得たように思える。企業での研究開発はこの実用化を機に益々加速している。しかし，さらなる実用化展開を考えると技術的課

題が山積している。高効率化（省電力化）と長寿命化に加えて大画面化や高精細化の課題など，材料開発とプロセス開発の両面からの取り組みが必要である。

　有機ELディスプレイの動画表示の際の画質評価は非常に高く，携帯機器への展開は間違いなく進むと予想される。おそらく，数年間は現状の確立された低分子蛍光材料での実用化が2〜5インチクラスのディスプレイで進むと思われるが，部分的には燐光材料も使用されていくことになる。その後に高分子蛍光材料を使ったディスプレイが実用化されると予測する。有機ELにとって，ここ数年は勝負の時期となろう。2,3年後には5インチクラス，2010年頃には20インチの有機ELテレビを，家庭で見られることを期待したい。

参考文献

1) W. Helfrich and W. G. Schneider, Phys. Rev. Lett., 14,p.229（1965）.
2) T. Tsutsui, MRS Bulltin, 22, p.39（1997）.
3) 城戸淳二監修：「有機EL材料とディスプレイ」シーエムシー社（2001）.
4) 時任静士，安達千波矢，村田英幸：「有機ELディスプレイ」オーム社（2004）.
5) C. W. Tang and S. A. VanSlyke, Appl. Phys. Lett., 51, p.913（1987）.
6) J. H. Burroughes, D. D. Bradley, A. R. Brown, R. N. Marks, K. Mackay, R. H. Friend, P. L. Burns, and A. B. Holmes: Nature, Vol.347, p.539（1990）.
7) C. Adachi, S. Tokito, T. Tsutsui, and S. Saito: Jpn. J. Appl. Phys., 27, L713（1988）.
8) C. Adachi, T. Tsutsui, and S. Saito: Appl. Phys. Lett., 57, p.531（1990）.
9) 安達千波矢，筒井哲夫，斎藤省吾：テレビジョン学会誌，vol.44, No.5, pp.578（1990）.
10) フラットパネルディスプレイ1998, 日経マイクロデバイス別冊, p.232（1998）
11) TRIGGER 10月号, 日刊工業新聞社, p.6（Oct. 2001）
12) C. W. Tang, S. A. VanSlyke and C. H. Chen: J. Appl. Phys., 65, p.3610（1989）.
13) T. Wakimoto, et al.: IEEE Transaction ELectron Devices, 44, p.1245（1997）.
14) J. Kido, and T. Matsumoto: Appl. Phys. Lett., 73, p.2866（1998）.
15) I. D. Parker：J. Appl. Phys., 75, p.1656（1994）.
16) 下田哲也：OPTRONICS, No.3, p.133（2001）.
17) P. E. Burrows, V. Bulovic, S. R. Forrest, L. S. Sapochak, D. M. McCarty, and M. E. Thompson: Appl. Phys. Lett., 65, p.2922（1994）.
18) 石井，関：表面, 34, 10, p.57（1996）.
19) S. Barth, P. Muller, H. Riel, P. F. Seidler, W. Ries, H. Vestweber, and H. Bassler: J. Appl. Phys., 89, p.3711（2001）.

20) J. C. Scott, G. G. Malliaras, J. R. Salem, P. J. Brock, L. Bozano, and S. A. Carter: Proc. of SPIE Vol.3476, p.11 (1998).
21) M. A. Baldo, D. F. O'Brien, Y. You, A. Shoustikov, S. Sibley, M. E. Thompson, and S. Forrest: Nature, 395, p.151 (1998).
22) M. A .Baldo, D. F. O'Brien, M. E. Thompson and S. R. Forrest: Phys. Rev.B, 60, p.14422 (1999).
23) N. K. PatEL, S. Cina, and J. H. Burroughes: IEEE Journal on Selected Topics in Quantum ELectronics, 8, p.346 (20002).
24) P. E. Burrows, G. Gu, V. Bulovic, Z. Shen, S. R. Forrest,and M. E. Forrest: IEEE Transactions on Electron Devices, 44, p.1188 (1997).
25) K. Mori, Y. Sakaguchi, Y. Iketsu, and J. Suzuki： Displays, 22, p.43 (2001).
26) E. I. Haskal, et. al.: Proc. of EL2002, p.17 (2002).
27) 下田達也, 木村睦：2001 FPD テクノロジー大全, p.774
28) A. Yumoto, M. Asano, H. Hasegawa, and M. Sekiya： Asia Display/IDW '01 Proceedings, p.1395 (2001).
29) M. Kobayashi, J. Hanari, M. Shibusawa, K. Sunohara, N. Ibaraki: Proc. of IDW '02, p.231 (2002).
30) K. Mameno, et. al.: Proc. of IDW '02, p.235 (2002).
31) SID2004(ボストン)オーサーズインタビューの会場にて展示。
32) M. Ikai, S. Tokito, Y. Sakamoto, T. Suzuki, and Y. Taga: Appl. Phys. Lett., 79, p.156 (2001).
33) C, Adachi, . M. A. Baldo, S. R. Forrest, and M. E. Thompson: Appl. Phys. Lett., 77, p.904 (2000).
34) C. Adachi, M. A. Baldo, M. E. Thompson, and S. R. Forrest: J. Appl. Phys., 90, p.5048 (2001).
35) S. Okada, et al.,: SID 02 DIGEST p.1360 (2004).
36) R. J. Holmes, B. W. D'Andrade and S. R. Forrest: Appl. Phys. Lett., 83, p.3818 (2003).
37) H. Benusty: Confined Photon Systems, H. Benisty, et. al., Ed. Springer,p.393 (1998).
38) C. F. Madigan, M.-H. Lu, and J. C. Sturm:, Appl. Phys. Lett., 76, p.1650 (2000).
39) 横川弘：応用物理学会有機分子・バイオエレクトロニクス分科会　第9回講習会予稿集, p.33 (2001).

第8章

液晶プロジェクタ

(株)東芝　渡邉浩平

8.1 はじめに

　近年，パーソナルコンピュータ(PC)を使ったプレゼンテーションが普及するにつれて，PC画像表示に対応した液晶プロジェクタが多く使われるようになってきている。プロジェクタに使用される液晶デバイスには，透過型液晶と反射型液晶(通常，液晶が半導体素子の上にあるため，LCoS(Liquid Crystal on Silicon)ともいわれる)に大別される。本稿では，現在主に使用されている透過型液晶デバイスを使用したプロジェクタについて解説する。

8.2 液晶プロジェクタの光学系

8.2.1 液晶プロジェクタの基本的な光学系

　液晶プロジェクタの原理そのものは非常に簡単で，液晶パネルの背面に光源を配置して，透過した光を投射レンズを使用してスクリーンに拡大投影するものである。この原理を単純に使用しているのが単板式プロジェクタである。これは，例えばPCなどに使われる液晶パネルの背面より強力な光を当てて，これをレンズで投影するものと考えればよい。実際にはPC用の液晶パネルは12～17型と巨大なため，プロジェクタ用には1.5～4型の大きさのものが使われることが多い。単板式プロジェクタでは，カラー表示のために各画素にRGBの色フィルタを配置しているが，カラーフィルタの透過率は約20％と非常に低い。また，液晶パネルの解像度は，表示解像度の3倍

の画素が必要となるため、液晶パネルそのものの透過率も低くなってしまう。このため、単板式液晶プロジェクタは明るさが取れない。ゆえに、低価格であるが現在ではほとんど使用されていない。

8.2.2 三板式液晶プロジェクタの光学系

現在、最も多く使用されているのが図8.1に示すような三板式のプロジェクタである。ランプからの光は、まず一つ目のダイクロイックミラーでB（青）成分の光のみが反射され、B用のパネルに導かれる。同様に二つ目のダイクロイックミラーではG（緑）成分のみが反射され、残ったR（赤）成分とともにそれぞれのパネルに導かれる。ダイクロイックミラーは色（波長）に応じて光の反射・透過をコントロールする。このため、光源から液晶パネルの方向に出た白色光を効率良く液晶パネルに照射することができ、単板式に比べ高輝度化に有利である。それぞれの色用の液晶パネルを透過した光は、クロスプリズムで合成され、投射レンズを使用してスクリーンに投影される。

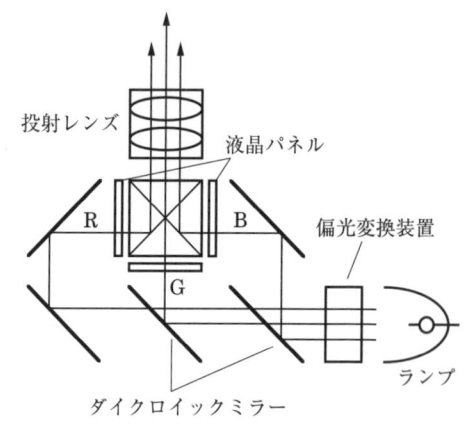

図 8.1 三板式液晶プロジェクタの光学系

8.2.3 高輝度化技術

液晶プロジェクタの歴史は、高輝度化の歴史でもあり、様々な高輝度化の手法が用いられている。

一つは、偏光変換素子である。液晶パネルはその動作原理上偏光が必要であるため、液晶パネルの光源側には偏光板を置き、液晶パネルに入力される光のうち片側の偏光のみを透過するようになっている。偏光板の透過率は原理上50％以下となるので、この部分のロスが多い。現在の液晶プロジェクタではこのロスを減らすため、使用しない偏光成分をもう一つの偏光成分に変換する偏光変換素子を使用して、光の利用効率を高めているものが多い。

もう一つはマイクロレンズである。3板式液晶プロジェクタに用いられる

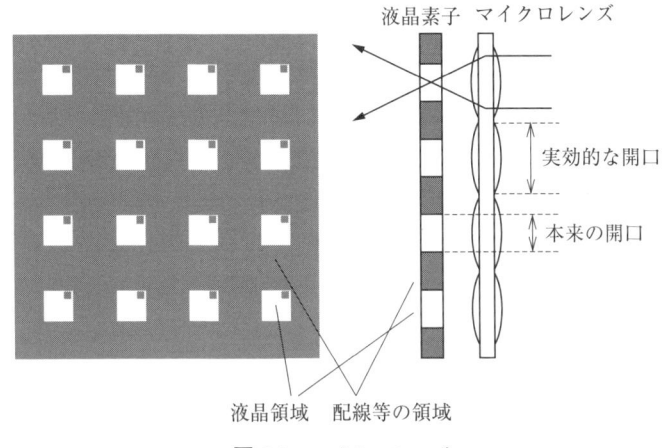

図 8.2 マイクロレンズ

　液晶パネルは，通常高温ポリシリコン液晶パネルで画面対角 0.55〜1.3 インチ程度のものが使用されている．図 8.2 に示すように液晶パネルには画素部分以外に配線領域などがあり，この部分は光を通さないようになっているため，画素数を一定にしたまま液晶パネルのサイズを小さくした場合，または同じサイズでも画素数を増大した場合には，光の通過する部分の面積比（開口率）が小さくなってしまう．このため，一部のプロジェクタでは各画素一つひとつに対応した微小なレンズを液晶パネルの光の入射側に配置することにより，実効的な開口率を向上させる技術が採用されている．

　この他にも，高輝度化への様々な工夫が施されている．

8.3 液晶プロジェクタの回路

8.3.1 回路の構成

　液晶プロジェクタは，PC などからの RGB 信号とビデオ信号の入力端子を備えている．代表的な液晶プロジェクタの構成を図 8.3 に示す．通常，液晶プロジェクタでは各入力信号を A/D コンバータでサンプリングし，信号処理した上で液晶パネルにアナログ信号として供給し，表示するようになっている．以下，各ブロックの動作について説明する．

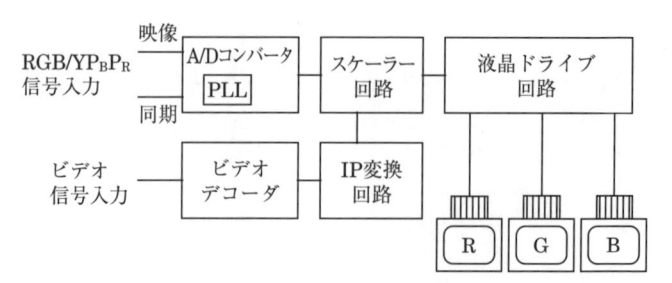

図 8.3 液晶プロジェクタの回路構成例

8.3.2 RGB信号入力回路

PCの出力信号は画素で構成されており，通常SVGA（800×600），XGA（1024×768），SXGA（1280×1024）などのように画素数が決まっている。一方，プロジェクタ用の液晶パネルも画素で構成されており，PCの出力信号に合わせて，SVGA，XGA，SXGAの解像度のものが用意されている。PCからの出力画面を正しく表示するには，PCからの出力信号の画素と表示する液晶パネルの画素を合わせ，1対1で表示する必要がある。

このため，RGB入力信号回路では水平同期信号よりPLL回路でドットクロック（PC側の表示クロック）を再生している。例えば，XGA60Hzの場合，水平同期周波数は48.36kHzでドットクロックは1344倍の約65MHzとなる。

PCからの出力信号は図8.4のように画素に相当する部分が平たんな信号となっており，A/Dコンバータではこの平たんな部分をサンプリングする必要がある。水平同期信号と映像信号の1画素以下の位置関係は規定されていないため，PLL回路で発生するクロックの位相を調整することにより，

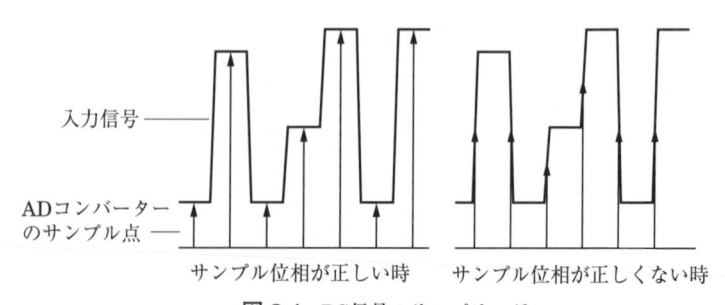

図 8.4 PC信号のサンプリング

このサンプリング位相を調整する。また，同じXGA60Hzの信号でも，PCによって出力信号のフォーマットが異なることがあるため，多くのプロジェクタには自動調整機能が装備されている。これは，入力された信号を解析することにより，有効画面領域および最適サンプリング位相を自動的に調整するものである。

また，多くのプロジェクタではRGB信号とともにY/P_B/P_R信号などのコンポーネント信号にも対応しており，このときは入力信号のうちP_B/P_R信号などの色差信号のクランプレベルを変更し，信号の中間レベル(A/Dコンバーターが8bitの場合128レベル)に設定する。

8.3.3 ビデオ信号入力回路

ビデオ信号処理回路は，NTSC，PALなどのビデオ信号をデコードしY/Cb/Cr信号に変換するもので，ディジタルビデオデコーダーが使用されていることが多い。通常，ビデオ信号はインターレース信号であるが，液晶パネルはプログレッシブ信号しか表示できないため，インターレース-プログレッシブ信号変換(IP変換)回路が必要となる。このIP変換回路は後述するスケーラー回路に内蔵されていることも多い。

8.3.4 スケーラー回路

PCは様々な解像度の信号をサポートしているため，液晶パネルの解像度と同じ解像度以外の信号が入力されることも多い。液晶プロジェクタでは，様々な解像度の信号を液晶パネルの解像度にデジタル的に変換するスケーラー回路を使用している。スケーラー回路では，二次元のディジタルフィルタを使用することにより，解像度の変換を行っている。

二次元ディジタルフィルタでは，任意の位置の画素データを，上下左右近傍の画素のデータをもとに演算して得ている。ここでは，最も簡単な線形補間フィルタを例に二次元ディジタルフィルタの動作について説明する。線形補間フィルタは，最も近い画素との距離関係により，距離に比例させた重み付けで新たな画素データを演算する方法である。一次元の場合，図8.5(a)に示すように元の画素a, b間のxの位置の画素を作り出す際，xとa, b間の距離の関係が$x_1 : x_2$のときxは，

$$x = \frac{X_2 a + X_1 b}{(X_1 + X_2)}$$
(a) 1次元線形補完

$$x = \frac{X_2 Y_2 a + X_1 Y_2 b + X_2 Y_1 c + X_1 Y_1 d}{(X_1 + X_2)(Y_1 + Y_2)}$$
(b) 2次元線形補完

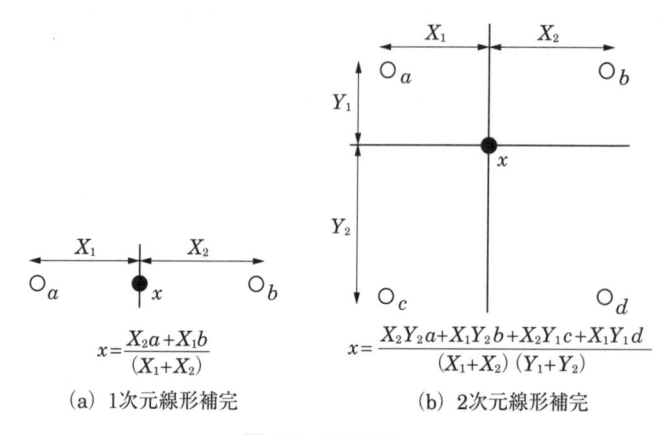

図 8.5 線形補間

$$x = \frac{X_{2a} + X_{1b}}{(X_1 + X_2)} \tag{8.1}$$

となる.これを二次元に拡張すると図8.5(b)のように元の画素a,b,c,dより新たな画素xを演算する場合は,

$$x = \frac{X_2 Y_{2a} + X_1 Y_{2b} + X_2 Y_{1c} + X_1 Y_{1d}}{(X_1 + X_2)(Y_1 + Y_2)} \tag{8.2}$$

となる.二次元線形補間では,新たな画素の上下左右2画素ずつのデータより演算を行うが,実際のプロジェクタではより高画質な画像を得るために,上下左右3〜5画素程度を参照して演算するディジタルフィルタが用いられることが多い.

この技術を応用すると,単に拡大縮小だけでなく任意の形への変換も可能である.

8.3.5 ディジタルキーストーン補正

液晶プロジェクタは机上に置いて使用され,机よりも上方に設置されたスクリーンに投影して使用されることが多い.ほとんどの液晶プロジェクタは,その光学系であらかじめ上方に投影されるように設計されているが,実際には図8.6下側のようにプロジェクタを斜めに設置してさらに上方のスクリー

8.3 液晶プロジェクタの回路

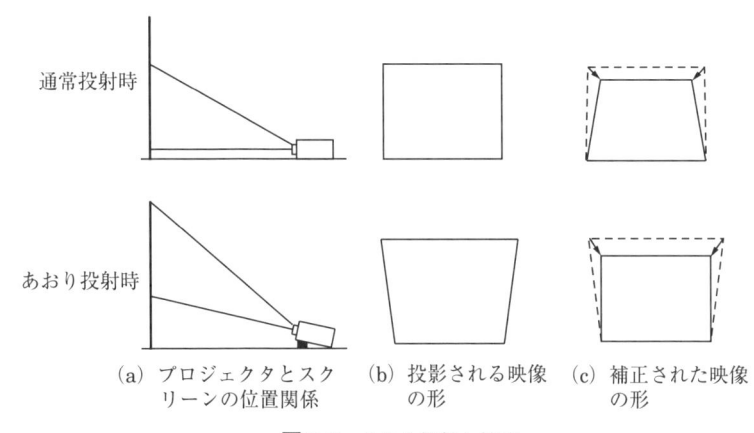

(a) プロジェクタとスクリーンの位置関係
(b) 投影される映像の形
(c) 補正された映像の形

図 8.6 あおり投射と補正

ンに投影して使用することも多い。このような場合には，プロジェクタが斜めになっているので，スクリーン上部とプロジェクタとの距離は，正対しているときに比べて遠くなっている。プロジェクタで投影する画像は，プロジェクタとスクリーンの間の距離が遠くなるほど大きくなるため，このように斜め投影している場合は，スクリーン上方の映像が大きくなってゆがんだ画像となってしまう。このため，図 8.6(c) のようにスケーラーであらかじめゆがむ方向と逆方向にゆがませた画像を投影することにより，ゆがみを補正することができる。一部では，プロジェクタ本体の傾きを傾きセンサーなどで検出し，補正を自動化したものも発売されている。

8.3.6 ドライブ回路

液晶プロジェクタには通常高温ポリシリコンプロセスの液晶パネルが使用されている。これは，PC用に使用されているパネルとは異なり，アナログ入力で駆動回路は外付けとなっている。

プロジェクタに使用される液晶パネルは，電圧を印加しないときには光が透過するノーマリーホワイトモードで使用されることが多い。液晶素子はその性質上，対向電極に対し正負交互に電圧を印加してドライブする必要がある。正極側のドライブ特性と負極側のドライブ特性は異なるため，そのままフレームごとにドライブ極性を反転すると，大画面フリッカーが発生してし

まう。このドライブ特性の差を目立たなくするため，ドライブ極性を1ラインごとに反転し，なおかつフレームごとに反転している。これにより，たとえ正負でドライブ特性が異なっていても，フレームごとにライン単位でレベルが変化するだけになるので視覚的に目立たなくなる。

　液晶パネルは，図8.7に示すような印加電圧−透過率変換特性をもっている。PCやビデオ信号は，CRTモニタを接続することが前提となっており，あらかじめCRTモニタの逆ガンマ特性を持たせている。このため，液晶プロジェクタでは図8.7のような変換特性を補正し，CRTモニタと同等の変換特性を持たせる必要がある。ドライブ回路にはガンマ補正のためのルックアップテーブルが用意されており，ここでガンマカーブを設定する。最終的に液晶パネルに与える信号は前述の極性反転とあわせて図8.8のようになる。

　また，PC用の解像度を持った（SVGA〜XGAの場合）液晶パネルの駆動周波数は，通常40MHz〜70MHz程度となる。このように高速の周波数では直接液晶パネルを駆動することは困難なため，多相展開して駆動スピードを落としている。図8.9は，多相展開を使用した代表的な液晶パネルの内部構成で，ここでは説明のため四相展開としている。アナログ入力端子1は左端より$4n+1$画素目のところに接続されている。同様に入力2は$4n+2$，入力3は$4n+3$，入力4は$4n+4$にそれぞれ接続されている。入力1〜4に入力された信号は，X, Yドライバーで選択された隣り合う四つの画素に同時に書き込まれるため，液晶パネルの動作周波数は1/4に減らすことができる。ドライブ回路では，隣り合う四つの画素の信号を同時に出力する必要が

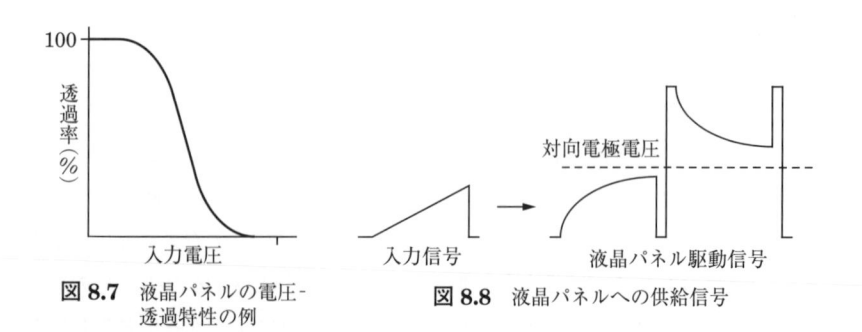

図 8.7 液晶パネルの電圧-透過特性の例

図 8.8 液晶パネルへの供給信号

あるため，ディジタル回路で該当する画素の信号を取り出し，四つのD/Aコンバーターより同時に出力される。なお，この多相展開した信号間で信号レベルに差があると画面上では縦縞となって見えてしまうため，四つのD/Aコンバーターの出力レベルおよび出力アンプのレベルを設定する抵抗などは非常に高精度なものが使用されている。

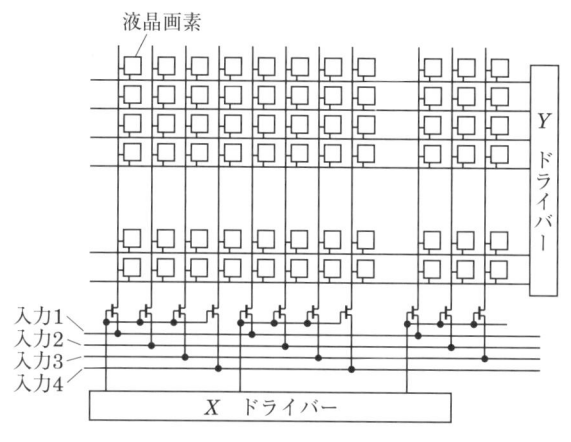

図8.9 液晶パネルの内部構成例

8.3.7 色むら補正回路

　三板式液晶プロジェクタは，3枚の液晶パネルからのRGB三色の光を合成してレンズより投影するため，3枚の液晶パネルの特性が異なっている場合や，液晶パネルにランプからの光を照明する系にむらがあると，色むらとなってしまう。特に，液晶パネルは2枚のガラスの間に液晶を封入したものであるため，2枚のガラスの間隔が均一でない場合，ギャップむらと呼ばれるむらが発生する。このため，近年は色むら補正回路を使用することが一般化している。色むら補正回路では，画面を縦横各々十数ブロックに分割し，このブロックごとに補正値を記憶して補正を行っている。また，ギャップむらはガラスの間隔が異なると液晶素子のガンマカーブも異なってくるため，全体の信号レベルを変化させるのではなく，映像信号の暗い部分・中間レベル・明るい部分など，レベルに応じて補正を行うようになっている。

　液晶プロジェクタは，高輝度化・小型化と共に高画質化が急速に進み，近年急速に進歩してきた。また，液晶パネルの小型化などにより低価格化が進んでおり，急速に普及してきている。今後は，業務用のみならず家庭用のプロジェクタの普及も予想されるため，さらなる高画質化の技術が登場すると

思われる．また，透過型液晶以外に反射型液晶，DLP (Digital Light Processing) 方式のプロジェクタにもそれぞれ長所があり，最適な分野への普及が期待される．

参考文献

1) 三浦健児, 田辺俊行 : "業務用プロジェクタの現状と将来展望", 東芝レビュー Vol.55, No.2, pp.2 - 6 (2000).
2) 渡邉浩平 : "小型液晶データプロジェクタ TLP650 シリーズ", 東芝レビュー Vol.55, No.2, pp.22 - 26 (2000).
3) 浜田 浩 : "液晶プロジェクションシステム", シャープ技報 pp.75 - 80 (1997-12).
4) 瀧口治久 : "液晶技術動向・将来展望", シャープ技報 pp.5 - 11 (1999-8).
5) 照明学会編 : "情報ディスプレイ研究委員会報告書", (1998-3).
6) 今井雅雄, 坂本幹雄 : "偏光変換光学系によるプロジェクターの高輝度化", 光技術コンタクト Vol.1.32 - 10, pp.554 - 561 (1994).

第9章

広色再現域カラーディスプレイ

NEC三菱電機ビジュアルシステムズ株式会社　谷添秀樹
三菱電機株式会社　杉浦博明

9.1 はじめに

　本章では，ディスプレイの色再現，標準色空間について簡単に紹介し，加えて現在開発されている2種の代表的な広色再現域ディスプレイについて解説する。広色再現域CRT（Cathode Ray Tube）ディスプレイは豊かな中間調や視角特性を持ち，LEDバックライト方式液晶ディスプレイは高い輝度性能と広い色再現域を持つ。これらのディスプレイは共にAdobe RGBの色再現域をサポートし，現在普及が始まりつつある拡張色空間への対応を可能とすると共に，カラーマネジメントを必要とする業界におけるブレークスルー手段を提供する。

　デジタルカメラやカラープリンタ等の入出力デバイスについての近年における技術進歩はめざましく，従来の標準色空間を越える性能を持つものが多くなってきた。これらのデバイスの色空間を統合的に扱う色空間として，既存の標準色空間であるsRGB[1]の色再現域を超える拡張色空間が提案されており，それぞれのデバイスの性能を最大限に発揮するためのインフラ整備が進みつつある。拡張色空間の例としては，International Electrotechnical Committee（IEC）から発行されたscRGB（relative scene RGB color space）[2]等がある。

　一方，従来のCRT（Cathode Ray Tube）やLCD（Liquid Crystal Display）デバイスの色再現域が上記入出力デバイスのそれをカバーできておらず，ディスプレイの色再現域の制約が拡張色空間応用の上でのボトルネックとな

っていた。

　また，DTP（DeskTop Publishing）の業界では，コンピュータ端末上での印刷原稿の検査工程（ソフトプルーフ）用途としてコンピュータ用ディスプレイ装置が用いられていたが，それらが標準的な印刷条件（例えばSWOP: Specification for Web Offset Publications）の色再現域をカバーできておらず，色彩の校正については経験と勘に頼らざるを得ない状況であり，効率改善の妨げとなっていた。

9.2 ディスプレイ関連の標準色空間の動向

　ここでは，ディスプレイ関連の標準色空間としてsRGB，Adobe RGBについて簡単に説明し，広色再現域ディスプレイとの関連について述べる。なお，標準色空間の詳細については，本書第22章を参照されたい。

9.2.1　sRGB

　現在の主流のディスプレイの標準色空間はsRGBである。これはIEC 61966-2-1に定義された国際標準の色空間であり，標準的なCRTの色再現特性をベースに策定された規格である。

9.2.2　Adobe RGB

　一方，DTPの業界では，Adobe RGB[3)]なる標準色空間が用いられてきている。図9.1にその色再現域を示す。

　Adobe RGBは図示のようにSWOP等の標準的な印刷条件をほとんどカバーしており，DTPやディジタル写真業界で広く使われている画像編集用アプリケーションソフトウエア

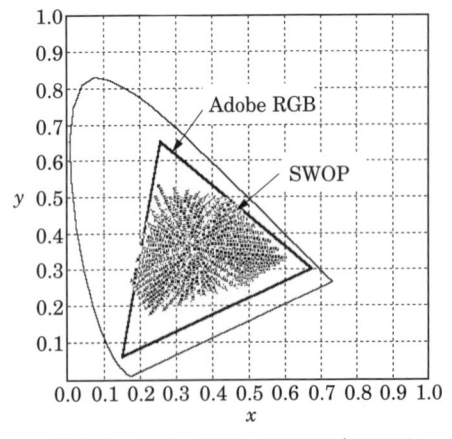

図 9.1　Adobe RGBとSWOPの色再現域

---

*Photoshop®およびAdobe®はAdobe社の登録商標です。

"Photoshop®"*の標準の色空間である。よって，このAdobe RGBをサポートするディスプレイの登場により，DTPやデジタル写真業界のワークフローを改善する事が期待できる。さらに，最近になってこのAdobe RGBがデジタルカメラの標準ファイルフォーマットにおける拡張色空間に選定された。

9.3 広色再現域カラーディスプレイの目標性能について

ここで，広色再現域カラーディスプレイの性能に関して以下の各項目について述べる。

(1) 色再現域，(2) 輝度性能とコントラスト性能，(3) 視角依存性，(4) 階調再現性，(5) 輝度・色度の安定性，(6) 白色色度点の調整自由度，(7) 表示色数(デジタル映像信号のビット長)

9.3.1 色再現域

目標は，前述のAdobe RGBの色再現域である。Adobe RGBと既存のsRGBとは特に緑の色度が大きく異なるので，これを改善する必要がある。

9.3.2 輝度性能とコントラスト性能

輝度性能としては，sRGBにて要求されている$80〔cd/m^2〕$を下限と考える。一方，実際のオフィス環境の照明による影響(色再現域の変化)を考慮すると，例えば5〔%〕の表示面の反射率を持つディスプレイを350〔lx〕の照明の下で使用する場合は，表示面の照明による反射輝度は$5.57〔cd/m^2〕$となる。このような場合に，色再現域の低下(CIExy色度図上での面積比)を5〔%〕程度に抑えるためには，ディスプレイ自体において少なくとも$600〔cd/m^2〕$を超える輝度性能を持つことが必要である。

コントラスト性能として一般的にカタログに記載されている数値は，暗室コントラスト値である。これは外光の影響を考慮せず，暗室にて測定されたコントラスト比である。

しかしながら，一般的な使用環境を考えるとき，環境光の影響を考慮した明室コントラスト性能も重要である。これはディスプレイの暗室コントラストに加え，表示面の反射率によって性能が決定される。特にディスプレイの

表示輝度が暗い場合やディスプレイ表示面の反射率が大きい場合は，環境光の影響により色再現域が狭くなるので，照明環境への配慮も重要である．必要に応じて遮光フードを用いて環境光の影響を減ずることなどが効果的である．

9.3.3　視角依存性

通常の液晶ディスプレイのカタログスペックでは，視角依存性をコントラスト比にて評価した数値が記載されているが，広色再現域カラーディスプレイにおいてはコントラストの視角依存性のみならず，色再現域の視角依存性も重要である．

9.3.4　階調再現性

コンピュータのカラーマネジメント処理における色変換時のロスを少なくするためには，ディスプレイのγ特性がシステムの既定のγ値（Windowsでは$\gamma=2.2$，Macintoshでは$\gamma=1.8$）に近く，R，G，Bの各色での特性が揃っていることが望ましい．

9.3.5　輝度・色度の安定性

使用の都合上，輝度・色度の電源投入後の安定化までの時間が短いこと，経時変化，温度変化が少ないことが望まれる．

9.3.6　白色色度点の調整自由度

各アプリケーションに応じて3000〔K〕（医療用）から9300〔K〕（TV）等，白色の色温度を可変できる必要がある．

9.3.7　表示色数(デジタル映像信号のビット長)

現在は8Bitの映像信号（1670万色）が主流であるが，10Bit映像信号に対応のハードウエア（グラフィックアクセラレータカード）やソフトウエアが登場してきており，10億色以上の表示が可能となっている．広色再現域カラーディスプレイにおいては，10Bit映像信号の表示に対応することが望まれる．

9.4　広色再現域カラーディスプレイの例

広色再現域カラーディスプレイの実例として，筆者らが開発した2種の広色再現域カラーディスプレイについて紹介する．

9.4.1 広色再現域CRTディスプレイ

図9.2に広色再現域CRTディスプレイに使用した蛍光体の分光特性を示す。図に示すように，赤と緑の蛍光体の発光スペクトラムのサブピーク（ドミナントの発光波長とずれて発光している部分）のレベルが低く抑えられているので，結果として，混色が少なくなることによりそれぞれの原色の純度が高くなり，色再現域が広がっている。表9.1に広色再現域CRTディスプレイの仕様概要を示す。

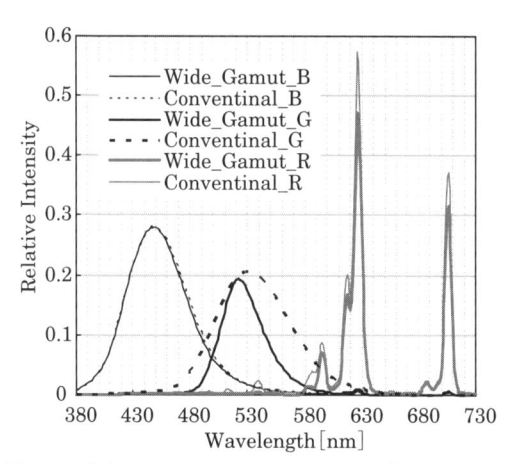

図9.2 広色再現域CRTディスプレイの発光スペクトラム

表9.1 広色再現域CRTディスプレイの仕様概要

項目	仕様
CRT	22型Diamondtron UWG広色再現域CRT
AGピッチ	0.24[mm]
最大解像度	2048(H)×1536(V)
最大(ピーク)輝度	100[cd/m^2]@9300[K]，80[cd/m^2]@6500[K]
色再現域	≒ Adobe RGB （NTSC比93.3[%]）
白色色温度可変範囲	色温度可変範囲：5000-9300[K]
入力映像信号階調	アナログ（無限大階調）
表示出力階調	アナログ（無限大階調）
その他の機能	DDC/CI通信機能

(1) 色再現特性

図9.3に本ディスプレイの色再現域を示す。図に示すように，本ディスプ

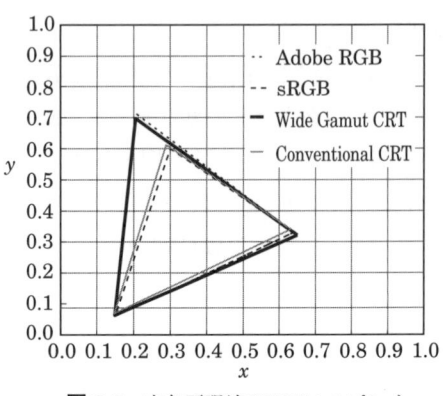

図 9.3 広色再現域CRTディスプレイの色再現域

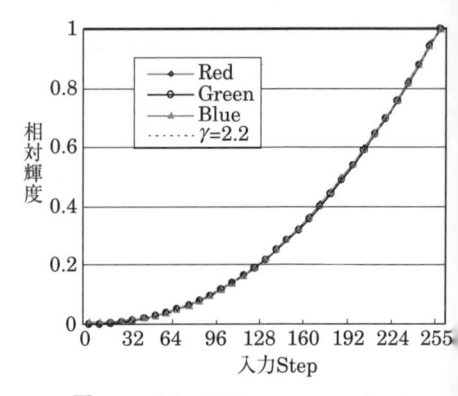

図 9.4 広色再現域CRTディスプレイのγ特性例

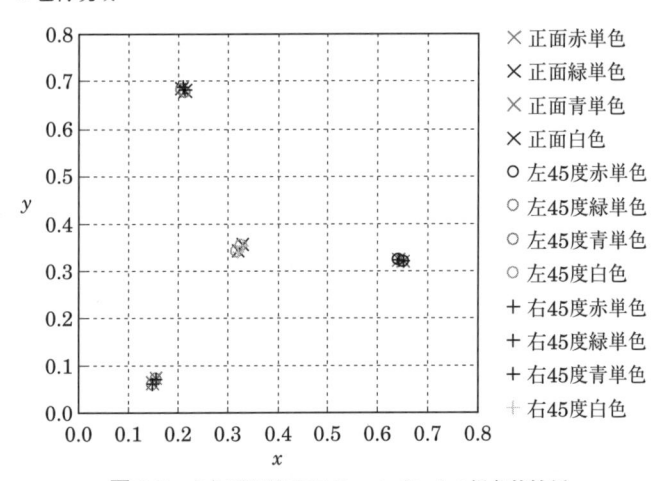

図 9.5 広色再現域CRTディスプレイの視角特性例

レイの色再現域は，Adobe RGBのそれに極めて近い。また，γ特性を図9.4に示す。このように$\gamma=2.2$のカーブとマッチしている。また色再現域の階調および視角特性を図9.5に示す。図9.5では正面および左右45度における白色色度点および原色の色度点の変化および，各色0－255の内の映像信号レベル64，255の2段階の階調の変化について示しているが，このように色再現域の階調および視角依存性は良好である。

(2) 駆動システム(回路)

図9.6に本ディスプレイの駆動システム（回路）を示す。システムはパーソ

9.4 広色再現域カラーディスプレイの例

ナル・コンピュータ (PC) とディスプレイにより構成される。PC 上には，Adobe 社の Photoshop 等のアプリケーションおよび，色補正用のカラーキャリブレータ・ソフトウエアが実装されている。カラーキャリブレータ・ソフトウエアは，PC の USB (Universal Serial Bus) インターフェース経由でディスプレイの表示面に取り付けられたカラーセンサの色検出データを読み込み，DDC/CI (Display Data Channel Command Interface) を経由してディスプレイの輝度，色度を調節する。このときの制御可能な項目は，赤，緑，青それぞれのカットオフ（バイアス）レベル，それぞれのゲインおよびコントラスト（映像のゲイン），ブライトネス（黒レベル）である。また，同様に γ 特性を計測し，グラフィックアクセラレータに内蔵された LUT (Look Up Table) を更新して γ 補正を行う。上記の手段により，階調再現性および色度の自動調節を可能としている。また，カラーキャリブレータ・ソフトウエアは調整後の計測データに基づき ICC プロファイルを新規作成することも可能である。

また，本ディスプレイは信号入力インターフェースがアナログであり，その後の信号処理はすべてアナログであるので，コンピュータにて 10Bit のアナログ映像出力の供給時には，その映像を忠実に表示可能であるので，現時点にて市販されたハードウエアを用いて Adobe RGB に相当する色再現域と

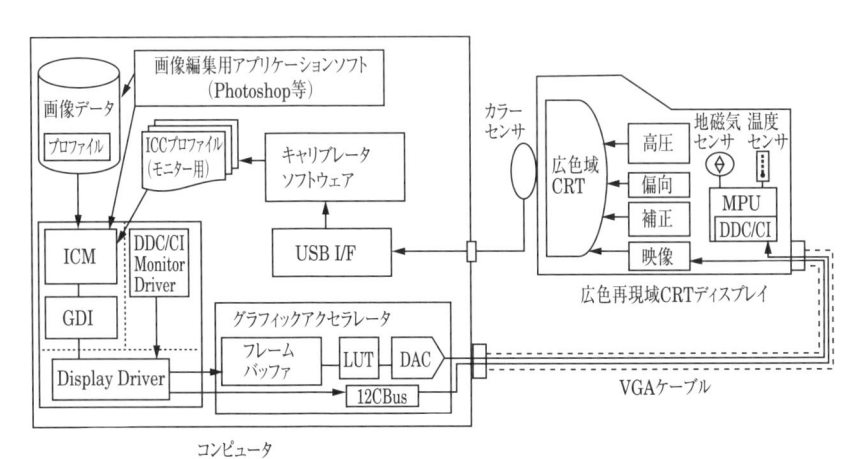

図 9.6 広色再現域 CRT ディスプレイのシステム構成図

10Bit映像信号との組み合わせ表示が可能である。

9.4.2 広色再現域液晶ディスプレイ(LEDバックライト方式によるアプローチ)[4],[12]

次に，広色再現域を達成した液晶ディスプレイの一例について紹介する。液晶ディスプレイの色再現域は，主に以下の要因にて決定される。

(1) バックライトの分光特性
(2) カラーフィルタの分光透過率特性
(3) 液晶パネルの分光特性

このうち，(1)のバックライトの分光特性を改善することにより，色再現域を拡大することが可能である。液晶ディスプレイのバックライトとして，現在主にCCFL(Cold Cathode Fluorescent Lamp)が使用されているが，図9.7左側に示すように，赤，緑，青の各原色のドミナント波長の他にサブピークがあり，これが混色を起こすことにより，色再現域を狭くする要因となっていた。一方，LED(Light Emitting Diode)をバックライトとして使用すると，図9.7右側に示すように各原色のサブピークがなくなり，原色の純度が向上することにより，色再現域が拡大する。表9.2に一例として，筆者らが開発したLEDバックライト液晶ディスプレイの仕様を示す。

(1) 色再現特性

図9.8にLEDバックライト方式の液晶ディスプレイの色再現域を示す。

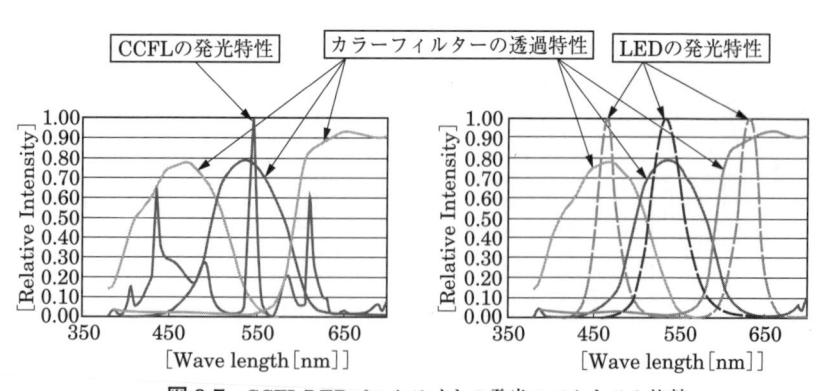

図 9.7 CCFL/LEDバックライトの発光スペクトラム比較

9.4 広色再現域カラーディスプレイの例

表 9.2 LEDバックライト液晶ディスプレイの仕様概要

項目	仕様
液晶パネル	IPSパネル
画面サイズ	23[inches], 495.36[mm]×309.6[mm]
画素フォーマット	WUXGA(1920(H)×1200(V))
最大輝度	600[cd/m^2]以上
色再現域	Red(x=0.6780, y=0.2896) Green(x=0.2129, y=0.7047) Blue(x=0.1511, y=0.0710) 101.3[%] for NTSC
バックライトシステム	RGB パワーLED(色温度可変範囲:3000〜10000[K])
入力映像信号階調	デジタル(DVI)×2入力
表示出力階調	30bit(最大)
その他の機能	DDC/CI 通信機能

図に示すように本ディスプレイの色再現域はAdobe RGBを超える。

(2) 駆動システム(回路)

図9.9に本ディスプレイの外観を,図9.10に回路構成を示す。

本ディスプレイはPCよりのTMDSデジタル映像信号を2系統並列入力して,10bitの映像信号として取り込み,FPGA

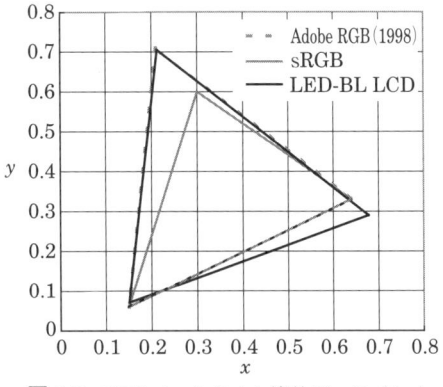

図 9.8 LEDバックライト液晶ディスプレイの色再現域

(Field Programmable Gate Array)にてγ補正を含む色変換処理等を行って,TMDS(Transition Minimized Differential Signaling)トランスミッタ経由にてLCDパネルを駆動する。本ディスプレイは8bit対応のパネルを用いているが,ディザを用いることにより10bit相当の表示を行うことが可能である。

また,バックライトであるLEDの赤,緑,青の各色の発光の混色の比率を変化させて白色の色度の調整を行う。加えてバックライトに内蔵された輝度・色度センサーの検出値に従ってフィードバック制御を行い,輝度・色度の安定化を行う。

図 9.9 LEDバックライト液晶ディスプレイの外観

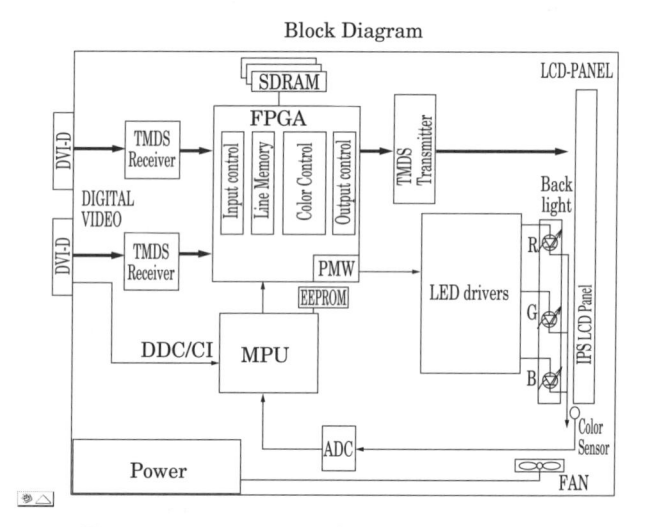

図 9.10 LEDバックライト液晶ディスプレイの回路

9.5 広色再現域ディスプレイのカラーキャリブレーション

　カラーディスプレイの色管理のためにはカラーキャリブレータを用いた色補正を定期的に実施することが望まれる．白色色温度の設定が異なるディスプレイ同士にて共同作業を行う場合，混乱を来たす恐れがある．

9.5.1　DDC／CIによる色調整

　カラーキャリブレータの実現のためには，コンピュータとディスプレイと

の通信手段が必要となる。この通信にはRS-232C，USB，DDC/CI等が用いられており，この内USBとDDC/CIにおいてはディスプレイの遠隔制御手段についての業界標準[5),6)]が策定されている。ここでは現在の業界での主流である後者のDDC/CIについて説明する。

図9.11[7),8)]に示すように，制御信号は現在ほとんどのディスプレイにて用いられているVGAおよびDVIコネクタに標準でサポートされている。信号伝送はI2Cバス(Inter IC Bus)にて実現されており，VESA(Video Electronics Standards Association)にて標準化されている。制御用のコマンドについても標準化されており，VCP(Virtual Control Panel)というコードを用いることで，キャリブレータソフトウエアを含むPC側のアプリケーションソフトウエアよりアクセスが可能となっている。表9.3に色調整にかかわるVCPを示す[9)]。

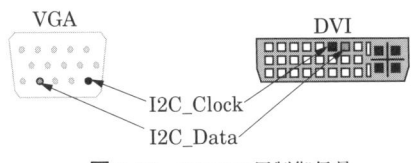

図 **9.11**　DDC/CI用制御信号

表 **9.3**　色調整用のVCP

CODE	ITEM
10	Brightness
12	Contrast
14	Select Color Preset
16	Red Video Gain
18	Green Video Gain
1A	Blue Video Gain
54	COLOR TEMPERATURE
6C	Red Video Black Level
6E	Green Video Black Level
70	Blue Video Black Level
9B	6 Axis color control[10)] RED
9C	6 Axis color control YELLOW
9D	6 Axis color control GREEN
9E	6 Axis color control CYAN
9F	6 Axis color control BLUE
A0	6 Axis color control MAGENTA

9.6　広色再現域カラーディスプレイのアプリケーション

以上のような特長を持つ広色再現域カラーディスプレイについて，以下のような応用アプリケーションが考えられる。

(1) 印刷工程(プリプレス)

表9.4に広色再現域カラーディスプレイおよび従来品による標準的な印刷

色票(SWOP；Specification for Web Offset Publications，米国オフセット印刷の標準)に対するカバー率をCIELAB色空間上で計算した結果を示す．

表9.4 SWOP色票のカバー率

種類	カバー率[%]
従来CRTディスプレイ	97.5
広色再現域CRTディスプレイ	99.9
LEDバックライト液晶ディスプレイ	99.3

上記のように，広色再現域カラーディスプレイにより印刷色のほとんどをカバーすることが可能となる．印刷業界でのCTP(Computer to Plate)化の進行と合わせて考えると，カラープルーフ用としての応用が期待できる．

(2) デジタル写真

Adobe RGBの色再現域をカバーすることにより，Photoshop等の写真レタッチソフト上で"見たままの編集作業"が可能となる．これにより大幅な作業効率の向上が期待できる．また，ディジタルカメラでの写真撮影時の画像の確認時においても，その場で直ぐに撮影結果の確認が可能となるので，写真スタジオ等での応用も期待できる．

その他，以下の分野での応用が期待できる．
- 映画編集，アニメ・CG製作
- ディジタルイメージ保存・確認
- 医療用・内視鏡モニタリング
- 繊維・デザイン業界
- 建築設計
- E‐commerce

9.7 今後の展開

今後のカラーディスプレイの開発方向としては，赤，緑，青の3原色により多チャンネル化の方向にある．図9.12に多チャンネルカラーディスプレイの色再現域の模式図を示す[11]．従来の赤(R)，緑(G)，青(B)の3原色に加え，新たな緑(G')を追加することにより色再現域の拡大を目指す．多チャ

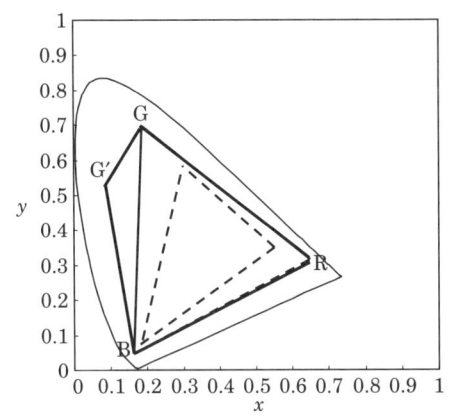

図 9.12 多チャンネルカラーディスプレイの色再現域（模式図）

ネル化の具体的手段としてはフィールドシーケンシャル液晶ディスプレイ等が考えられる。

　ディジタルカメラやプリンタ等のカラーイメージングデバイスの性能向上や，コンピュータにおける拡張色空間の採用の動き等，ディスプレイを取り巻く環境は変化してきており，広色再現域カラーディスプレイのニーズが高まっている。筆者らは，こうしたニーズに応えるべく，Adobe RGB色空間をサポートした広色再現域CRTディスプレイおよびLEDバックライト方式液晶ディスプレイの2種類の広色再現域カラーディスプレイの開発を行った。これらのディスプレイをDTPや写真等のイメージング関連の各分野に応用することによりワークフローの改善に寄与できることを期待する。拡張色空間の標準化により，ディスプレイの色再現域の拡大およびこれに伴う表示階調の拡張の方向にある。

　なお，本解説記事の一部はNEDO(新エネルギー・産業技術総合開発機構)のH15年度基盤技術研究促進事業(民間基盤技術研究支援制度)の成果に基づくものである。

参考文献

1) IEC 61996-2-1, Multimedia systems and equipment-Colour measurement and management-Part2-1: Colour management-Default RGB colour space-sRGB

(1999).
2) IEC 61996-2-2, Multimedia systems and equipment- Colour measurement and management- Part2-2: Colour management-Extended RGB colour space- scRGB (2003).
3) 例えば，Adobe® Photoshop® 7.0
4) Hiroaki Sugiura他:" Prototype of a Wide Gamut Monitor Adopting an LED- Backlighting LCD Panel", SID 03 DIGEST,43.5L: Late News Paper (2003).
5) USB Monitor Control Class Specification, Revision1.0, USB Implementer Forum (1998).
6) Display Data Channel Command Interface (DDC/CI) Standard Version1 August 14 1998,Video Electronics Standards Association (1998).
7) Enhanced Display Data Channel Standard Version 1 September2, 1999, Video Electronics Standards Association (1999).
8) Digital Visual Interface DVI Revision 1.0 02 April 1999, Digital Display Working Group (1999).
9) DDC/CI and Windows: Current and Proposed Capabilities, Microsoft Corporation (2002).
10) H. Sugiura, S. Kagawa, M. Takahashi, N. Matoba: "Development of new colorconversion system", Proceedings of SPIE, Vol. 4300, pp. 278-289 (2001).
11) Masahiro Yamaguchi他:"Color image reproduction based on the multispectral and multiprimary imaging: Experimental evaluation", Proceedings of SPIE, Vol.4663, p.15-26 (2002).
12) H. Sugiura, et al.: "Wide color gamut and high brightness assured by the support of LED backlighting in WUXGA LCD monitor", SID2004, Digest of Technical Papers, 41-4L, pp.1230-1233 (2004).

第10章

立体ディスプレイ

湘南工科大学　佐藤甲癸

10.1 はじめに

　本章では話題の対象として動く画像，すなわち立体映像を表示する手段としてのディスプレイを考える。現在の本格的な3次元ディスプレイの技術動向を述べるにあたって，いくつかの歴史的な背景について考える。

　立体映像の歴史は長く，その間に種々の方法が提案されてきた。例えば対象は平面画像であるが，表示するスクリーンに曲率を持たせ，また大画面にすることにより，実際のシーンに近づける方法あるいはカメラ位置を変えながら記録した映像を順次表示して行く方法などの映像表現技術もその一つである。特殊なメガネをかけて見る立体映像も，その臨場感によりテーマパークなどで立体映画として人気が高い。また飛び出す絵本（ランダムドット・ステレオグラム）も立体画像が手軽に楽しめることから人気がある。立体映像は今までにもいくつかの波があり，現在はメガネをかけない立体ディスプレイが一つのブームになっている感がある。

　一方，日常生活に欠かせないテレビにとっても情報提供のメディアとして，臨場感の高い映像が要求されるようになってきた。その流れが大画面テレビであり，またHDTVである。さらに立体映像を扱う立体テレビの方式へと進化しつつある[1]。子供達が立体映像に接している姿を見ていると立体映像がむしろ自然に思えてくる。人間が本来空間の中に生活する存在である以上，この変化は当然のものと言えるであろう。立体映像は，科学技術として将来は，バーチャル・リアリティ（VR）技術などと融合して，宇宙空間や医学

分野のシュミレーション技術としても有効と考えられている。立体ディスプレイの他のさまざまな分野への影響は大きいと思われる。

これらの応用に際して考えなければならない大切な問題は，視覚疲労などに対して人間の視覚特性を考慮に入れた，人に優しい立体ディスプレイの実現である。画像電子学会誌では，3D画像関連技術について何度か特集が組まれてきた[2]。ここでは主に，メガネを必要としない人に優しい立体ディスプレイの実現に向けた立体ディスプレイと画像・信号処理の最近の研究動向について，種々の方式および他の方式との比較などを交えて述べることとする。

10.2 立体ディスプレイの各種の方式

メガネなし立体ディスプレイの方式概略として，両眼視差，輻輳，ピント調節，運動視差の四つの機能によって分類した各方式を次に挙げる。

10.2.1 多眼式立体動画像表示方式（両眼視差方式）

左右の視差映像を作り出す方式で，左右の目に視差画像が同時に入るように映像を表示する。さらに，多数の方向から異なった映像を表示する多眼式では，目の位置を水平方向に動かすと異なった映像を観測できる運動視差を持たせることができる。2眼式よりも自然な立体像が観測できる。これは以下の方式に分類される。

1. レンチキュラー方式
2. パララックスバリア方式
3. バックライト分割方式
4. ホログラフィックスクリーン方式
5. ヘッドマウントディスプレイ（HMD）方式
6. グレーティング方式
7. 超多眼ディスプレイ方式

各方式について以下に概説する。

（1） レンチキュラー方式

水平方向に指向性を持つスクリーンを用いて，左右の目に視差画像が同時に入るように映像を表示する方式で，この方式を用いた8眼式メガネなし

図10.1 8眼式メガネなし3D TV ディスプレイシステム

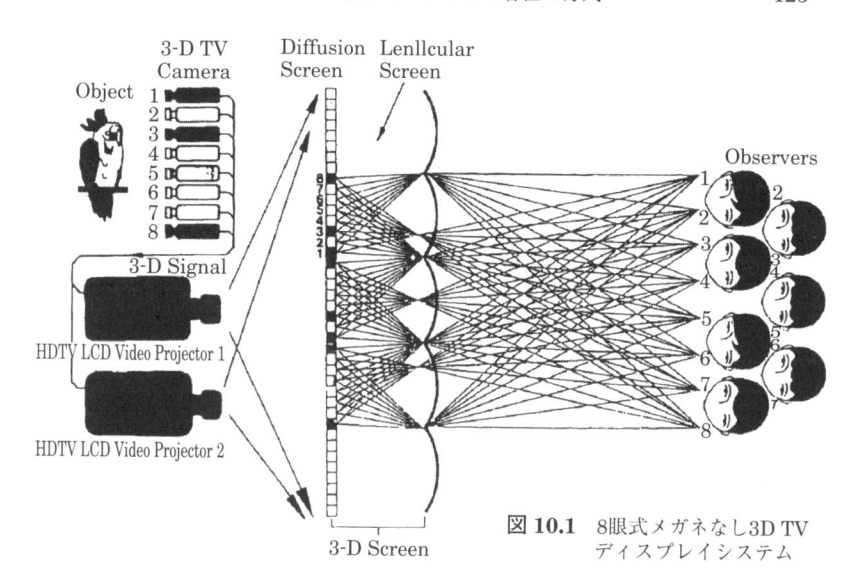

3Dディスプレイシステムが開発されている[3]（図10.1）。また本方式を用いた立体TVがすでに市販されている。しかし，レンティキュラーレンズの1ピッチ内の画素数が視点数に対応するため，再生像解像度を低下させずに視点数を増やすことが困難であり，そのために視域が制限される問題があった。その後，本方式を用いて観測者の位置をリアルタイムで検出し，プロジェクタを対称な位置に移動する制御を行うことにより立体視域を広げる方法が報告されている[4]。

(2) パララックスバリア方式

視差表示画像と両眼の間に入れられたスリットが，異なった視差画像に対してバリアとして働くことにより左右の視差画像を作り出す方式で，左右の目に視差画像が同時に入るように映像を表示する。

本方式を用いた4インチ～10インチの立体TVが開発されている[5]。さらにパララックスバリアを液晶パネルの両面に配置して高輝度なディスプレイを作成するとともに，シフトイメージスプリッターを用いて立体視範囲を拡大している（図10.2）。またLED配列を用いて輝度調整を行い，大画面パララックスバリア式の多人数観察な立体ディスプレイが作成されている[6]。同様に円筒形のパララックス・バリアーの内側でLEDの1次元光源アレイを

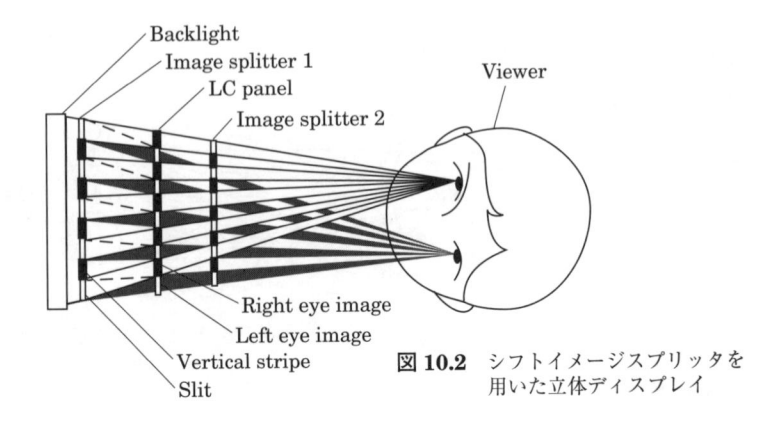

図10.2 シフトイメージスプリッタを用いた立体ディスプレイ

回転させながら輝度変調を行い，さらに視域を広げる方法として，目の残像効果を利用して表示を行う円筒形の多眼ディスプレイが試作されている[7]。

(3) バックライト分割方式

左右画像それぞれを照射するバックライトに指向性を持たせて視差画像を得る方式で，赤外 LED とモノクロ CCD カメラおよび CRT とフレネルレンズで構成されている（図 10.3）。モノクロ CRT に映された観察者の顔画像をバックライトの光源として用いているため，視点に追従した立体視が可能方

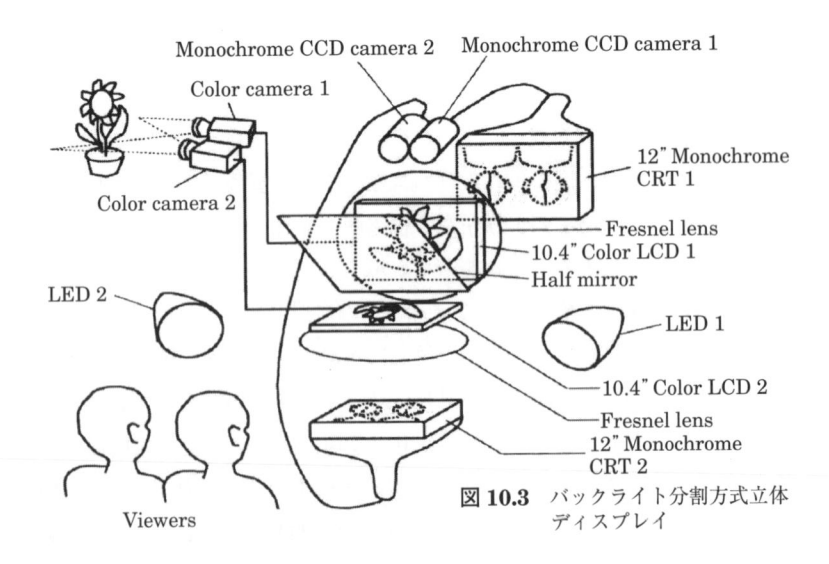

図10.3 バックライト分割方式立体ディスプレイ

法である[8]。

(4) ホログラフィックスクリーン方式

　ホログラフィの特徴である回折と焦点調節とを1枚のスクリーン用いてを構成し、視差画像を合成する方法である（図10.4）。0次光の分離が容易で、かつ比較的視域が広く取れるメリットがある[9]。

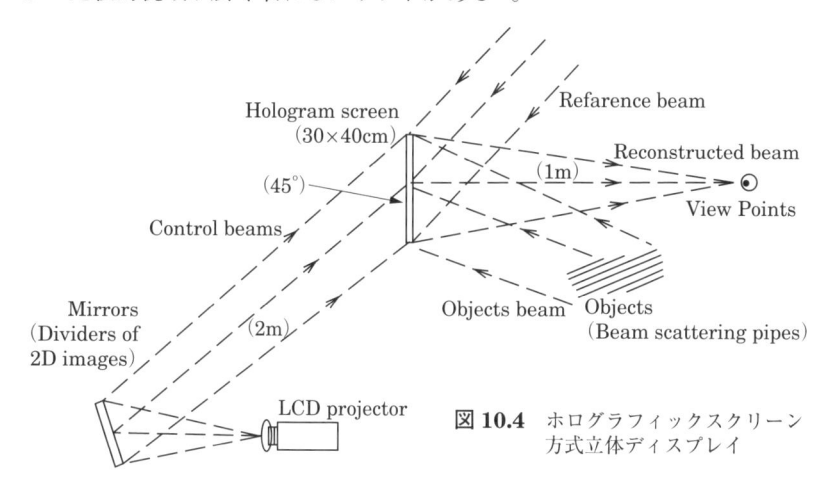

図10.4 ホログラフィックスクリーン方式立体ディスプレイ

(5) ヘッドマウントディスプレイ（HMD）方式

　ヘッドマウントディスプレイの左右のLCDに視差画像を用いる方式で、特別な位置合わせを必要とせず、小型で大画面表示が可能となる。最近では、輻輳距離と焦点調節距離を一致させるような自然な焦点調節をともなうHMD方式立体ディスプレイの試作が行われている[10]。さらに、人間の網膜に直接視差画像を書き込む新しい網膜投影型立体ディスプレイも開発されている[11]。

(6) グレーティング方式

　本方式は、液晶パネルに回折格子を密着させて、回折により視差像を形成する方法である。水平方向に指向性を持つスクリーンを用いて左右の視差映像を作り出す方式で、異なった方向から見た2次元画像を左右の目が別々に観察できるように、微少な回折格子の角度とピッチを変えながら、平面基板上に配置することにより3次元画像の表示を行う方法である。この方法はグレーティングイメージとも呼ばれている[12]。本方式を用いてカラー立体映

像が得られている(図10.5)[13]。回折格子にホログラム光学素子を用いたものなどが提案されている[14]。

また通常の回折格子の代わりにICの技術を用いて，プロセッサ用の集積回路の基板の一部に液晶層を装荷して作成した並列化液晶パネルと，それを用いた電子的アドレス方式による回折格子の作成および3次元映像の表示システムが報告され，ICビジョンと呼ばれている[15],[16]（図10.6）。電極に電圧が印加されると，その部分の液晶に屈折率変化が生じ回折格子として働く。この方式は表示速度が速くとれ，また処理時間の高速化も可能であり，さらに液晶パネルの高精細，大画面化も可能である。

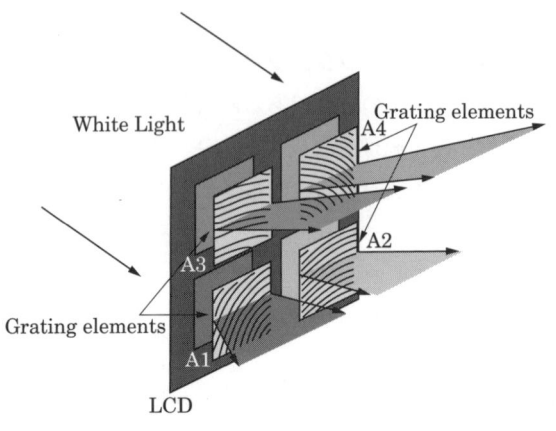

図10.5 グレーティング方式立体ディスプレイ

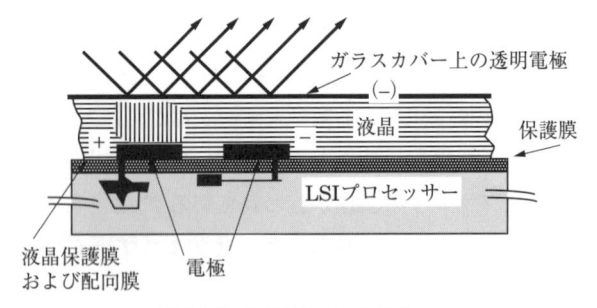

図10.6 ICビジョンの構成

(7) 超多眼ディスプレイ方式

本方式では半導体レーザあるいは液晶パネルを多数配列し，光学系によりすべての光線を一点に集束させる。さらに，対応する光線の一本一本を強度変調することにより立体像表示を実現する方法であり，観察者の瞳の中で二つ以上の視差画像が重なる単眼視差が可能な立体ディスプレイを実現できる。この方式を超多眼立体ディスプレイと呼ぶ。

10.2 立体ディスプレイの各種の方式

集束化光源列 (FLA; Focused Light Array) 方式は半導体レーザを水平方向に多数配列し，光学系によりすべての光線を一点に集束させる。そして，集束した光点を，ミラーを振動させることにより機械的に水平・垂直方向に走査する。その時，それぞれの点位置で，対応する光線の一本一本（それらを光線形成要素と呼ぶが，それらを表示したい像のある方向の一本の光線に対応させる）を強度変調することにより，立体像表示を実現する方法である（図 10.7）。現在，45個の光線形成要素（この数が視点数に対応する）を用いて，水平方向 400 画素，垂直方向 400 画素で表示サイズは 185mm（水平方向）×125mm（垂直方向）×200mm（奥行き）の画像がビデオレートで得られている[17]。今後，画像のボケの改善，カラー化，実写像表示への入力・信号処理対応が課題である。また液晶パネルの2次元配置 (8×8) により，各液晶パネルからの指向性画像を用いた同様の超多眼立体ディスプレイの作製が行われている[18]。

これらの両眼視差方式の立体表示は，複数の2次元画像で立体感を与えられる点から，優れた方式と言える。しかし，立体映像を見ている時の輻輳距離と焦点調節距離が一致せず，長時間画像を見続けると疲労の原因となる。この問題を画像・信号処理などにより解決することが重要な課題と考えられる。

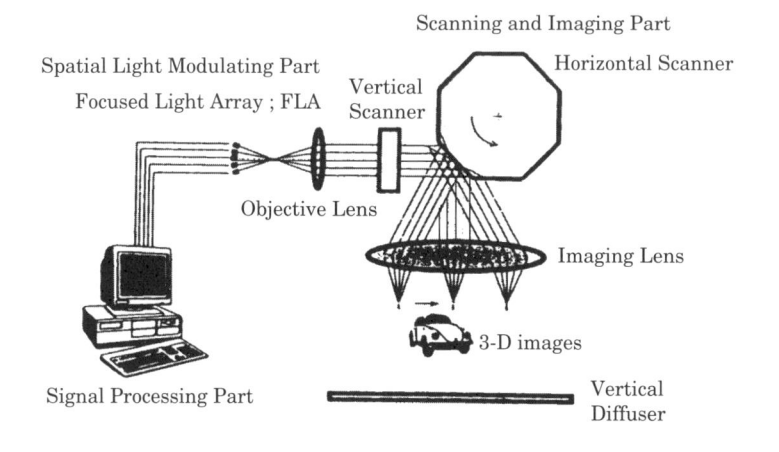

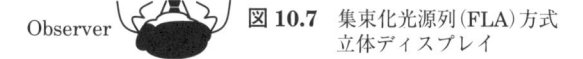

図 10.7 集束化光源列 (FLA) 方式立体ディスプレイ

10.2.2 断層面再生方式

被写体を奥行き方向の断層像に分割し，それらを空間に再現して3次元映像を再現する手法で，以下のように分類される．

1. 体積走査スクリーン方式
2. バリフォーカル（可変焦点面）方式
3. DFD（Depth - Fused 3D）方式

以下に各方式の概要を示す．

（1） 体積走査スクリーン方式

スクリーンを奥行き方向に移動して断層面を表示する（図10.8）．目の残像を利用して立体表示を行う[19]．スクリーンの代わりに白色LEDを用いて映像を直接表示する方法も提案されている．

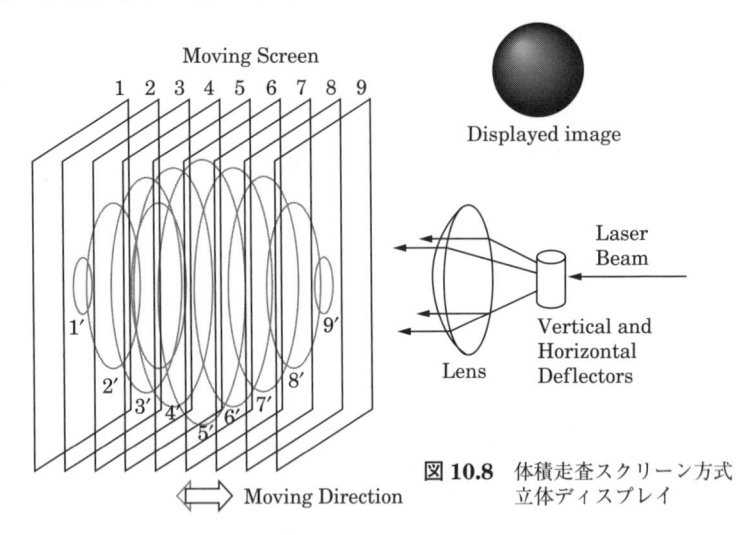

図10.8 体積走査スクリーン方式立体ディスプレイ

（2） バリフォーカル方式

バリフォーカル（可変焦点）方式は，液晶を高速に動作させるために二周波液晶を用いた液晶レンズによる可変焦点型3D表示方式である（図10.9）．3D物体を奥行き方向に標本化して多数の平面画像の集合とし，これらを再び奥行き方向に再配置することにより立体像を再現する．液晶レンズの焦点距離を電気的に変化させることにより，平面画像の結像位置を奥行き方向に変化できることを利用している[20]．

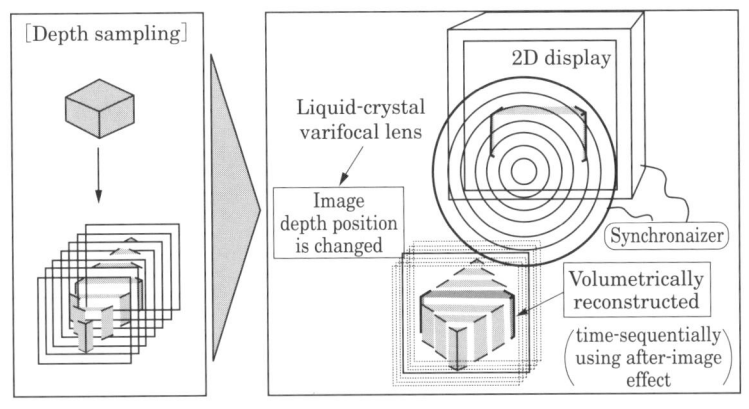

図 10.9 バリフォーカル（可変焦点面）方式立体ディスプレイ

(3) DFD (Depth-Fused 3D) 方式

　立体視のうち，奥行き位置の異なった2面の像のそれぞれの輝度比のみを変化させることにより，奥行きを連続的に表現できる原理に基づいて表示装置を構成している（図10.10）[21]。表示面を多くすることにより，奥行き位置をさらに細かく表示できることが報告されている[21]。

　本方式を主に用いて立体表示をする方式は，両眼視差を用いている方式よりも観察者には優しい方式と言える。今後さらに表示面を細かくサンプリングできることが必要と思われる。

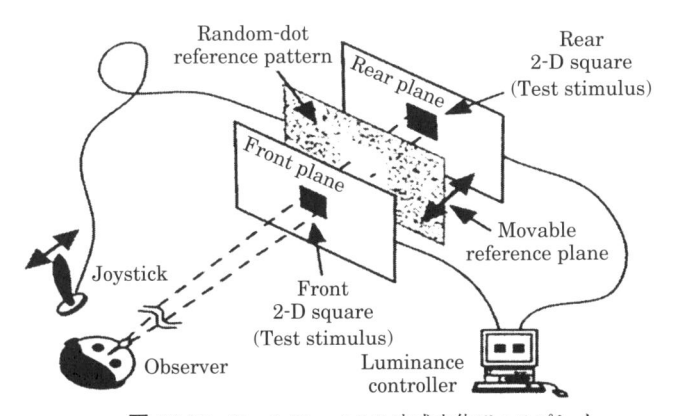

図 10.10 Depth-Fused 3-D 方式立体ディスプレイ

10.2.3 空間像表示方式

これらの方式は空間に実際に三次元像を結像するもので，人間が三次元物体を認識する時に重要な両眼視差，輻輳，焦点調整，運動視差などのすべての生理的要因を満たしている特徴を有している。以下のように分類される。

1. インテグラルフォトグラフィ（IP）方式
2. 光線再現方式
3. ホログラフィ方式
4. ホログラフィックステレオグラム方式

以下にそれぞれの方式を概説する。

(1) インテグラルフォトグラフィ（IP）方式

IP方式は小さな凸レンズアレイを配置し，物体の視差画像を撮影する。記録時と同一の光学系の背面から視差画像を投影すると，元の位置に立体像が再生される（図10.11）。高精細LCDを多数用いたアナモルフィック光学系を用いた立体像表示方式が報告されている[22]。

屈折率分布レンズによるレンズ板を用いて3次元立体像を撮像し，カラー

図10.11 インテグラルフォトグラフィ（IP）方式立体ディスプレイ

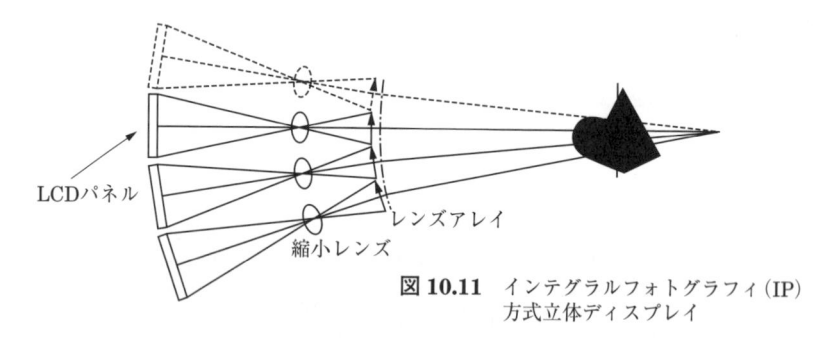

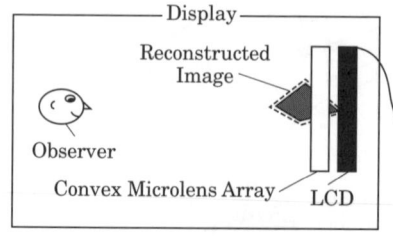

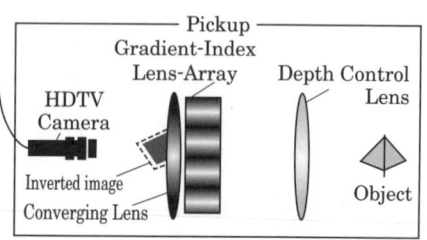

図10.12 屈折率分布形レンズインテグラルフォトグラフィ方式立体ディスプレイ

液晶パネルとマイクロ凸レンズ板により立体像を再生するIP方式のテレビジョンシステムへの適用が行われている[23]（図10.12）。

IP方式で問題になる空間の奥行きが逆転した偽像の回避および要素画像間の干渉の除去を，屈折率分布レンズを用いて行っている[23]。屈折率分布レンズによるレンズ板およびカラー液晶パネルとマイクロ凸レンズ板の性能向上により，今後の画質の改善が期待できる。

(2) 光線再現方式

3次元物体の表面から発散する光束を，光束の拡がり方や出射方向を示す光線の交点によって再現することが可能（図10.13）。この方法により，有限の光束から任意の3次元物体の像を再現する方法は光線再現方式と呼ばれている。光線再現方式では，バックライト用画像表示パネルの輝度変調および小開口用液晶パネルの開口位置の変調を用いて，光線群の交点によって任意の奥行きの立体像を再生している[24]（図10.14）。また同様に光線再生方式では，点光源列とカラーフィルター（LCD）を配置してカラー立体像を再生している[25]。さらに点光源列を白色LEDに置換えることにより，再生像の明

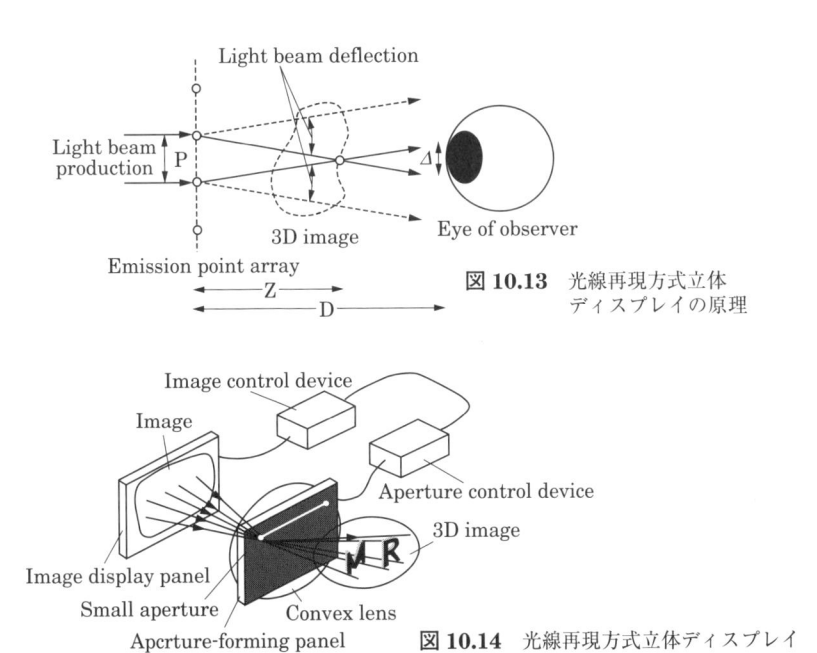

図10.13 光線再現方式立体ディスプレイの原理

図10.14 光線再現方式立体ディスプレイ

るさが改善されている。これらの方式は装置も簡単であり，リアルタイム処理が可能なことから有望な方式と思われる。今後，再生像のボケの改善が課題と思われる。

(3) ホログラフィ方式

ここではエレクトロニクス技術を用いて，電子的な手法によりホログラムを作成または再生する技術で，空間光変調器として音響光学変調素子（AOM）を用いた方式が提案され実験が行われた[26]。一方，最近ますます高精細化がなされている電子表示デバイスを用いて動画ホログラムを作成しようとする動きが活発になってきている。AOMによる方式が機械的な走査を用いているのに対して，電子的な走査を用いている液晶表示デバイスの場合は高速性や安定性の点で優れているためである。

計算機合成ホログラム（CGH）の手法を用いて，コンピュータ・グラフィックス（CG）などの計算機の出力画像を表示装置にホログラムパターンとして表示する。この手法により液晶表示デバイスによるRGB三色のレーザを用いたカラー像再生が行われた[27]。また白色光によるカラー像再生，空中投影による像再生などが行われている[28]（図10.15）。

今後の技術的課題として空間光変調器の高精細，大画面化があげられる。現在の液晶パネルでピクセルサイズが10μm程度のものが作られている。さ

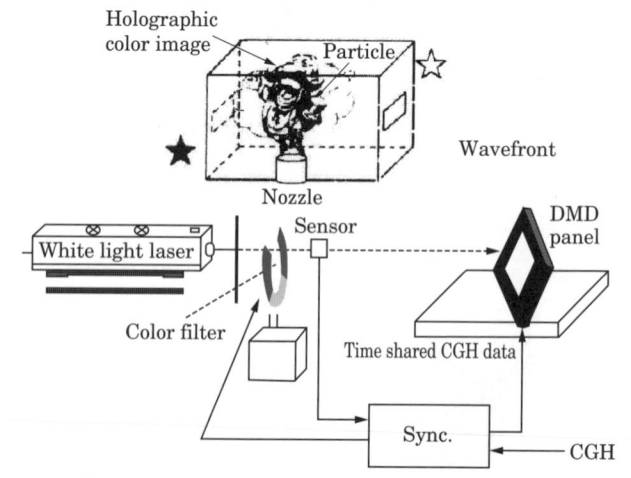

図 10.15 空中投影ホログラフィ方式立体ディスプレイ

らに集積回路技術を用いることにより，高精細化を実現することが期待できる。また，液晶パネルを空間的に多数配列することによる大画面化が検討されている[29]。今後は，さらに視域の拡大および大画面化などに関する検討が行われる必要がある。

(4) ホログラフィックステレオグラム方式

　三次元物体を，視点を変えた多数の二次元画像とし，それらの画像あるいはホログラムを細い帯状に作成する。再生の際にそれらを合成して観察すると，両眼視差によって立体像として観察できる。この方法は直接レーザを照射することができない実物体やコンピュータ・グラフィックス（CG）画面のホログラム作成に大変有効な方法である他に，ホログラムの情報量低減にとっても有効な方法である。作成方法は光学的方法，計算機による方法ともに可能である。計算機による方法では各視点で得られた二次元の投影画像をもとに波面の伝搬の計算を行い，得られたホログラムを正しく配列して，両眼視差により立体視するものである。

10.3 伝送・処理

　三次元映像を表示するための計算処理の方法として，現在までに行われている方法は，三次元画像の奥行き方向の画像を標本化し，必要に応じて任意の視点に対応する視差情報を取出す光線空間による方法[30]，あるいは直接三次元画像情報をホログラム情報に変換する方法などがある。また，伝送時における方法としては，視差画像を伝送し表示側で合成する方法，あるいはホログラム情報として伝送する方式[31]などが行われているが，三次元画像情報の伝送には多くの情報を必要とする。そのために情報の大幅な圧縮などを必要とする。今後はさらに最適な情報圧縮に関する検討が必要となる。

10.4 立体ディスプレイ技術の応用

　立体ディスプレイ技術の応用としては，立体テレビの開発とそのマルチメディアへの応用が期待される。本格的な立体テレビの研究は1958年にさか

のぼる。メガネなし方式の必要性，現行方式との両立性など，その時点ですでに将来の立体テレビに要求される事項が議論されているのは興味深い[1]。またCTスキャン，MRIデータなど医用画像による動画像の三次元像再生が期待される。また，バーチャル・リアリティ(VR)などの立体映像と人間とのインタラクティブな分野への応用として，立体ディスプレイ技術を用いた立体動画像表示装置と立体像の位置を検出するための三次元ポインティングシステムを組み合わせた，仮想三次元物体を直接操作するシミュレーション技術が考えられている。この方法は，CADなどの三次元的なモデルの設計や外科手術などを対話的に行うことができ，建築物や車のデザインの設計，医療，ゲームなどへの応用の可能性が見込まれている。さらに無線や光ファイバーなどの大容量の通信ネットワーク通信や放送などの携帯端末への応用も可能である。

　一方，立体を認識できるランダムドットステレオグラムを例にとっても，立体ディスプレイが人間の立体知覚と深く関係していることがわかる。しかし，ゲームに関しては視覚に対する悪影響も指摘されている。現在のブームを一過性のものに終わらせないためにも，立体ディスプレイについての立体視の側面からの検討が必要であろう。立体ディスプレイを考える際に人間の立体視覚特性を考える必要が大きい理由である。今後はさらに，人間の視覚特性を考慮に入れた人に優しい立体ディスプレイの開発も必要になるであろう。

　以上，立体ディスプレイと画像・信号処理について概説した。このように立体ディスプレイの研究は現在さまざまな方式が研究されている。また今後は電子通信分野の技術と関連して，ますます活発な研究が行われると思われる。将来，人に優しい究極の立体テレビが実現し，リアルな臨場感のあるバーチュアル・リアリティを楽しむことも可能であろう。また最近になって3Dコンソーシアム[32]，立体映像産業推進協議会[33]など立体ディスプレイの実用をめざしたフォーラムがそれぞれ企業，学会を中心に立ち上がった。今後さらに立体映像産業のビジネスが加速されることを期待したい

参考文献

1) 泉 武博監修/NHK放送技術研究所編：「三次元映像の基礎」オーム社（1995）．
2) "3D画像関連技術論文特集", 画像電子学会誌, Vol.24, No.5（1995）．
3) 磯野春雄, 安田 稔, 石山邦彦："8眼式メガネなし3-D TVディスプレイシステム", 三次元画像コンファレンス'93, No.2-4, pp.51-56（1993）．
4) 大村克之, 鉄谷信二, 志和新一, 岸野文郎："複数人観察可能な視点追従型レンティキュラー立体表示装置", 三次元画像コンファレンス'94, No.5-7, pp.233-238（1994）．
5) 坂田正弘, 濱岸五郎, 坂田正弘, 山下淳弘, 増谷 健："イメージスプリッター方式メガネなし3Dディスプレイ", 三次元画像コンファレンス'95, No.2-3, pp.48-53（1995）．
6) 松本慎也, 山本裕紹, 早崎芳夫, 西田信夫 "パララックスバリア式LED立体ディスプレイにおける観察者位置と向きのリアルタイム測定", 三次元画像コンファレンス2004, No.P1-1, pp.33-36（2004）．
7) 圓藤知博, 梶木善裕, 本田捷夫, 佐藤 誠："全周型三次元動画ディスプレイ", 三次元画像コンファレンス'99, No.4-4, pp.110-114（1999）．
8) 大森 繁, 鈴木 淳, 片山国正, 佐久間貞行, 服部和彦："バックライト分割方式ステレオディスプレイシステム", 三次元画像コンファレンス'94, No.5-5, pp.219-224（1994）．
9) 岡本正昭, 安東孝久, 山崎幸治, 志水英二："1焦点ホログラムを利用した大型フルカラー多眼表示装置", 三次元画像コンファレンス'99, No.4-2, pp.99-104（1999）．
10) 志和新一, 宮里 勉："自然な焦点調節をともなうHMD立体ディスプレイ", 三次元画像コンファレンス'96, No.8-1, pp.215-218（1997）．
11) 安東孝久, 濱岸五郎, 坂東 進, 志水英二："2眼立体視型投影ディスプレイ", 三次元画像コンファレンス2000, No.4-6, pp.103-106（2000）．
12) 高橋 進, 戸田敏貴, 岩田藤郎："グレーティングを用いた3Dビデオシステムについて", ホログラフィックディスプレイ研究会会報, No.4, pp.14-18（1995）．
13) 高橋 進, 溝淵 隆, 岩田藤郎："3Dビデオシステムにおける色再現", 三次元画像コンファレンス'98, No.4-2, pp.111-116（1998）．
14) 阪本邦夫, 上田裕昭, 高橋秀也, 志水英二："ホログラフィック光学素子を用いたリアルタイム三次元ディスプレイ", テレビジョン学会誌, Vol.50, No.1, pp.118-124（1996）．
15) J. Kulick, S. Kowel, T. Leslie, and R. Ciliax: "IC vision - a VLSI based holographic television system", SPIE Proc., No. 1914-32, pp.219-229（1993）．
16) J.H. Kulick, S.T. Kowel, G.P. Nordin, A. Parker, R. Lindquist, P. Nasiatka, and M. Jones : "IC vision - a VLSI-based diffractive display for real-time display of holographic stereograms", SPIE Proc., No. 2176-01, pp.2-11（1994）．
17) 梶木善裕, 吉川 浩, 本田捷夫："集束化光源列（FLA）による超多眼式立体ディスプレイ", 三次元画像コンファレンス'96, No.4-4, pp.108-113（1996）．
18) 高木康博："変形2次元配置した多重テレセントリック光学系を用いた3次元ディスプレイ" 映像情報メディア学会誌, Vol.57, No.2, pp.293-300（2003）．
19) 山口芳裕, 村岡健一, 菊池 亘, 山田博昭："移動平面スクリーン式三次元ディスプレ

イ",三次元画像コンファレンス'94, No.5-4, pp.213-218 (1994).
20) 陶山史朗,加藤謹矢,上平員丈:"高速な二周波液晶レンズによる新たな可変焦点型三次元表示方式の提案",三次元画像コンファレンス'98, No.1-2, pp.10-15 (1998).
21) 高田英明,陶山史朗,大塚作一,上平員丈,酒井重信:"新方式メガネなし三次元ディスプレイ",三次元画像コンファレンス2000, No.4-5, pp.99-102 (2000).
22) 松本健志,本田捷夫:"アナモルフィック光学系を用いた立体像表示",三次元画像コンファレンス'95, No.2-1, pp.36-41 (1995).
23) 洗井 淳,星野春男,岡野文男,湯山一郎:"屈折率分布レンズを用いたインテグラルフォトグラフィ撮像実験",三次元画像コンファレンス'98, No.3-2, pp.76-81 (1998).
24) 須藤敏行,尾坂 勉,谷口尚郷:"光線再現方式による三次元像再生",三次元画像コンファレンス2000, No.4-4, pp.95-98 (2000).
25) 尾西朋洋,武田 勉,谷口英之,小林哲郎:"光線再生法による三次元動画ディスプレイ",三次元画像コンファレンス2001, No.7-4, pp.173-176 (2001).
26) P. St. Hilaire, S. A. Benton, M. Lucente, M. L. Jepsen, J. Kollin H. Yoshikawa, and J. Under-koffler : "Electronic Display System for Computational Holography", SPIE Proc. No.1212-20, pp.174-182 (1990).
27) 佐藤甲癸:"液晶表示デバイスを用いたキノフォームによるカラー立体動画表示",テレビジョン学会誌, Vol.48, No.10, pp.1261-1266 (1994).
28) 高野邦彦,尾花一樹,奥村利道,金岡 功,佐藤甲癸:"空中結像ホログラムによる多人数対応型カラー立体動画像表示装置の作製",三次元画像コンファレンス2003, No.P-1, pp.33-36 (2003).
29) K. Maeno, N. Fukaya, O. Nishikawa, K. Sato, T. Honda : "Electro-holographic Display Using 1.5Mega Pixels LCD" SPIE Proc. No.2652-03, pp.15-23 (1996).
30) 岡 慎也,ナ・バンチャン プリム,藤井俊彰,谷本正幸:"自由視点テレビのための動的光線空間の情報圧縮",三次元画像コンファレンス2004, No.5-1, pp.139-142 (2004).
31) 高野邦彦,佐藤甲癸,若林良二,武藤憲司,島田一雄:"ネットワークストリーミング技術を利用したホログラフィ立体動画像の配信",映像情報メディア学会誌, Vol.58, No.9, pp.1271-1279 (2004).
32) 谷口 実:"3D市場の創出と拡大に向けた取り組み",三次元画像コンファレンス2003, No.S-2, pp.197-200 (2003).
33) 本田捷夫:"「立体映像産業推進協議会」の活動について",三次元画像コンファレンス2003, No.S-4, pp.205-207 (2003).

第III部

出力系デバイスと画像・信号処理

第11章 ディジタルカラー複写機
第12章 カラーレーザプリンタ
第13章 バブルジェット型カラーインクジェットプリンタ
第14章 ピエゾ型インクジェットプリンタ
第15章 サーマルプリンタ

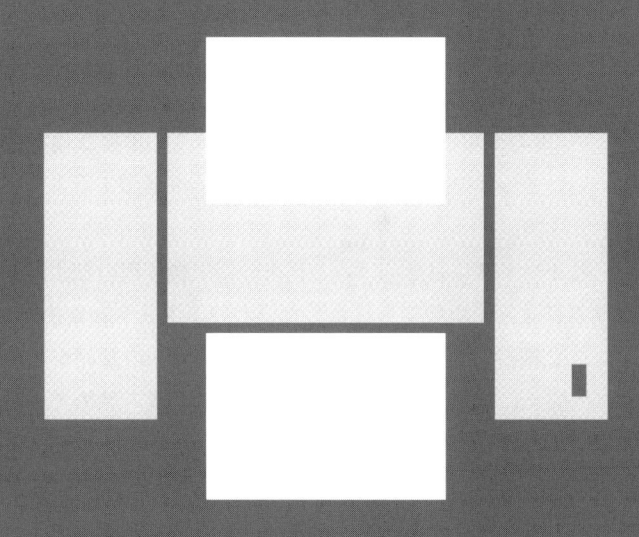

第11章

ディジタルカラー複写機

キヤノン株式会社　蕪木　浩，太田健一

11.1 はじめに

　カラー複写機は1987年にCanon Color Laser Copier(R)が発売されて以来，それまでのアナログ方式からディジタル方式への転換が急速に進展し，高画質化・高速化・多機能化が進められてきた。現在では毎分50～60枚(A4)のカラー出力が可能な機種も発売されており，単なる複写機としてだけでなく，いわゆるオンデマンドプリント市場へも進出するような状況にもある。

　一方，一般オフィスに目を向けると従来の白黒複写機の拡張として，一つの感光ドラムに4色の現像器を搭載したいわゆる1ドラムカラー（白黒のパフォーマンスを維持したままでカラー出力にも対応）の製品が各メーカーから発売され，徐々に白黒からカラーへの置き換えが進み始めている。

　さらに最近のトレンドとしては，カラー複写機をスキャナー・プリンター・ネットワークを持つフルカラーの画像入出力デバイスの中核としてとらえ，画像をハンドリングするあらゆるワークフローを革新し，新たな付加価値を創造し，また業務の生産性を高めていこうとする動きも活発化している。

　ここでキーとなるのは画像入出力のスピード（高生産性），印刷や銀塩写真に匹敵する高画質（高品位），誰もが使いやすい操作性と信頼性であるが，これらの要件をすべて満足するデバイスは今のところ電子写真方式のカラー複写機（MFP: Multi Function Peripheral）として分類されるものだけであり，今後もその状況は変わらずさらに進化を続けて行くものと思われる。

こういった位置付けのもとで画像処理に要求される仕様と実際の内部構成について，まず初期の単機能ディジタルカラー複写機から説明をはじめ，最近の複合機能を有する複写機の画像処理，そして，さらに進化した信号処理について概略を紹介することにする。

11.2 ディジタルカラー複写機の基本信号処理

はじめに基本的な信号処理の例として，単機能な初期のディジタルカラー複写機を用いて説明する。ディジタルカラー複写機は，CCDセンサーを用いて，アナログ電気信号に変換された画像信号をディジタル信号に量子化した後，プリンターで出力する。その際の信号処理，および，好ましい画像を出力するために施す様々な処理を一般に画像処理と呼んでいる。

図11.1に基本的な画像処理のフローを示した。以下，順に各処理の説明を行う。

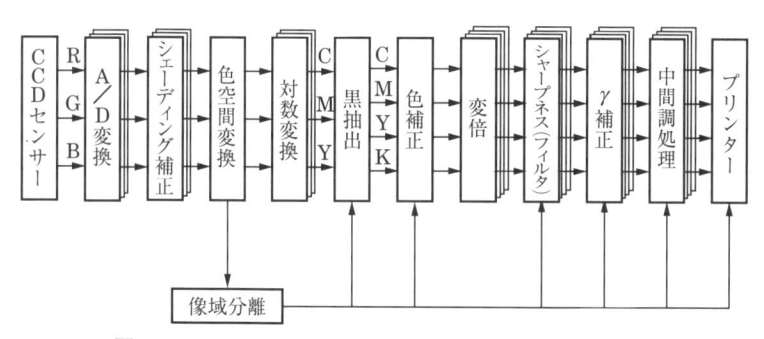

図 11.1 初期のディジタルカラー複写機の画像処理フロー

11.2.1 CCDセンサー

CCDセンサーは，カラー原稿を微小な画素に分割し，RGBの3原色に色分解して電気信号に変換する。通常はR，G，B各色のフィルタを表面に塗布された3ラインのCCDが用いられ，1ラインあたり7000画素/600dpiの解像度で読み取るようになっており，原稿面を縮小光学系でCCD面上に結像してカラー原稿の色分解信号が得られるようになっている。

入力系の色分解系としての性能は，RGB各チャンネルの分光特性によっ

て決まる。複写機では,原稿がすぐに手元にあり,比較物として参照されるため,色分解系もなるべく人間の見たままの色,すなわち人間の視覚特性と相関の高いものである必要がある。人間の視覚特性は,J.Guildおよび W.D.Wrightにより実験されたデータをもとに1931年,CIEの等色関数x_λ, y_λ, z_λとして定義されており,通常CCDの色分解系の分光感度は,できるだけこれから線形的に導かれる特性に近づけてある。

11.2.2 A/D変換

A/D変換器は,連続的なアナログ値信号を1,0で表わされる8〜12ビットのディジタル符号信号値に変換するものであり,A/Dコンバータとも呼ばれる。

図11.2では,前述したCCDセンサーで読み取ったアナログ値をディジタル信号に変換している様子をあらわしている。

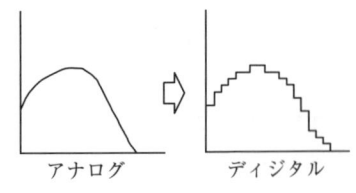

図11.2 A/D変換イメージ

11.2.3 シェーディング補正

以下の理由により,同じ明るさの原稿を読み取っても,各画素で読み取りレベルが異なる。

・光源が一定に照射されない
・集光レンズの透過光量が中央と端部で異なる
・CCD内における各素子の感度がばらつく

これらを補正し,同じ明るさのものを読み取ったら,どの画素でも同じ出力(レベル)にするような処理をシェーディング補正と呼んでいる。

参考までに,シェーディング補正が失敗すると,不均一な濃度ムラが発生する。また白基準となる白色板にゴミがあると,画像に上から下までの白い縦線が現れるなどの問題が発生することがある。

11.2.4 色空間変換

色空間変換は,カラースペース(色空間)間でカラーを変換する処理のことである。例えば,CCDから得られた色空間を規格化された色空間へ変換するものもこれに含まれる。変換には通常,3×3(係数A_{mn})の線形マトリク

ス演算とLUT(Look Up Table)とが用いられる。
このように変換された信号は，後段の対数変換処理と像域分離処理へと出力される。

11.2.5 対数変換

CCDから得られるRGB信号は，輝度に比例した信号であるため，記録濃度信号CMYへは対数を用いて変換する。例えば，補色の関係から，8bitで処理する場合，式11.1のようにして変換できる。

$$\begin{aligned}
C &= -A \log\left(\frac{R}{255}\right) \\
M &= -A \log\left(\frac{G}{255}\right) \\
Y &= -A \log\left(\frac{B}{255}\right) \quad \text{※ Aは定数}
\end{aligned} \tag{11.1}$$

理想的には，色の三原色であるCMYの信号に基づき，3色を混ぜれば黒にできるはずだが，実際のトナーの分光特性によっては黒にならない。そのため，この3色に加えて，黒トナーを使うことがある。黒トナーのための信号が後述する黒色記録信号Kである。

11.2.6 黒抽出

黒トナーの必要性は前述したとおりだが，複写機では，さらに以下の理由によって重要である。
・黒文字の品位向上
・CMYのレジストレーションずれによる画質劣化の低減
・グレーバランスの安定化

具体的には，以下の演算で求められている。

$$\begin{aligned}
K &= \alpha \, min(C, M, Y) \\
C' &= C - \beta K \\
M' &= M - \beta K \\
Y' &= Y - \beta K
\end{aligned} \tag{11.2}$$

ここで，α, βは定数でありC', M', Y'は，下色除去と呼ばれる処理によって生成される。

11.2.7 色補正

色補正処理はトナーの不要吸収を補正するためのもので，減法混色の画像再現系にとっては必要不可欠な処理である。

図11.1に示したようにディジタルカラー複写機では，CCDからの色分解信号は，対数変換回路で補色の濃度信号CMYに変換され，黒抽出がなされた後，色補正が行われる。

マスキングによる色補正は，もともと印刷分野での色再現モデルの一つである色濃度モデルいうものにもとづいている。色濃度モデルとは，混色するシアン・マゼンタ・イエローをC・M・Yとして，混色した結果得られるRGB濃度をD_R・D_G・D_Bとすると，

$$\begin{bmatrix} D_R \\ D_G \\ D_B \end{bmatrix} = \begin{bmatrix} a_{11} & a_{12} & a_{13} \\ a_{21} & a_{22} & a_{23} \\ a_{31} & a_{32} & a_{33} \end{bmatrix} \begin{bmatrix} C \\ M \\ Y \end{bmatrix} \quad (11.3)$$

式11.3が成り立つと仮定するもので，逆に原稿のRGB濃度D_R・D_G・D_Bを再現するためには，式11.3の逆変換を行うことになって，C・M・Yのインク量を逆算すればよいことになる。詳説は省くが，実際には上式にブラックKを加えて逆算を行っている。

さらに，最近では，ダイレクトマッピングというメモリを利用した1to1のテーブル変換もあり，より高精度な補正が可能となっている。

11.2.8 変倍

ディジタル複写機で変倍を行う場合，副走査は，光学系の読み取りスピードを変えて，1画素に対応する原稿上の走査幅を変えている。主走査は，画素の大きさが変えられないので，線形補間をして画素数の調整を行う。ここでいう変倍処理は，主走査のみのことである。

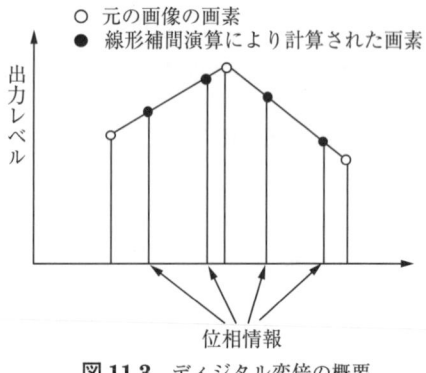

図11.3 ディジタル変倍の概要

変倍率から，次の画素が元の画像の何画素目にあたるか，小数点を含めて算出し，その前後の画素から内挿の式にもとづいて計算する。位相情報は，例えば，16分割で量子化する。

近年は，主走査/副走査ともに，ディジタル的に変倍処理するディジタルカラー複写機も製品化されつつある。ディジタル変倍にもいくつかの手法があり，製品の位置付けによって使い分けられている。その変倍法には，例えば，ニアレストネイバー，バイリニア，バイキュービックなどがある。

11.2.9 空間フィルタ

スキャナーで読み取った画像をそのまま出力すると，以下の理由により，ぼけて見えてしまう。

・レンズ，CCDなど読み取り光学系による解像力低下
・プリンターによる解像力低下

プリンターによる解像力低下とは，現像/潜像での孤立ドットの形成時，および，転写/定着時のトナーの飛び散り等により発生するものである。これらは，電子写真プリンター特有の問題でもある。よって，人間の眼の特性を考慮して，ぼけた画像をより鮮鋭に見せるためにフィルタ処理が必要になる。

フィルタは，畳み込み演算を行う。通常，5×5もしくは7×7のものが多い。ただし，弊害として，画像を鮮鋭にするためにフィルタを強くかけ過ぎると，原稿にはない干渉縞が現れることがある。これをモアレという。このようなモアレは，原稿が印刷物の場合に起きやすい。モアレを抑制するためには，フィルタ処理の空間周波数特性（MTF特性）を適切に設定する必要がある。

処理前　　　　　　　処理後　　　　　モアレの発生した画像

図 11.4　空間フィルタによる画質

11.2.10 γ補正

プリンターの階調再現特性は，そのプリンターの出力特性や階調数，また，疑似中間調処理などの種類によっても変わってくる。プリンターや疑似中間調の処理の特性に合わせて，濃度リニアな階調特性へと補正する処理をγ（ガンマ）補正という。このγ補正は，一般にメモリで構成されている。メモリの中には，出力特性が濃度リニアになるように，その出力特性の逆特性が記憶されている。

11.2.11 中間調処理

プリンター解像度で決まる最小記録サイズで多階調（入力データが8bitの場合は256階調）の表現が可能な場合は，この中間調処理は不要である。しかしながら，最小記録サイズで十分な階調が得られない場合は，複数画素で階調を表現する中間調処理が必要になる。この中間調処理には，大別して2種類ある。一つは，ディザ（スクリーン）と呼ばれるもの，もう一つは，誤差拡散（ED）とよばれるものである。これらには，それぞれ特徴があり，用途に応じて使い分けられている。

ディザ処理は，CGやイメージなどの画像に適した処理であり，均一性に優れた特性がある。そのため，「写真モード」で使われることが多い。しかし，原理的に，多くの階調数を表現するためには解像性が損なわれ，逆に解像性を重視すれば，表現できる階調性が減少する問題もある。

一方，誤差拡散は，エッジ部のジャギーが少ない特徴がある。そのため，文字原稿を対象とした「文字モード」などで使われることが多い。しかし，処理が複雑であることやコストが高いなどの問題もある。

近年，これら処理は，2値の中間調処理から多値の中間調処理へと移り変わりつつある。

11.2.12 像域分離処理

一般的に，文字/細線はより鮮鋭に，イメージはモアレを抑制してよりなめらかに出力することが望まれている。また，黒い文字/細線は，前述したようにCMYKの4色で出力するより，K単色で出力した方が好ましい場合が多い。なぜならば，4色で出力すると，プリンターのレジストレーションずれにより画質劣化を招きかねないためである。

そこで，前述したフィルタ処理や色補正処理，中間調処理を原稿画像の特徴によって切替える必要が発生する。そのための処理が像域分離処理である。

像域分離処理は読み取った原稿画像の局所的な特徴を抽出し，注目画素が文字領域か写真領域か，あるいは網点領域か，また黒文字などの無彩色領域か有彩色領域か，などの判定を行う。

判定した結果が例えば黒文字領域であった場合は色補正部で黒単色に置き換え，かつフィルタ処理部でエッジ強調を行う。またカラーの網点領域と判断された場合はCMYKの4色への置き換えと，モアレ抑制のためのスムージング処理を行う。必要に応じて誤差拡散処理やディザ処理などの中間調処理の切り替えを行う場合もある。

11.3 近年のディジタルカラー複写機

近年のディジタルカラー複写機は，はじめに述べたような複写だけの単機能ではなく，スキャナー・プリンター機能などをもつ複合機能へと変化してきている。そのような中で，スキャン・プリント・コピー・通信/send（FAX，メール送信）など，様々な複数機能を1台のディジタル複写機で実現した複合機（MFP）という形態での画質が重要になってきている。つまり，一部の機能のみ高画質にするのではなく，複合機としての全体画質をバランスよく向上させながら高機能を実現させる必要がある。

画質を向上させる技術には様々なものがあるが，その一部を弊社の最近の機種を例にとって紹介する。

11.3.1 新ダイレクトマッピング

高画質を実現するために新たに開発された技術の一つが，"デュアルダイレクトマッピング"である。これは，スキャナーから入力されたRGB信号を，本体に記憶されているRGBの3次元色テーブルに置き換え，補正されたRGB信号に変換するものである。これにより，スキャナー部の色差を低減し，コピーはもちろんスキャン画像の色再現性を向上させることを可能とした。また，入力ダイレクトマッピング機能により補正されたRGB信号データを，本体に記憶されているCMYK（印刷色）の3次元色テーブルに置き

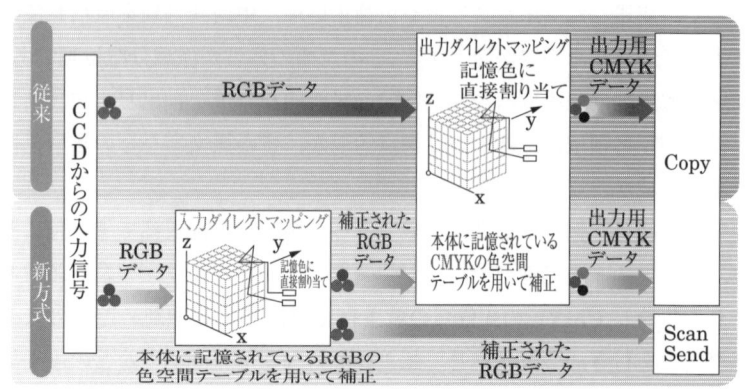

図 11.5　デュアルダイレクトマッピング

換えて出力する"出力ダイレクトマッピング"機能も向上させた。これにより，コピー時だけでなく，スキャナー読み取りやコンピュータからのプリントデータに対しても高い色再現を可能とし，複合機における高画質を実現した。

11.3.2　新中間調処理

弊社独自の新しい誤差拡散処理方式"T-MIC"により，コピー・プリント共に，より鮮明なプリントも可能とした。出力するドキュメントに合わせて，ディザ処理と"T-MIC"処理とを組み合わせることで，写真やグラフィックなどの粒状感や階調性を改善するとともに細線，文字のジャギーやモアレの少ないくっきりとしたコピー・プリントを実現した。

従来の誤差拡散処理では，電子写真プリンターで出力するとハーフドット

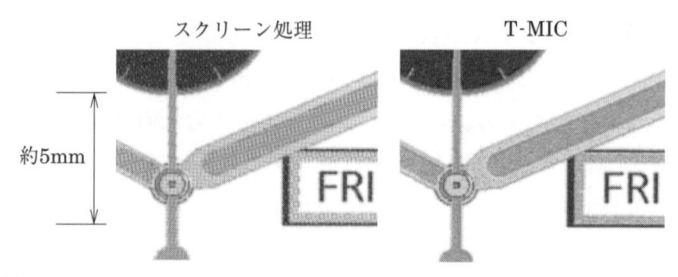

図 11.6　新誤差拡散処理"T-MIC"

が再現できなく，がさついた画になっていた。そこで，"T-MIC"処理は，プリンターのレーザー発光を中間調処理と連動して制御することでこれを解決した。その結果，ハイライト（低濃度域）は高安定，中濃度域以上は高精細に出力可能となった。具体的には，ハイライト部ではフルドットに近い出力を行い，中濃度以上は，ハーフドットをフルドットに隣接させることで，レーザーを連続発光させて実現した。

11.3.3 新自動階調補正機能

出力したテストパターンをスキャナー部で計測し補正するフル補正モードに加え，テストパターンをプリントすることなく，中間転写ベルト上に出力された色パッチを，高精度濃度センサー"SALT"がトナー濃度の変動を読み取り補正するモードを搭載した。さらに，出力する紙厚に合わせて調整することも可能とした。

このような技術により，コピー・プリントなど様々な使用に対して高安定化を実現した。

11.3.4 画像解析圧縮技術

これは，複合機において紙原稿をスキャナーで読み取り電子化する場合に適用される技術であり，大容量のカラー画像を高効率に圧縮することで画像の送信やデータベースからの閲覧，ドキュメントダウンロードなどの操作をスピーディにして，ディジタルとアナログの壁をいっそう低くする技術である。

弊社の文書画像解析技術の応用により生み出された画像解析圧縮方式（Page Analysis Compression Technology）は，前述した像域分離処理のように文字領域と背景領域を自動的に分離して，それぞれに適した圧縮処理を行うことにより，300dpiで読み取ったフルカラードキュメントを従来の読み取り画像よりもはるかに軽いPDFデータに変換することを可能にした。

従来のカラースキャン画像のJPEG圧縮は，A4，150dpiで1.5MB近い大きなサイズになり，解像度を下げると，文字部を劣化させてしまうためオフィスカラー文書には不向きであった。しかも，ネットワークに対する負荷も増大し，E-Mailで送れないとか，ダウンロードに時間がかかるなど，ビジネスにフル活用するまでには至らなかった。しかし，この技術により，文字部のクオリティを下げることなく高画質な状態で大幅に圧縮，かつ，電子化

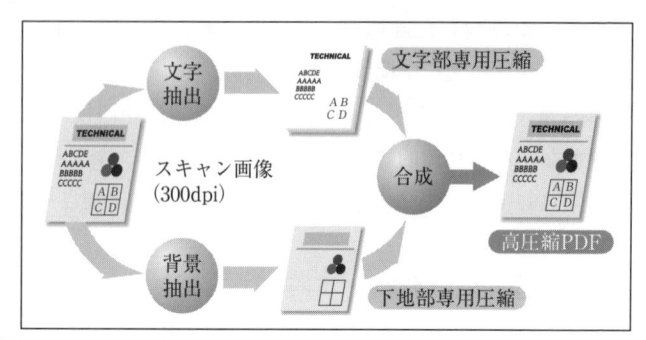

図 11.7 画像解析圧縮方式 "Page Analysis Compression Technology"

のネックとなっていたカラー文書を，数十～数百 K byte というモノクロ文書並みのファイル容量にすることで，E-Mail でのやり取りを容易にし，ネットワークやサーバへの負荷軽減を実現した。

11.3.5 ディジタル PWM 処理

中間調生成技術は，レーザー露光方式との相性がいいことから，アナログの PWM（パルス幅変調）を用いて，ディザ処理と組み合わせた多値中間調処理を実現させてきた。しかし，近年では，アナログ的な PWM からディジタル的な PWM へと移行し，より高精度な中間調処理を実現できるようになった。

ディジタル PWM のメリットは，プリンターのレーザーの発光位置を自由にコントロールできることである。このメリットを活かして，レーザーの連続発光制御を行って，微小な発光を確実にコントロールした画像形成を可能とした。

これは，近年の高解像化に大きく寄与しており，600dpi を超える電子写真プリンターの解像度においては，特に有効なものとなっている。ここでいう中間調処理とは，前述した "T-MIC" 処理やディザ処理のことである。

11.4 ディジタルカラー複写機のさらなる進化

ここまで，ディジタルカラー複写機の基本画像処理から複合機の画像処理までの概要を説明してきたが，スキャン・プリント・コピー・通信/send（FAX，メール送信），それぞれの処理のためにすべての信号処理を用意す

ると基本信号処理の約4倍の規模になってしまう。

　従来は共通化できる処理は共通化して，それ以外の処理のみ新たに用意する構成がとられてきた。

　しかし，このような構成の場合，図11.8，図11.9の左（従来の処理）に示すように複数の機能が同時動作するとき，待たされる機能が発生してしまう。つまり，コンカレント（同時）動作ができないことになる。これでは，複合機ではなく，単なる合体機になってしまう。搭載する機能を増やし，それぞれの機能の性能を上げれば，優れた複合機になるわけではない。それぞれの機能が高性能だからこそ，それを効率よく的確に稼働させる画像ハンドリング技術が必要になる。

　そこで，最近の機種では，画像処理フローでさらなる進化を遂げた。具体的には，図11.9の右，図11.10に示した同時並列複合処理の達成である。この同時並列複合処理のために開発されたのが，新開発の「カラーiRコントローラ」である。

　カラーiRコントローラは，画像制御機能をCPUとともに1チップ化して

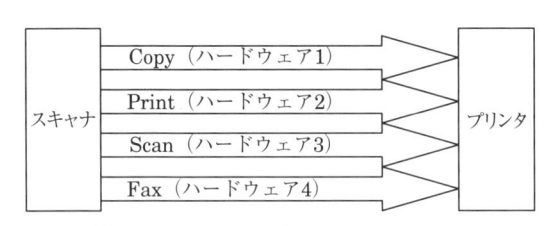

図 11.8　初期の複合機における画像処理

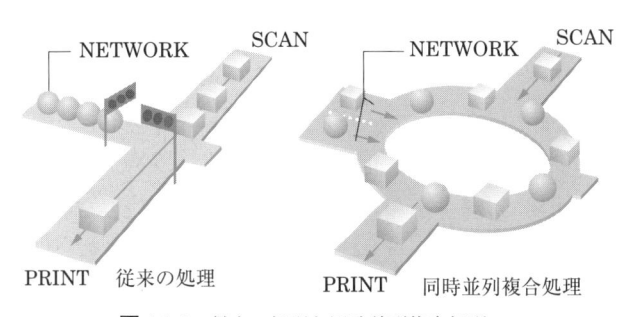

図 11.9　従来の処理と同時並列複合処理

効率のよいデバイスコントロールを可能にしたSOC（System on chip）と，独自の画像ハンドリング技術を搭載し，フルカラーの画像処理を高速に行うグラフィックエンジンを核に構成されている．

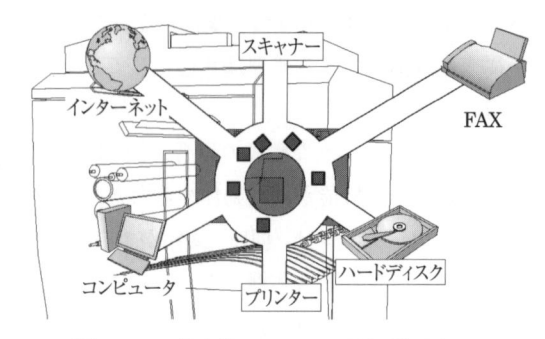

図 11.10 複合機における同時並列複合処理

これにより，スキャン，プリント，コピー，通信/send（FAX，メール送信），などランダムに入力される複数のジョブの同時並列複合動作が可能になり，それぞれの機能に対しストレスのない優れたパフォーマンスと高画質を両立することが可能となった．

例えば，A4サイズで600dpiのフルカラー画像の容量は100MByteにも上るが，このような大容量のデータに対して従来にない毎分数十ページ以上の高速スキャン・高速プリントが可能な画像処理構成とした．しかも，これら画像処理構成を工夫することでプリントジョブが動作中に次のスキャンジョブを同時動作させることを可能とし，さらに，それらジョブと同時にハードディスクに格納されている画像データをPDF化してファイルサーバーに送信する，といった作業までもユーザーに意識させることなくこなすことを可能とした．

以上説明したように，ディジタルカラー複写機は，従来の複写機という単機能デバイスからスキャン・プリント・コピー・通信/send（FAX，メール送信），などの機能を融合したマルチファンクションデバイスに変化しつつあるが，一部の機能のみを高画質化するのではなく，システム全体を最適化していくことが重要である．そのためには，従来の画像処理を進化させ多種多様な構成で搭載させていかなければならない．画像処理技術には，このような構成に対応するアルゴリズムの新規開発と同時に，最新のハードウェア技術にリンクさせ製品開発を推し進めていくことが重要となる．よって，と

きには逆転の発想でアルゴリズムを考えることも必要になる。

　また，SOC技術により，1チップに多くの機能を搭載可能となり，かつ，大容量のフルカラー画像データをインテリジェントかつ高速に制御できるようになった。その結果，より高機能な画像処理システムが構築可能になり，それらを使いこなすことも画像処理技術に求められてきた。

　今後さらなる高画質化，高速化，高解像度化，高機能化が進展していくのは当然の流れであり，画像処理に課せられる役割は，さらに大きくなっていくものと考えられる。またそのときに要求される機能として従来の枠組みでは考えられないような新規な要素も次々と生まれてくる可能性がある。マルチファンクションデバイスとしての高性能化を通して，ユーザーに新たな付加価値を提供し続けていくために，画像処理に与えられた使命は非常に大きい。

参考文献

1) 太田健一，五島良知：季刊 画像技術情報論文14号 (1988).
2) 鈴木譲："ディジタルカラー電子写真の画像処理技術,"電子写真学会誌，Vol.36, No.4, pp.343-352 (1997).
3) 渡辺：印刷雑誌 Vol.66, No.2, p.53 (1983).
4) 小寺宏曄："ディジタルプリントにおける色再現,"画像電子学会誌，Vol.14, No.5, pp.298-307 (1985).
5) 電子写真学会編：「続電子写真技術の基礎と応用」コロナ社 (1996).

第12章

カラーレーザプリンタ

富士ゼロックス(株)　池上博章，石井　昭

12.1 はじめに

カラーレーザプリンタの中での画像・信号処理は，図12.1のような構成が一般的と考えられる。以下に概略を説明する。

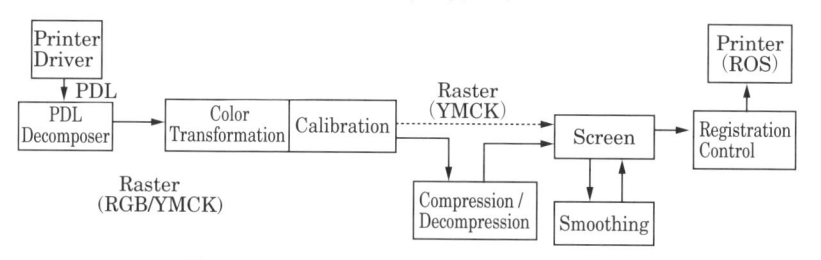

図12.1 レーザープリンタの画像・信号処理

(1) Printer Driver

入力ファイルをページ記述言語(PDL: Page Description Language, Postscriptが代表的だが，プリンタメーカー独自のPDL[1]の場合もある)に変換する処理を行い，ネットワークを通してプリンタに送信する。ディジタルカメラのファイルが入力に貼り付けられている場合などを想定して，画質を自動調整する機能(カラーバランス，コントラスト，彩度調整等)がオプションとして付加される場合がある[1]。

(2) PDL Decomposer

ページ記述言語で書かれた入力ファイルを解釈して，Font/Graphicsなどのベクトルデータをラスターデータに展開する処理。展開後の色空間は入

力ファイルの内容に依存し，RGBとYMCK[2]の場合がある。

(3) Color Transformation

RGB，YMCKなどのラスターデータを，プリンタのYMCKに変換する色補正。入力で定義される色をプリンタの出力色とを一致させることが基本だが，Xerographyの強い非線形性特性への対応[3],[4]，入出力の色域（Gamut）の差を吸収するためのGamut圧縮，トータルカバレッジ制限などの課題がある。

(4) Calibration

プリンタの色再現特性の時間的変動は，レーザプリンタ内のプロセスコントロールで吸収するようになっているが，それで吸収しきれない大きな変動に対してもシステムトータルの再現特性を安定に保つため，画像信号の変換で対処する処理が行われる。

(5) Compression / Decompression

Xerographyの感光体へ画像信号を書き込むROS（Raster Output Scanner）は，一定のスピードで回転しているため，一定のスピードでの信号供給が要求される。これに対し，Decomposerでの処理は一定のスピードでは出力できないため，Decomposer/Color Transformation/Calibrationを通して展開されたYMCKラスターデータは，一時的にメモリーに書き込まれる。このメモリーが必要とする容量は，600dpiを仮定すればA3サイズ4色で260M Byteを超えてしまうので，システムのコストアップに通じることになるし，複数ページを印刷する場合のコントロールもこのメモリーを介して行われることが多く，その場合は複数ページに相当するより多くのメモリーが必要となる。そこで，メモリーに書き込む前に圧縮し，再度読み出すときに復元してメモリー容量を削減する処理が用いられることが多い。この処理は，メモリーにハードディスクを使う場合には，プリンタへの出力の速度に間に合うようにディスク読み出しの速度を上げるという意味でもプラスに働く。圧縮のアルゴリズムとしては，JPEGなどの標準方式やメーカー独自[1]の方式など，様々あるようである。

(6) Screen(擬似中間調処理)

Xerographyで出力できるのは2値画像であるため，入力の多値画像を，

擬似的に多値画像に見えるような2値画像に変換する処理。階調性と解像度が両立するようにXerographyの特性に適した網点形状を選ぶ必要があり，特にカラー機の場合には色ごとの重ね合わせによるモアレも考慮しなければならない。

(7) Smoothing

文字や図形などのベクター情報が記録部より低い解像度でラスター情報に展開される場合，記録部の解像度を利用して，その斜線部のがたつき(ジャギー)を改善する処理。

(8) Registration Control

YMCK各色の画像を正確に重ね合わせるための制御。メカニカルな制御と記録信号のタイミング制御が要求されるが，ここでは後者について解説する。

本解説では，プリンタ一般に共通する処理(1)，(2)，(5)については省略し，特にカラーレーザプリンタ特有の技術課題を持つ(3)，(4)と(6)〜(8)に関して，以下に詳述する。

12.2 Color Transformation

RGBラスターイメージ情報をプリンタのYMCKに変換する色補正の方法としては，マトリックスマスキングとUCR(Under Color Removal)と呼ばれる印刷の世界で確立されてきた方法と，DLUT(Direct Look up Table)と呼ばれる方法が代表的である[3]。一次元の入出力変換に例えると，マトリックスマスキングは，全色空間を一つの一次式又は多項式で変換することに相当し，DLUTは，入力色空間を格子状に区切り，その各局所の中を一次式で変換する，すなわち，連続した折れ線近似で変換することに相当する。したがって，前者は変換のコストは安いが精度は低く，後者は変換の精度は高いがコストも高いという特徴がある。

Xerographyは非線形特性が強いため，変換精度の高いDLUT方式が有力であり，昨今のメモリーコストの減少に伴いやっと実用化されてきた。実際の入力は三次元であるので，三次元の格子点に対応する出力YMCKのデータをメモリーに持ち，局所の立方体ごとに格子点データを用いた線形変換に

図 12.2 DLUT分割方法

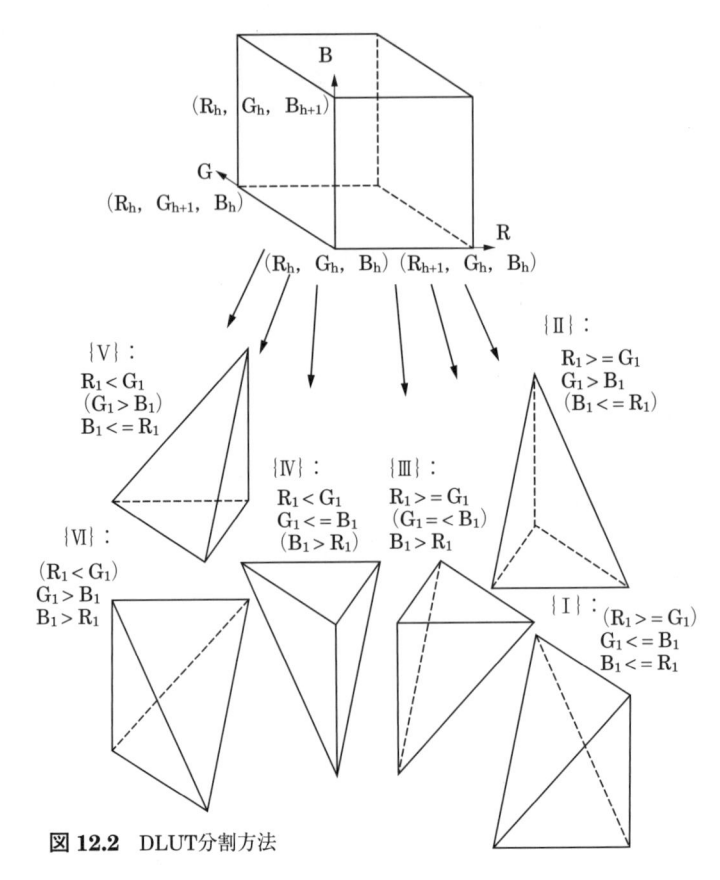

よる補間を行い,隣との連続性を確保するということになるが,その連続性を確保する補間方法が色々提案されている.局所の立方体に直接補間を行う場合はCubic補間,局所の立方体を$R=G$の平面で2分割し,分割された6頂点体の各領域ごとに異なった補間を行う場合はPrism補間,局所の立方体を$R=G$, $G=B$, $B=R$の3平面で6分割し(図12.2参照),分割された4頂点体の各領域ごとに異なった補間を行う場合はTetra-hedral補間と呼ばれる.この中で,Tetra-hedral補間が,分割数は多いが補間が式12.1に示すような簡単な線形式ですむなどの理由から,主流となっているようである.

12.2 Color Transformation

$$\begin{bmatrix} Y \\ M \\ C \\ K \end{bmatrix} = \begin{bmatrix} C_{11} & C_{12} & C_{13} \\ C_{21} & C_{22} & C_{23} \\ C_{31} & C_{32} & C_{33} \\ C_{41} & C_{42} & C_{43} \end{bmatrix} \begin{bmatrix} R \\ G \\ B \end{bmatrix} + \begin{bmatrix} Y_0 \\ M_0 \\ C_0 \\ K_0 \end{bmatrix} \qquad (12.1)$$

プリンタの高画質化に伴い，印刷のプルーファーとしてネットワークプリンタを利用する動きが，ここ2，3年盛んになってきた。この場合はプリンタで出力される色が印刷の色と同じになる高精度の色補正が要求されるだけでなく，入力の墨版の情報をある程度保存すること，入力が墨版単色の場合は出力も同じであることなどが要求される[2]。このような要求に対してはDLUTが必須となり，YMCK入力に対応する四次元のDLUTが用いられる。補間方法は三次元のTetra-hedral補間を四次元に拡張した方法が用いられる。四次元空間であるので分割の図示は困難だが，補間式は式12.2に示すように，三次元の場合と同様，簡単な線形式となる。

$$\begin{bmatrix} Y \\ M \\ C \\ K \end{bmatrix} = \begin{bmatrix} C_{11} & C_{12} & C_{13} & C_{14} \\ C_{21} & C_{22} & C_{23} & C_{24} \\ C_{31} & C_{32} & C_{33} & C_{34} \\ C_{41} & C_{42} & C_{43} & C_{44} \end{bmatrix} \begin{bmatrix} Y' \\ M' \\ C' \\ K' \end{bmatrix} + \begin{bmatrix} Y_0 \\ M_0 \\ C_0 \\ K_0 \end{bmatrix} \qquad (12.2)$$

次に，色処理係数の決定方法について述べる。色処理係数とは，RGBまたはYMCKの入力のDLUTの格子点に対応する出力のYMCK値のことである。通常の格子点数は各色3～4bitなので，三次元の場合ですら，

$$(8+1)^3 \times 4 = 2916 \sim (16+1)^3 \times 4 = 19652$$

という大量の係数データを精度良く決める必要があり，そのためには，プリンタの色再現特性(YMCKと出力されるハードコピーの色との関係)を記述するプリンタモデルが必須となる。

プリンタモデルは，印刷の分野で古くから使われてきたNeugebauer方程式を代表とするような物理モデルと，種々のYMCKの組み合わせでプリンタにパッチを出力し，それらの測色値とYMCK入力パーセントの複数のデ

ータ対を統計的に処理することによって得られる統計モデルに大別される[3]。

前者は,少ない測定データによってモデルの中で使われる係数が決定できるという利点があるが,DLUTに要求されるような色処理の精度に比較すると予測精度が不足するという欠点があり,後者は,非常に多くのパッチ(少なくとも数百パッチ)の測色が必要という手間はかかるが,統計処理をうまく行えばそれなりの予測精度が得られるという利点がある。したがって,DLUTの色処理係数を決定するには,Xerographyの強い非線形性特性へ十分に対応できる統計モデルを開発して使用しているのが実情だろうと推測できる。推測とは,標準的なモデルがあるわけでなく,各企業内部で使用されているはずであるが,なかなか公にされることが少ないからである。弊社の場合は,重み付き線形回帰を利用した統計モデルを使用している[4]。

正確なプリンタモデルができれば,入力の色と出力の色を合わせることが出力Gamut内では可能となるが,入力の色が出力Gamutの外にある場合は,入力の色を出力Gamut内に押し込めるGamut圧縮という処理を行い,DLUTの色処理係数に反映させることが必要となる。処理方法としては,ICC(International Color Consortium)の標準であるICC Profile Formatで,3種の方法(Saturation, Colorimetric, Perceptual)が定められているが,それらが万能というわけではない。

Xerographyの場合は,印刷のYMCK入力のようなハードコピーに対応した入力ならば入出力のGamutの差はそれほど大きくないが,ディジタルカメラのようなsRGB入力の時はその差が大きく,圧縮方式の選択いかんで出力の画質は大きく左右される。特に,Blueの領域に関しては,sRGBのGamutに比べXerographyのGamutは彩度が低いばかりでなく明度も低いという特徴があり(図12.3参照),明度一定で彩度方向に押し込む圧縮などの単純な方法では彩度が極端に落ちてしまう。それに加えて,従来のGamut圧縮はLAB空間で色相一定として圧縮する処理が一般的であるが,特にLAB空間のBlue領域は色相の曲がりという現象が報告されており[5],たとえ上記明度差を克服したとしても,Blueを色相一定で圧縮すると,赤味がかったBlueとなってしまう。これに加えて,グラフなどを含むオフィス文書では,例えば,黄色単色の入力が黄色以外を含んで再現された場合

12.2 Color Transformation

は，たとえ測色した色が同じであっても粒状感が目立つという理由から嫌われるということもあり，これも Gamut 圧縮の処理の中で解決しなければならない。

このように，課題が山積みの Gamut 圧縮であるが，この研究開発を行う上での大きな壁は，圧縮方法の良し悪しが原稿

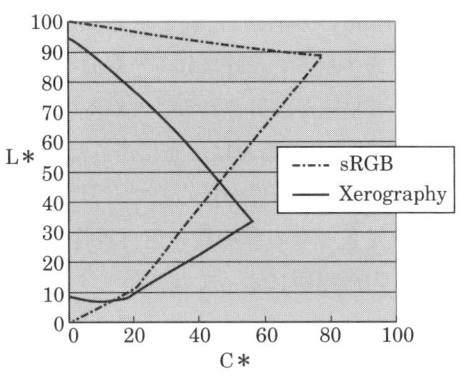

図 12.3 Gamut比較（色相：Blue）

の色分布に依存するという点，および，良し悪しの評価が官能検査に頼らざるを得ないという点である。このため，CIE（Commision Internationale de l'Ecalairage：国際照明委員会）の TC8-3 では，標準原稿や官能検査の方法までを含めた Gamut 圧縮の実験条件の共通化を行い，研究の加速を図ろうとしている。

色処理係数の決定に関するもう一つの条件，トータルカバレッジ制限について説明する。Xerography は，Toner 総量が多くなると転写不良になるという特性があり，YMCK 各々 100％までを許すとカバレッジ総量は 400％となるが，そのカバレッジ総量を一定値以下に押さえるように DLUT の係数を決定することが要求される。カバレッジ総量が一定値になる Gamut を計算して，そこまで Gamut 圧縮をすればよいのだが，ここでの課題はいかに Gamut を大きくとれるかである。

400％までを許す場合は，Gamut の大きさは Xerography の特性のみから一意的に決定されるが，トータルカバレッジ制限がある場合は，Gamut の大きさは Xerography の特性と墨版の作り方の二つに依存する。YMC の内の 2 色と墨版から色を再現するアクロマチック分解と呼ばれる墨版の生成方法（墨を最大限に入れる方法）は，それで再現できる Gamut 内では最も少ないカバレッジ総量で指定された色を再現する方法である。

RGB 入力の場合は，墨版は自由に作れるので，アクロマチック分解に近い墨版生成を行えば最大限の Gamut を使うことが可能となる。しかし，

Xerographyの場合は墨版を多くすると粒状性が悪くなるという問題があるため，スケルトンと呼ばれる一般的な墨版生成手法とアクロマチックとの組み合わで墨版が設計されることが多い．

YMCK入力の場合は，先に述べたように，入力の墨版の情報をある程度保存するという条件が付くので，墨版設計の自由度は少ない．しかし，入力の墨版対象となる印刷機の色再現特性とプリンタの色再現特性との関係から，入力の墨版によっては，トータルカバレッジ制限を行うと極端に出力Gamutが小さくなってしまう場合がある．そのような場合には，入力の墨版情報保存を多少犠牲にしてでもGamutを大きくするような調整が行われることがある．

12.3 Calibration

Xerograpyの色再現特性は，温度・湿度等の周囲の環境に影響されやすく，他のプロセスに比べ時間的変動が大きい．そこで，プリンタ内部に色を測定するセンサーを設置したり，色のパッチを紙で出力してそれを測色する（スキャナが測色計として用いられる場合がある）などして得られたデータを画像データにフィードバックするという制御がよく用いられる．時間的変動があったら，先に述べたColor Transformationの係数を再度決め直せばよいわけであるが，それには多くのパッチの測色が必要という手間がかかる．少ないパッチのデータを用いて効率的に時間的変動を吸収しようというのがこの処理である．

フィードバック先は，YMCK各々に設けられたTRC（Tone Reproduction Curve）と呼ばれることの多い一次元のLUTである．

時間的変動の吸収は，先のColor Transformationの係数を決めたときの色再現特性と，Calibration実施時点の色再現特性の差をTRCにフィードバックすることで実現される．このとき，色再現特性をYMCKの単色の再現特性に着目するか，YMCKで形成されるグレーのバランスの再現特性に注目するかで，フィードバックの方法が異なる．Xerographyは転写という工程を含んでおり，YMCKの単色の再現特性も当然変化するが，たとえそれ

12.3 Calibration

が安定していたとしても，転写の特性が変わると二次色，三次色の再現特性が変化する．絵柄の入力の場合は，単色の再現特性の変化よりも，グレーが色づくと色がずれたと感じられるので，グレーバランスに着目した処理が重要となる．

　YMCKの単色の再現特性を補正する場合は，補正法は比較的簡単である．Color Transformationの係数を決めたときのYMCK各単色の再現と，Calibration実施時点のYMCK各単色再現の差分を，単純に各TRCに独立にフィードバックすればよい．トナーの色味が変わるわけではないので，この場合の測定は濃度計のような簡易な測定器でもすむ．

　グレーバランスを補正する場合は，まず，YMCKで出力したグレーパッチを測色する．この場合は，XYZまたはLABなどの三次元の測色値が必要となるので，濃度計のような簡易な測定器ではすまない．その後，Color Transformationの係数を決めたときのグレーパッチの測色値と，Calibration実施時点のグレーパッチの測色値の差分（例えば，ΔEab）を，YMCKの各TRCにフィードバックする．フィードバックの方法としては，まず，自由度3の測色値の差分を，自由度4のYMCKのTRCにフィードバックしなければならないので，どれかを固定する必要があるわけだが，通常はグレーバランスに影響が少ないKを，単色の再現特性を補正する場合と同様の手法で固定する．次に，測色値の差分をYMCのTRCに割り振るが，このとき，先に述べたプリンタモデルが役立つ．どう役立てるかは簡単には説明できないのでここでは詳細は省略するが，YMCの変化分に対する色の変化分は時間的には変化しないなどの仮定をおくとか，グレーの差分のデータだけでなくグレー周辺のデータも解析に加えるとか，いくつかの方法が考えられる．

　繰り返しとなるが，少ないパッチのデータを用いて効率的に時間的変動を吸収しようというのがこの処理であり，パッチの数と時間的変動の吸収度合いのバランスの中で適切な方法を選択することが要求される．

12.4 Screen（擬似中間調処理）

疑似中間調処理には，周期的に配置したドットの面積率で濃度を表現する網点スクリーンや，微小ドットを非周期的に配置し，その密度で濃度を表現するストキャスティックスクリーンがある[6]。レーザプリンタではMTF特性が十分でないために，微小ドットを利用するストキャスティックスクリーン（例えば，誤差拡散法）よりも，網点スクリーンの方がドット再現性という点では適している。しかし，600dpi程度のレーザプリンタに単純なディザマトリクス法を用いても階調性と解像度が両立しない。

プリンタの解像度を上げるためには，ポリゴンミラーの回転を上げる[7]，マルチビームレーザを使う[8],[9]，などが考えられる。しかし，プリンタの高速化要求もあり，現状では600〜1200dpi程度に留まっている。しかし，レーザを走査する方向（主走査）に限れば，信号処理とレーザの変調の高速化で画像情報としての分解能を上げることは困難ではない。現在，各社のカタログに，4800×600dpi，9600×600 dpiと表記されているのは，主走査方向の信号分解能を8倍や16倍に上げている方式である。光学系の解像度が4800dpiではないため，弊社ではこの方式をハイアドレサビリティと呼んでいる。この方式自体は古くから考えられているが[10],[11]，中間調を再現するには分割数が十分ではなかった。今ではLSIチップ内部で高速のクロック信号やゲート遅延を利用することができるので19200dpiの信号解像度も実現している。

この方式の設計例として，600dpiの画素を8分割した網点を図12.4に示す。基本画素4×4のハーフトーンセルで150線/0度の網点となり，短冊状の微画素（ハーフビット）が128個で129階調となる。さらに4×4のハーフトーンセルを二つ結合して，しきい値をそれぞれのセルに振り分ければ257階調となる。

ハーフビットパターンをパルス幅変調型に限定すれば，ビットマップではなく，ONの個数を意味する階調値と，その配置情報を意味するフラグで扱うことができる。その例を図12.5に示す。1画素を8分割し，0〜8ステップまでの9階調を4bit，左右，中央の3方向を2bitに割り付けると，6bitで

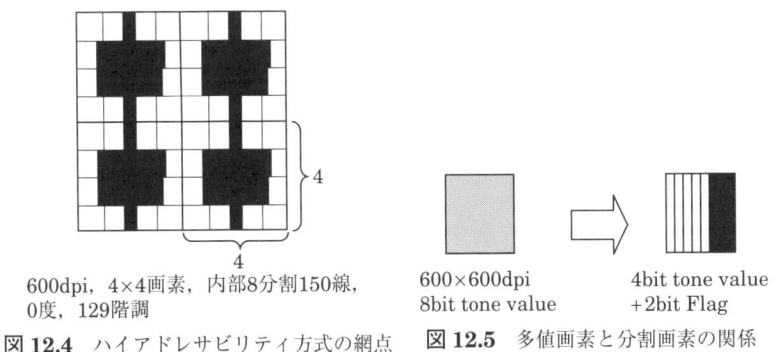

12.4 Screen（擬似中間調処理）

図12.4 ハイアドレサビリティ方式の網点
600dpi，4×4画素，内部8分割150線，0度，129階調

図12.5 多値画素と分割画素の関係
600×600dpi 8bit tone value → 4bit tone value +2bit Flag

8分割したパルス幅変調信号を表現できる。

ハイアドレサビリティ方式では主走査だけを高解像度にしているためにスクリーン角の設計には制約が多く，色モアレを回避する網点設計が難しい。そのために，ラインスクリーンを採用するケースが多い。

アナログ方式によるパルス幅変調は，ハイアドレサビリティの分割を無限にしたものといえる。この方式は，階調データをアナログ信号に変換し，数画素単位で生成した参照信号（多くは，三角波）と比較して濃度に応じたパルス幅信号を生成する。印刷分野においても，高解像を実現する以前の70～80年代に実用化されている[12],[13]。電子写真方式では，解像度不足を補い階調性も確保できる技術として今でも使われている。弊社ではA-Color[14]以降のカラー複写機を中心に採用している。A-Colorのように，用紙を転写ドラムに吸着させ，一つの感光ドラムから順にカラートナー像を転写する方式では，主走査方向の色ズレが少ないため，200線/90度のラインスクリーンを全色に使用している。タンデム方式や中間転写ベルトを使う機種では，像ズレによる色相変化を抑制するために，色ごとに角度を変えたラインスクリーンを採用することが多い[14]。アナログ方式による117度・ラインスクリーンの設計例を図12.6に示す。

画素クロックPCKは400dpi単位，回路内部には，その4倍のクロック4PCKを用意している。アナログの参照波Ref. Signalは2画素単位に生成するので走査ライン上では200線周期（127ミクロン）となる。Ref. Signalは4PCKを利用して走査ごとに400dpiの1/2画素ずつ位相をシフトさせる。

4走査で同じ位相に戻るので，これらが連なり117度のラインスクリーンとなる。この構造は，二次元のドット配置から計算すると224線である。

アナログ方式は所定周期のパルス幅信号を走査ラインごとに生成するために，ラインスクリーンは容易に形成できるがドット状の網点設計は難し

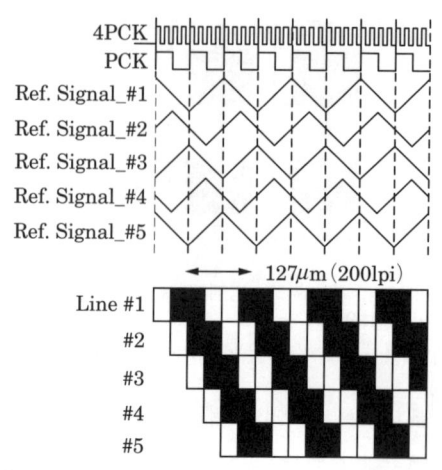

図 12.6 117度・ラインスクリーン（224lpi/117deg）

い。弊社，DC1250，CDT60ではDACS（Digital Analog Complementary Screen）技術によりラインだけでなくドット構造の網点を可能にしている[15],[16]。

以上，電子写真プリンタの擬似中間調処理をまとめると，副走査解像度の不足を高速ディジタル信号によるハーフビットや，アナログ信号によるパルス幅変調で解決してきた点が特徴である。最近では，1200dpiの機種も開発され，アナログ回路やハーフビット技術を使わなくても，ある程度の階調と解像度の両立が可能になってきた。アナログ方式は回路の集積化が難しく，今後，特殊な機種以外は使われないだろう。

12.5 Smoothing

ベクター情報からラスター展開したディジタル画像情報は，600dpiの解像度で展開して記録しても斜線部のジャギーが視認される。このような画像を滑らかに再現する技術がスムージング処理で，HP社のRET（Resolution Enhancement Technology）に代表される[17]。各社，様々な呼び名でスムージング処理をうたっているが，処理の概要は図12.7のようである。例えばビットマップ画像に対して，パターンマッチングを行い，垂直に近い角度の

12.5 Smoothing

線分形状と判定された場合には，図12.7上段のように，画像の中心に沿う位置にハーフビットを配置する。一方，同図下段のように，浅い角度の場合には，段差と判定された画素

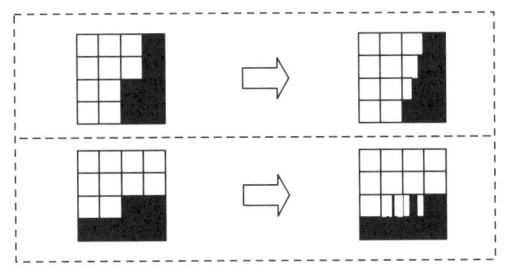

(a) ビットマップ画像　　(b) ハーフビッティング画像

図 12.7　スムージング処理の入出力画像

に孤立したハーフビットを置く。この孤立したハーフビットは，単独では再現不可能であるが，線分画像のソリッド部に隣接しているため，エッジ部に弱い発光でレーザを照射したこととほぼ等価になる。電子写真プロセスでは，このようなエッジ部の露光量操作がエッジの再現能力を高められることが知られている[18]。

スムージング処理では，ハーフビット変換の対象画素の判定がキーポイントである。例えば，「田」の中央部分に処理を働かせると漢字が鈍ってしまう。そのため，入力画像の微分値などによる数学的処理ではなく，テンプレートと呼ばれる参照パターンテーブルと比較し該当個所を特定するケースが多い。

このようなスムージング処理は，ジャギーの改善は可能だが，線幅の再現性という観点では決して「Resolution Enhancement」ではない。そこで，ベクター情報を高解像度で展開し，そのデータからハーフビットデータを生成する手法もある[19),20)]。この違いを検証した画像を図12.8に示す[21)]。

(a)は600dpiに換算して2，4.25，4.5，4.75画素に相当する線幅のベクター情報を600dpiで展開，つまり電子データ上で解像度以下の情報が欠落している画像をそのまま出力，(b)は(a)のデータをスムージング処理，(c)は，電子情報として4.25，4.5，4.75の違いを保持するよう2400dpiで展開したデータを使ってスムージング処理したものである。これらの比較より高解像情報の利用によるスムージングの効果は明らかである。

600dpiプリンタ仕様に「情報処理解像度1200dpi」とあるのは，このような処理を組み込んでいるものと推測できる。

以上，スムージング処理をまとめると，単独では画像再現ができない程度の微小画素（ハーフビット）をソリッド画像部の周囲に配置する，もしくは端部の光量変調により，画像形状を微調整する処理である。そのハーフビットを決定するために，低解像2値画像を利用する場合と，高解像2値画像を利用する場合がある。スムージング処理の適応画素の判定は各社独自に工夫したテンプレートを使っている。

(a) 600dpi　(b) 600dpi スムージング

0deg　−1.8deg

88.2deg　90deg

線幅は600dpi単位で2, 4.^{25}, 4.^{5}, 4.^{75}，下段は5まで

(c) 2400dpi展開ハーフビッティング

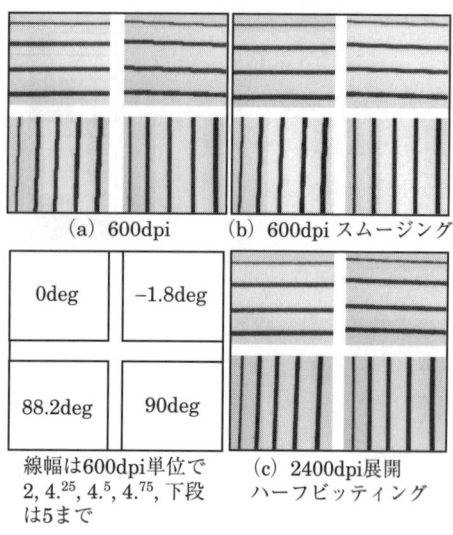

図 12.8　スムージング処理による細線再現

12.6　Registration Control

カラー画像の色版の位置精度は，主走査のビデオ同期（水平同期）と，これに直交する副走査のページ同期（垂直同期）の精度による。

ビデオ同期には，レーザビームが感光体の走査を開始する直前の等価的位置に置かれたセンサの出力を用いる。弊社ではこの信号をSOS（Start Of Scan）と呼ぶが，BD（Beam Detect）と呼ぶところもある。古くは，ビデオクロックより4倍高周波のクロック信号をSOSでリセットしながら4分周していたが，ハイアドレサビリティ方式にみられるようにビデオ信号の主走査分解能が飛躍的に高まり，その分解能で十分な同期ビデオクロックが実現できるようになった。

ページ同期は図12.9に示すように，感光体もしくは転写系のタイミング信号から生成した基準信号T0を検知してからSOSでページ同期信号PSを生成する。このとき発生する最大1走査分の誤差は許容せざるを得ない。し

かし，マルチビーム走査系では，1走査分の同期エラーは走査ビームの本数だけ拡大してしまう．このような場合でも，ビデオ信号のアクセスを工夫することで，シングルビームの1走査同等の同期エラーに抑えることが可能である[22]．図12.10に2本ビームでのタイミングチャートを示す．ここで，T0がSOSインターバルの前半に位置していれば，図12.10 (a)のように，次の走査で2本ビームのそれぞれLD-a，LD-bで第1ライン，第2ラインの順に画像データを出力し，T0が後半に位置していれば，図12.10 (b)のようにLD-aにはダミーのデータを流しLD-bから第1ラインのデータを順に供給すればよい．このようにレーザのチャネルに対してデータの供給パスを可変にすることは，その前段のラインバッファメモリーのアクセスコントロールで実現できる．

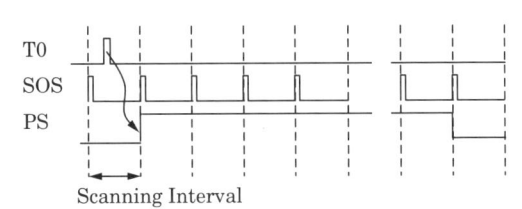

図12.9 ページ同期信号PSの1走査エラー

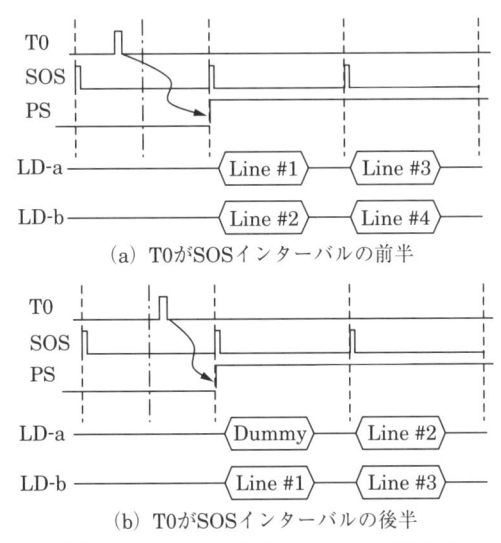

図12.10 2ビーム走査でのページ同期方式

以上，カラーレジストレーションに関する信号処理をまとめると，ビデオ同期は信号処理の高分解能化で同期精度が向上している．ページ同期はレーザの走査単位が基本だが，マルチビーム走査ではデータのアクセスを工夫して同期精度の悪化を防ぐ工夫が必要である．

カラーレーザプリンタの画像・信号処理として，レーザプリンタ特有の技

術課題を持つ色関係の処理(Color Transformation/Calibration)と中間調関係の処理(Screen/Smoothing/Registration Control)について解説した。色関係の処理では，アルゴリズムとしてはDLUTでほぼ落ちついているが，その色変換の係数をいかに決めるかが課題であり，中間調関係の処理では，レーザプリンタの高解像度化に伴い，色モアレの問題も含めたXerographyに適した網点生成アルゴリズムや，誤差拡散のようなストキャスティックスクリーンを適応するにはどうすべきか，といったことが課題といえよう。また，少ない情報量(600dpi/1bit程度)で階調ジャンプや疑似輪郭のない画像を再現する技術も普及型のカラープリンタでは重要であり，新しいアルゴリズムが開発されることが期待される。

参考文献

1) 田村一夫, 他："Docu Print C2200/2221", 富士ゼロックステクニカルレポート No.14, (2002).
2) 東方良介, 小勝 斉："印刷市場向けCMSソフトウエア Color Profile Maker Pro", 富士ゼロックステクニカルレポート No.14, (2002).
3) 池上博章："カラー画像処理と色差", ESTRELA No.81, pp.15-22 (2000).
4) 佐々木信, 池上博章："The Continuous Color Prediction model based on Weghted Linear Regression", International Congress of Imaging Science Tokyo, pp.413-414 (2002).
5) P. Hung and R.S. Berns："Determination of constant hue loci for a CRT gamut and their predictions using color appearance space", Color Res. Appl., 20(5), pp.285-295 (1995).
6) 阿部淑人："網点の基本と最新動向", 印刷雑誌, Vol.85, 10, pp.03-11 (2002).
7) 山本 肇："タンデムカラーレーザプリンタの動向", ジャパンハードコピー2001論文集, pp.49-50 (2001).
8) 伊藤昌夫, 他："LDアレイ・飛び越し走査によるマルチビーム走査光学系", 光学, 第23巻, 第8号, pp.429-497 (1994).
9) 福井清重, 他："DualSpotレーザ走査光学系技術の開発とDocuStation DP300への適用", 富士ゼロックステクニカルレポート No.10, pp.132-137 (1995).
10) 田中知明, 他："楕円ビームを用いた電子写真記録", 画像電子学会予稿85-07-02 (1985).
11) 河村尚登, 他："電子写真におけるデジタル・カラー・プリンティングの中間調再現法(III)", 電子写真学会誌25巻第1号 (1986).
12) A.L. Mix, Jr. et. al: "GRAY SCALE TO PSEUDO HALFTONE CONVERSION", IBM Technical Disclosure Bulletin, Vol.20 No.1 June, pp.31-32 (1977).

参考文献

13) 木村秀明, 他："フジモノクロスキャナー SCANART30 について", 富士写真フイルム研究技報, No.30, 1, pp.1-11 (1985).
14) 仲谷文雄, 他："A color 635/630 高画質デジタルカラー複写機", 富士ゼロックステクニカルレポート No.7 (1992).
15) 蛯谷賢治, 他："高画質カラープリンタ・複合機 DocuColor 1250/1255 シリーズ", 日本画像学会誌 第40巻 第4号, pp.39-43 (2001).
16) 高木 純, 他："Color DocuTech 60", 富士ゼロックステクニカルレポート No.13, pp.182-183 (2000).
17) Charles Cheng-Yaun Tung: US Patent 4,847,641, Hewlett-Packard Company
18) Douglas N. Curry："HYPERACUITY LASER IMAGER", Journal of Electronic Imaging, Vol.2, pp.138-146 (April 1993).
19) Yee S. Ng: US Patent 5,455,681, Eastman Kodak Company.
20) 森元賢一：特許第3145251号, シャープ株式会社.
21) 石井 昭："高解像情報処理による線画再現の向上と評価方法の研究", 日本画像学会2001年度第1回研究会予稿, pp.21-25 (2001).
22) 石井 昭：実開昭63-17081, 富士ゼロックス株式会社.

第13章

バブルジェット型カラーインクジェットプリンタ

キヤノン株式会社　中島一浩

13.1 はじめに

　インクジェットプリンタはインクの微小な液滴によって画像を形成している。最近の写真画質インクジェットプリンタでA4サイズいっぱいにプリントした写真画像は数億にものぼる微小ドットから構成されている。インクジェットプリンタでは，これらのおびただしい数のドットの一つひとつを極めて正確に，かつ高速に繰り返し吐出して記録している。

　インクを吐出させる圧力発生源としては，1970年代まではもっぱら圧電素子を用いる方式を中心に研究が進められていた。しかしながら，当時は圧電素子は実用化に対していくつもの大きな課題を抱えており，様々な模索が続けられていた。弊社では，1970年代半ば，限界を突破するための新しい方式を模索するうち，熱を使ってインク滴を吐出する新しい方式を開発した。この方式は，"バブルジェット（Bubble Jet）"，または"サーマルインクジェット（Thermal InkJet）"と呼ばれている。

　現在では，圧電素子を用いる方式（ピエゾ方式）も改良が進み，市場を二分する形になっている。これらの二方式は，それぞれの持つ本質的な特徴を活かしながら，さらに進化しつつある。本稿では，特にバブルジェット方式の吐出メカニズムやヘッド構成や信号処理の特徴などについて解説する。

13.2 バブルジェットの基本原理と特徴

13.2.1 バブルジェットの原理

　バブルジェットは，インクを急速に加熱して沸騰させ，そのときに発生する気泡の高圧を利用してインクを吐出させる方式である．図13.1に示すように，バブルジェットのノズル内壁にはヒータが設けられている．このヒータは，厚さが1μmの数分の1と極めて薄く，熱容量が非常に小さいため，通電するとμ秒オーダーで数100℃に到達する．すると，薄い絶縁膜を介して接しているインクは瞬間的に沸騰し，高圧を発生する．このとき起こっている現象は，われわれが日常的に経験している沸騰現象とは大きく異なっている．

　100℃付近で起こる水の通常の沸騰現象(核沸騰)は，水の飽和蒸気圧が1気圧を超えることにより起こり，発生した気泡の圧力も1気圧よりも若干高い程度である．また，発泡はきっかけさえあれば至るところで起こってしまう．これでは，インクを十分な速度で吐出させることも，高周波数で繰り返し吐出させることもできない．

　一方，バブルジェットにおけるこの沸騰現象は，液体に接している固体壁から，高い熱流束で液体に熱エネルギーが与えられたときに起きる．固体壁に接する部分の液体の温度が，その液体の持つ過熱限界温度(水の場合，約

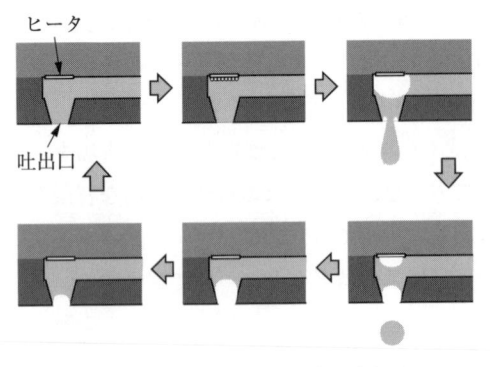

図13.1 バブルジェット方式の吐出プロセス

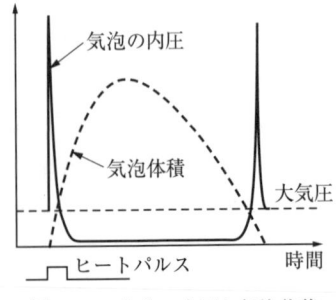

図13.2 気泡の内圧と気泡体積のプロフィール

300℃)に達した瞬間に，その界面に無数の気泡が一気に生成し，合体しながら急速に成長する．この瞬間に発生する圧力は，水の場合，約10MPa(約100気圧)にも達する極めて強い力である．

しかし，発泡が起こり気泡が生成すると，インクはヒータから離れるため，ヒータからインクへの熱エネルギーの供給は遮断される．そのため，沸騰は最初の瞬間のみで，核沸騰現象のように継続的には起こらない．結果として，図13.2に示すように気泡内の圧力は発泡の瞬間のごく短い時間(1μ秒以下)のみ働く力，すなわち，インパルス(撃力)として作用する．インクは，その力により運動を開始するが，発泡圧力が消失した後も，インクの慣性により運動を続けようとする．そのため，発生した気泡は発泡後もさらに膨張を続けるが，このときの気泡の内圧は，大気圧を大きく下回る負圧状態となっている．

吐出口から押し出されたインクは，慣性によってそのまま飛翔しようとするが，その一方で，外気と気泡内圧との圧力差による力と，粘性抵抗とによって，気泡の成長は減速しやがて停止する．さらに気泡は収縮に転じ，最後には気泡は消滅する．この運動により，押し出されたインクは吐出口近傍で切断され，インク滴として飛翔する．

一方，発泡が起こった後のヒータへの通電は吐出に対し何の寄与もしないため，発泡直後に通電は遮断されるようにパルス幅は制御される．ヒータを設ける基板は，通常シリコンなどの熱伝導性のできるだけ高い材料で構成する．そのため，ヒータ温度は10μ秒オーダーで常温近くまで冷える．

バブルジェットの気泡が収縮するのはヒータの温度が冷えるため，という解説が一部にされているがこれは正しくない．たしかに，気泡の成長〜収縮と，ヒータ温度の低下はほぼ同じ時間スケールで起きているが，上述の通り，原理的にはほぼ無関係な現象である．

13.2.2 ピエゾ方式との滴形成メカニズムの違い

現在，インクジェットの駆動源としてはバブルジェット方式とピエゾ方式にほぼ二分されているが，これらは単に圧力発生の仕組みが異なるのみでなく，インク滴の形成メカニズムがかなり違っている．その違いに最も影響を及ぼしている要因は，それぞれの圧力発生原理に因むノズルのサイズである．

先に述べたように,バブルジェット方式は非常に高い圧力を小さなヒータで発生できる上に,気泡の伸縮によりノズル内のインクが大きく運動することができる。そのため,非常に小さいノズルで十分な大きさのインク滴を吐出することが可能である。実際に,最新のバブルジェットプリンタのノズルの場合,個々のノズルの容積は吐出するインク滴のわずか数倍しかない。ちなみに,ピエゾ方式の場合は吐出インク滴の約数千倍のノズル容積が必要である(すなわち,バブルジェットのノズルの容積はピエゾ方式の約千分の一である)。

ノズルのサイズが小さいということは,単にノズルの配列密度を高くできるという直接的なメリットや流体力学的な応答特性が良いというメリットばかりではなく,特に材料面では以下に述べるようなメリットがある。

(1) ノズル構成材料の選択自由度

微小なインク滴を十分な速度を持って吐出させるためには,ノズル(=ノズル構造材とインクとの連成系)のコンプライアンスを抑え,できるだけ固有振動数が高くなる(=応答特性が良くなる)ように設計することが望ましい。ノズルの長さが長いほどノズル自身のコンプライアンスは大きくなってしまうため,できるだけ剛性の高い(ヤング率の高い)材料でノズルを構成して,コンプライアンスの増大を抑制しなくてはならない。

バブルジェット方式は,ノズル寸法をコンパクトに作り込むことができるため,ノズルのコンプライアンスを小さく抑えやすく,音響的に応答性の良いノズルを作りやすい。そのため,ノズルの材質として樹脂などの低ヤング率の材料も使用可能であり,加工の自由度も高く,結果として低コスト化に有利である。実際に,バブルジェット方式のヘッドでは,ポリイミドフィルムやエポキシ樹脂などが用いられており,感光性をもたせて露光・現像により形状を作成したり,エキシマレーザーなどによるアブレーションを利用して加工したりしている。

(2) インク物性の自由度

インクジェットにとってノズル内に残留する不要な気泡は,たとえ微小であっても吐出を妨げる大きな障害となる。ノズルが長く構造が複雑であるほどノズル内に微小な気泡が残留しやくなる。この対策としては,ノズ

ルはできるだけ短く，澱みの少ない滑らかな構造にすることが望ましい。一方，インクはノズル内壁に対してできるだけ濡れの良いインク物性に調整することが望ましい。

濡れの良いインク（すなわち，表面張力の低いインク）は，普通紙でのブリーディング（色間にじみ）を軽減する効果もあるため，現在のカラープリンタのカラーインクはほぼすべてこのタイプのインクとなっている。しかし，濡れの良いインクは同時に紙への浸透も早いために，色材の沈み込みによる発色の低下や，フェザリング（浸透の不均一による輪郭の乱れ）による輪郭のシャープネスの低下という問題がある（図13.3）。特に，ブラックインクの場合はもっぱら文字や線画が主であるために濃くてくっきりした印字が求められる。そのためには，図のように表面張力が高めの濡れにくいインクを用いることが望ましいが，前述のように気泡の残留が課題となる。

抵表面張力インク
（$\gamma=29\text{mN/m}$）

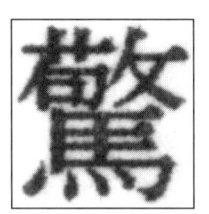

高表面張力インク
（$\gamma=38\text{mN/m}$）

図 13.3 インク物性と普通紙文字品位（顔料インク）

バブルジェットはノズルがコンパクトなため，気泡はノズル内に残留しにくく排出されやすい。また，発生圧力も大きいために，万が一残留してもその影響は小さい。そのために，インクの表面張力に対する自由度は大きく，目的によって幅広い物性のインクを用いることが可能である。実際に弊社の製品では，ブラックインクには比較的表面張力の高いインクを用い，カラーインクには比較的表面張力の低いインクを用いることにより，色にじみの無い美しいカラー画像と切れの良い黒文字の両立を実現している。

13.2.3　バブルジェット固有の課題

以上のように，バブルジェット方式は優れた特性を持っている一方で，いくつかの固有の課題を持っている。

(1) ヒータ表面の焦げ

ヒータに接する部分のインクは数100℃に晒されるが，インク中の成分が

その熱によって焦げてヒータに付着すると，ヒータからインクへの熱伝導が悪くなり発泡が不安定になってしまう。長年の研究から焦げの主な原因は様々な不純物であることがわかっている。現在では，インクの精製技術も確立しており，コンシューマ用途では実用的には問題とはならなくなっている。しかしながら，産業用途向けでは，特殊な成分のインクが要求されたり，極めて高い耐久性が要求されたりする用途も多く，さらなる向上に向けてさまざまな取組みがなされている。

(2) ヒータの物理化学的ダメージ

ヒータ表面は，電解質のインクに常に浸りながら，発泡のたびに瞬間的な高温高圧状態に晒される。また，発泡で発生した気泡が膨張・収縮し，最後に消滅する瞬間には高い圧力が瞬間的に消泡点で発生する（図13.2）。これらの過酷な現象が高速で繰り返されることにより，ヒータ表面は物理的にも化学的にもダメージを受ける。

これらのダメージを回避するために，ヒータ保護膜の強化，インク組成の最適化，ノズル構造の最適化，駆動条件の最適化などのあらゆる面から対策が図られてきた。その結果，現在では通常のプリンタとしては十分なレベルに達している。

(3) 非水系インクへの対応

バブルジェット方式はその原理上，水系インク以外を吐出することは難しい。水は最も身近でありながら最も特異な溶媒といわれる。室温で液体の溶媒のうち，極めて低粘度で高表面張力，高沸点であり，溶解力も極めて高い。また，安全性ももちろん高い。これらの特性から，通常のプリンタではピエゾ方式でも水系インクが主として用いられている。

しかしながら，産業用分野などでは非水系インクが必要となる用途もある。これらの用途に対して，バブルジェット方式を応用して吐出させるアイディアも提案されてはいるが，実用化には至っていない。ピエゾ方式がこのような用途には明らかに適している。

13.3 バブルジェットヘッドの信号処理の特徴

バブルジェット方式は，1980年代後半から製品化され，1990年代に入って急速に発展した。弊社の他，Hewlett-Packard，Lexmark，Xerox などが次々と独自の設計と製造方法で製品化し，改良が進められてきた。

バブルジェットヘッドの基本的な構造は，表面に駆動回路やヒータが作り込まれたシリコン基板と，その上に設けられたノズル部とからなる。駆動回路やヒータはシリコン基板の表面に一般的な IC と同様の半導体プロセスによって形成される。

ヘッドには小さなチップ上に数百から数千にも及ぶノズルが高密度に配列されているが，チップサイズの制約上取り出せる配線数には限りがある。そのため，基板上にはシフトレジスタやマルチプレクサなどのロジック回路が設けられ，さらに信号に応じて電流をスイッチするトランジスタが個々のヒータごとに作りこまれている。図13.4にバブルジェットのシリコン基板上に作りこまれる回路の一例を模式的に示す。各ノズルに対応したヒータ列のそれぞれに対応してスイッチング用のトランジスタが接続されている。一方，各ノズルのヒータに通電するか否かを決めるデータ信号は，シフトレジスタにシリアルに送り込まれた後，LATCH信号によりラッチされ各ノズルに対応した信号として出力が確定する。その出力とHEAT信号の論理積信号がスイッチング用のトランジスタに入力され，データ信号で選択されたヒータのみが発熱する。このHEAT信号によりヒータに通電するパルス幅が決定される。このように，基板上に処理回路を作

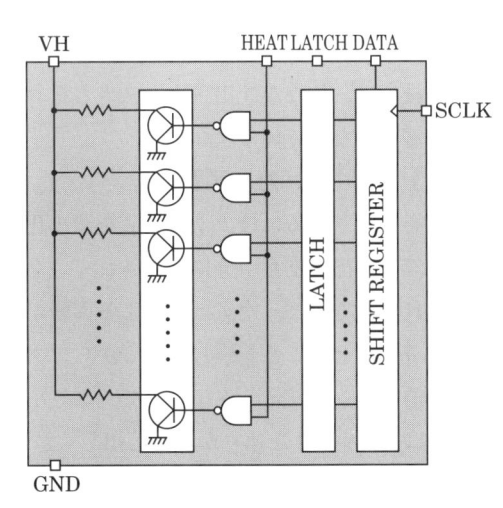

図 13.4 バブルジェットの駆動回路の例

り込むことにより極めて少ない端子数で多くのノズルを駆動することができるのである。

シリコンを基板とすることにより，さまざまな制御回路を半導体プロセスで一体的に作り込めることがバブルジェットの大きな特徴であるが，それだけではない。バブルジェットではヒータへの通電が切れた後，速やかに温度が下がることが要求される。シリコンは極めて熱伝導性の高い物質であるため放熱特性に優れ，基板として最適な材料である。高い周波数でヒータに通電を繰り返しても蓄熱することなく安定した吐出が可能なのはこのためである。

さらに単結晶シリコンは，MEMS技術で適用されている様々なエッチング方法により，加工自由度が高く，高精度な加工が可能である。この点からも基板材料として非常に優れている。

13.4 最新のバブルジェットヘッド技術

ますます高まる高速・高画質・低コストの要求に対応するために，弊社では従来のバブルジェット技術を根本的に見直し，新たなバブルジェット技術「New MicroFine Droplet Technology」(以下，New MFDT)を開発し，実用化した。最新の弊社バブルジェットプリンタはすべてこの技術を搭載したものである。以下に，この技術の概要を説明する。

この技術は，新たな吐出メカニズムとそれを実現するための新たなノズル製造方法からなっている。

13.4.1 新吐出メカニズム

画質を向上させるには，インク滴を微小化しなくてはならないが，同時にインク滴の吐出速度も十分に確保されていなくてはならない。インク滴が微小化すればするほど，空気抵抗による影響が大きくなり，正確な位置にインク滴を着弾させることが難しくなるからである。

一般的なインクジェットにおいて，より小さなインク滴を高速度に吐出するためには，インクを速やかに押し出し，すぐに引き戻すことが必要となる。このときの押し出す速度や引く速度とタイミング，さらにインクの粘度などがインク滴の速度や大きさに大きく影響を与える。したがって，従来のイン

クジェットでは，インク滴が小さくなればなるほど，インク滴の大きさの安定化が難しくなるのである。

従来のインクジェットのこの問題点を解決するため，新方式では図13.5に示すように，バブルジェットの気泡

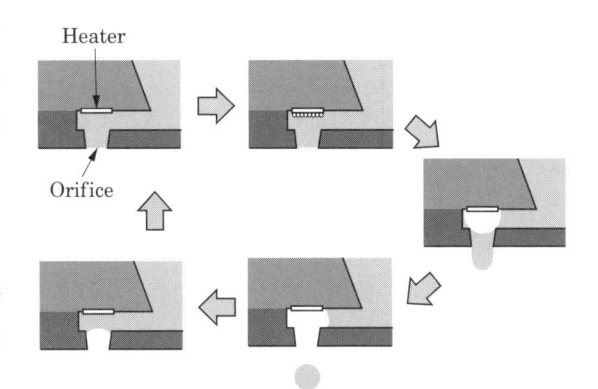

図 13.5 New MFDTの吐出プロセス

によってインクを供給側と吐出口側とに分断し，吐出口側のインクをすべてインク滴として吐出させるという方式を発明した。この方式によれば，インク滴の体積は，ほぼノズルの幾何学的形状のみによって定められ，発泡圧力の揺らぎや温度変化などによるインク粘度の変化にもほとんど影響されない。

これはまた，インク滴に伝達されるエネルギー効率の点からも，ノズル内のインクの引き戻しに伴うノズル内流れのエネルギーロスがない分，従来方式よりも優れたものとなっている。

13.4.2 新ノズル製造方法

インクジェットプリンタでは，高速に印刷するために多くのノズルを配列することが必要となる。多岐に分岐する微細な中空の三次元構造を作成するために，多くの加工技術が適用されてきた。エッチングやプレスで金属部品を加工し貼り合わせる方法や，フォトリソグラフィを用いてパターニングする方法，エキシマレーザーで樹脂をアブレーションさせて加工する方法など様々な微細加工技術が組み合わされて応用されている。

上述したように従来のインクジェットヘッドはすべて，あらかじめそれぞれ加工を施した複数の部品を接合することでノズルを形成している。が，このようなノズル形成方法には，高精度化に対していくつかの本質的な問題が内在している。すなわち，それぞれの加工精度のバラツキ，材質の異なる部品の接合プロセスにおける膨張・収縮・変形，さらに接合時の位置合わせ精度の問題などである。ノズル数を増やし，ヘッドの印字幅を大きくし，より

高速で高画質なプリントを実現するためには，上記課題はますます重要になっている。

この課題を克服するために，弊社では，まったく接合を用いずに一貫してフォトリソグラフィの技術を活用しノズルを作成するヘッドの製造方法を業界で初めて実用化した．図13.6にその製造プロセスを模式的に示す．駆動回路やヒーターを作り込んだシリコン基板の上にまず感光性をもつ樹脂層aを形成する．この樹脂に露光・現像を行い，パターニングする．次に，その上からやはり感光性をもつ樹脂層bを形成する．この樹脂bに露光・現像を行い，インクの吐出口が形成される．一方，シリコン基板にもシリコンの結晶方位によるエッチング速度の違いを利用する異方性エッチングの技術を用いて，インクの導入口が形成される．最後に，樹脂aを除去することにより，中空のノズル構造がまったく接着工程なしに実現する．こうして製造されたヘッド部分は，個々のヘッドのチップに切り離され，電気実装されインクタンクとのインクの供給路などが形成され，ヘッドのカートリッジとして完成する．この新たな製造方法は，特殊な感光性材料技術と高度なフォトリソプロセス技術などを融合して実現した．半導体製造などの分野で実績のあるフォトリソグラフィのサブミクロンの加工精度や，大面積にわたる位置合わせ精度の高さがそのまま生かされている．

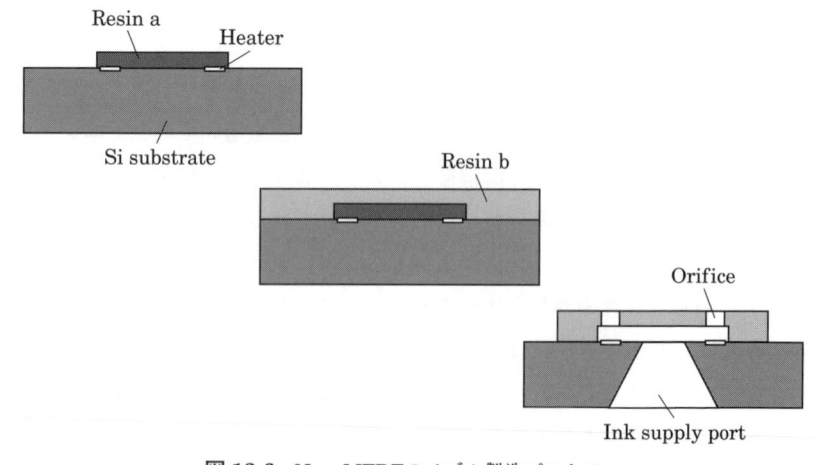

図 13.6 New MFDTのノズル製造プロセス

さらに，この製造方法はフォトリソグラフィ技術を用いてシリコンウェハの状態でノズルまで作り込むため，ノズルのレイアウトの異なる多種製品を，フォトマスクの交換だけで製造することが可能になった．また，いくつかのヘッドチップを適宜組み合わせて平面配置することもでき，ユーザのさまざまなニーズに応える多様な製品群を低コストでかつ短期間で提供できるようになった．

13.5 対称形カラーバブルジェットヘッド

　プリンタにとって高画質化と同時に高速化をいかに達成するかは重要な課題である．シリアル型のインクジェットプリンタにおいてプリントの高速化を図るためには，基本的に吐出周波数を高くしたり，ヘッドのノズル数を増やせばよい．しかしながら，吐出周波数はノズル設計や駆動方法，インク物性などの最適化によって限界に近いレベルに達している．また，多ノズル化は，ヘッドサイズ増大に伴う製造精度の制約や製造コストの制約により制限されるため，むやみに増やすことはできない．

　一方，昨今のほぼすべてのプリンタにおいて，高画質の印字を行うためにマルチパス印字が採用されている．これは，スキャンごとの紙送り量をヘッドのノズル列の幅よりも狭い送り量とし，複数回のパスで重ね書きしながら画像を形成していく手法である．ノズルごとのインク滴サイズや紙への着弾精度のばらつきなどによる画像上のスジやムラなどの欠陥を目立たなくする効果がある一方で，パス数にほぼ比例して印字に要する時間がかかってしまうという問題があった．高速化を達成するためには究極的には重ね書きせず1回のパスで画像を形成することが望ましいが，高画質を維持したままこれを達成するためにはヘッドの精度の飛躍的な向上が必須条件であった．

　また，さらなる高速化の手法として双方向印字という手法が一般的に用いられる．ヘッドのスキャンの往路・復路でのどちらでも印字を行なうことで，ヘッドの印字の休止時間を最小にして高速化を図るものである．しかし，カラー印字を行なう場合には，往路と復路でのカラーインクの重ね合わせの順序の違いなどによるバンド状の色ムラが発生してしまい，高画質が求められ

るモードには採用できなかった。一部の大判プリンタなどではカラーヘッドをスキャン方向に対称となるような順序に配列し，双方向の色ムラを防ぐことが行なわれてきたが，コストやノズル間のアラインメントの難しさなどの点から小型のプリンタへの搭載は不可能とされてきた。

これに対し，弊社では上記 New MFDT の技術を活かし，1チップの中に3色のカラーノズル列を対称形にコンパクトに配置することに成功し，重ね書きのない1パス印字を往路・復路の双方向で達成し，従来にない高画質かつ高速プリントを実現した。

13.5.1 双方向印字の課題

双方向印字における画質低下の要因としてまず問題となるのは，往路と復路の印字位置のズレである。これはヘッドの高精度化とキャリッジや紙送り系の制御技術の向上により抑制可能である。しかしながら一方で，カラーインクの打ち込み順の違いによる往路と復路の色味の違いの問題は困難な課題であった。

実験によれば，異なる色のカラーインクを重ね打ちした場合，先に着弾したインクの色味が優勢に発色する性質がある。例えば"Blue"(= Cyan + Magenta)を印字する場合に，Magenta→Cyan の順で打ち込むと Magenta の色味が優勢な Blue になり，Cyan→Magenta の順で打ち込むと Cyan の色味の優勢な Blue になってしまう(図13.7)。これは，先に着弾したインクが用紙上に染着した上に次のインクが着弾したとき，すでに用紙上のドット内の染着部位のほとんどが先に着弾したインクの着色材で占められているため，後のインクの着色材は染着できずに，用紙の深部まで素通りして浸透してしまうことによると考察される。

このようなインクの着弾順序による色味の違いの問題を解決するには，一度のスキャンで異なる色が重なり合わないように間引いて印字すればよいが，何回も重ね書きが必要となり高速印字ができない。高速

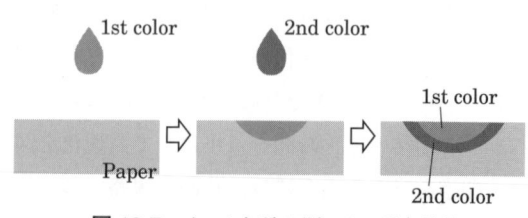

図 13.7 インク打込み順による発色特性

化のために色順序を対称形となるように配列するアイディアは古くからあるが，単純にヘッドを対称形に配列しただけではヘッド全体が大きくなるばかりでなく，コストも高くなってしまい現実的ではなかった．これに対し弊社では，以下に述べるように1チップの中にY，M，Cのカラーノズルを対称形にコンパクトに配列することに成功した．

13.5.2　第一世代対称形ヘッド

　図13.8に新バブルジェットヘッドの写真を示す．細長いBk用のBJチップとほぼ正方形のカラーBJチップが同一平面上に配置されている．さらに，カラーBJチップの拡大写真を図13.9に示す．このチップにはインクを裏面から供給するためのスリット（供給口）が5本，等間隔に開けられており，中央のスリットの両長辺にはYellowを吐出するノズル列が片側600dpi間隔で128ノズルずつ，合計256ノズル配置されている．その中央のスリットに隣接する両側のスリットには，一方の長辺側にだけ128ノズルが配置され，2つのスリットを合わせて計256ノズルがMagenta用に用意されている．さらに最も外側の2つのスリットには，Magentaと同様に一方の長辺側にだけCyan用のノズルがやはり128ノズルずつ，計256ノズル用意されている．こうして600dpi配列された128ノズルのノズル列が端から順に，Cyan/Magenta/Yellow/Yellow/Magenta/Cyanと対称形に配列されている．

図 13.8　新バブルジェットヘッド

図 13.9　対称型カラーバブルジェットチップ

スリットとスリットの間のスペースは，それぞれのノズル列のヒータを駆動するための駆動回路のスペースとして割り当てることにより，無駄のない設計となっている。そのため，従来の一般的なヘッドのノズルレイアウトのようにCMY各色ごとの計3スリットの両長辺に同じノズル数を配列した場合と比べ，チップサイズをほとんど大きくすることなく対称形BJチップを実現した。

また，New MFDTのノズル形成技術により，ノズルどうしの相対位置精度も極めて高精度に作り込まれている。同じ色のそれぞれ2つのノズル列は，ノズルどうしが1200dpiピッチだけオフセットして千鳥配置になるように設計されており，ヘッドとしては1パスで1200dpiの印字が可能となっている。

例えば，最も外側のCyanのノズル列どうしは，チップ内で約5mm離れているが，これだけ離れたノズル列どうしをわずか21μmだけオフセットさせ正確に配列することは，従来のヘッド製造方法では極めて難しい課題であった。

一方，図13.8のようにBk用のBJチップは上記カラーBJチップとは大きくオフセットされて配置されている。こうすることで，双方向印字においてBkとカラーの印字順序は常にBk→Colorとなる。さらに重要な狙いは，普通紙におけるBkの文字品位とカラーインクとのブリード（色間にじみ）防止とを両立させる効果である。

一般的に普通紙で黒文字のシャープネスを上げるためには，インクの表面張力を比較的高くして紙への浸透速度を遅めにするのが望ましいが，このままではカラーインクとの間でブリードしてしまう。Bkヘッドをカラーヘッドとオフセットさせ，紙の同じ場所を異なるスキャンで印字することで，Bkインクを印字してからカラーインクが印字されるまでの時間差を確保し，ブリード防止を実現している。

13.5.3 第二・第三世代対称形ヘッド

さらにPIXUS 850iではこの対称形ヘッドを進化させ，MagentaとCyanのスリットの空いていた片側の長辺に128ノズルずつのノズル列を計4列追加した（図13.10）。この新たに加えたノズル列は2ピコリットルのインク滴を吐出するノズルで，従来の5ピコリットルのノズルと組み合わせることに

より，印字の高速性を損なうことなく粒状性や階調性の大幅な向上を実現した。

カラーのノズル数は従来の768から1280と大幅に増加したが，チップサイズはまったく変わっていない。これは，ヒータの構造を見直し，単一のほぼ正方形のヒータだったものを二つの長方形に分割し直列に接続することで駆動電流を低減するなどの工夫により，駆動回路の面積を大幅に縮小することによって実現した。

最新のPIXUS 860iでは，このカラーチップ内にフォトプリント専用のBkインクのノズル列を追加し，フォト画質をさらに向上させている。小さなチップの中に1536ものノズルを高精度に作り込むことにより，手頃な価格でありながら高速性と高画質の高いレベルでの両立を実現している。

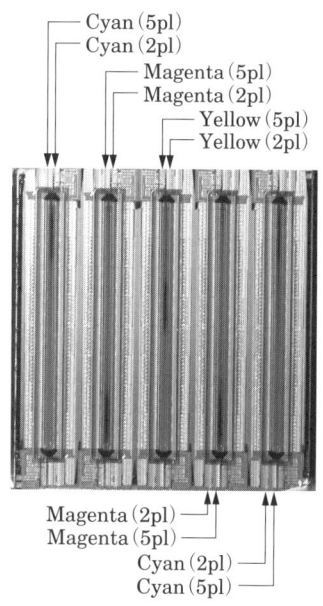

図13.10 新対称型カラーバブルジェットチップ

バブルジェット技術は，シリコン基板の上にヒータとその制御回路を作り込むことができる上に，吐出原理の特徴からも極めてコンパクトで高性能なノズルを構成可能な洗練されたインクジェット技術である。コストパフォーマンスの高さや，さまざまな仕様に対応可能な設計自由度を生かし，今後も画像プリントの世界をますます拡げていくであろう。ポケットに入るほどの小さく手軽なプリンタや，オフィスの高速化のニーズに応える超高速カラープリンタに至るまで，多くの用途への展開がますます期待されている。

参考文献

1) M. Kaneko and H. Matsuda: New bubble jet print head for photo‐quality printing, Proc. IS&T's NIP15, pp.44‐47(1999).

2) 中島一浩：デジタルイメージング時代のIJプリンタ技術，光技術コンタクト，442，pp.29-37(2000)．
3) 浅井朗，中島一浩：現代からくり考 インクジェットプリンター，パリティ，Vol.17 No.04，pp.54-59(2002)．
4) 中島一浩：最新バブルジェット技術，日本画像学会誌，140，pp.37-44(2002)．
5) 中島一浩，松田弘人，金子峰夫：対称形カラーバブルジェットヘッドによる普通紙高速高画質印字，JapanHardcopy2003予稿集(2003)．

第14章

ピエゾ型インクジェットプリンタ

セイコーエプソン株式会社　枝常伊佐央

14.1　インクジェット記録方式

　近年のカラーインクジェットプリンタの画質向上には驚くべきものがある。少し前には想像もできなかった高品位なフルカラー出力が，個人が気軽に買えるインクジェットプリンタで可能となったのは画期的な変化といえるだろう。

　1990年代前半の時点では，インクジェットプリンタは濃度階調どころか，画素面積を制御する面積階調でさえ容易ではなかった。インクジェットでもフォト画質が目指せることを示したのは1996年末に登場した6色のインクを用いたプリンタである。この製品では，通常の4色インクに加えて2色の淡インクを用いることで大幅な高画質化を実現したが，淡インクの採用だけでフォト画質が実現できたわけではない。その後もさらに高画質化が進み，現在ではフォト画質は当たり前という状況に至った。

14.2　フォト画質につながった要素技術

　歴史的にはHertzによるスプレー型のように，インクをミスト化して連続的な階調制御を可能にする方式もあったが，非常に複雑な構造になってしまう。成功したのは結局，極力シンプルなヘッド構造を目指し，それをマルチノズル化するという方向である。そのために画素単位での階調制御は困難で，

できたとしても数階調程度となった。

インクジェット方式は，画素単位の階調制御には向かないかわりに，1ドロップのインク吐出量自体は，条件を整えればかなり安定させることができる。メディアとは非接触式で，インク吐出量が安定しているインクジェットでは低い空間周波数の濃度むらは少なく，この性質は非常に重要である。図14.1にインクジェットプリンタのインク吐出量の変遷を示す。図は弊社製品の例で，吐出可能な最少インク量をプロットしてある。1984年には1000pl以上あったインク吐出量が，1999年にはわずか3plと数百分の1になっており，6年で約1/10という驚異的なペースで微小化が進んだことがわかる。1plは$10^{-12}\ell$で，一辺が10μmの立方体の体積に等しい。このドットの微小化はインクジェットヘッドの進化の結果であり，インクジェット高画質化の原動力となった。

またインクジェットプリンタは，インクの色数分のヘッドを並べることで容易に多色化できる。通常はシアン，マゼンタ，イエローの3原色にブラックを加えた4色でフルカラーを実現できるが，染料濃度を下げた2色の淡インク，ライトシアンとライトマゼンタを加えた6色化が，フォト画質達成のための有力な手段となった。淡インクの効果的使用によって，ドットの目立ちにくさに向け粒状性を大幅に改善しつつ，より多くのドットを使って細部まで描写できるようになる。なおイエローは目の分解能が低く目立たないので，淡インクの必要性はほとんどない。6色プリンタは1996年後半にHP社の製品と弊社製品が相次いで登場したが，6色化によってフォト画質に迫れることを明らかにしたのは弊社製品で，ドット径を70μm以下に絞り，インク濃度を1/4にすることで30cmの観察距離でもドットが認識されなくなった。図14.2にドット微小化と淡インクによる効果を示す。実は淡インクを用いる考え方自体はずっと以前にも試みられていたが，当時はあまり効果

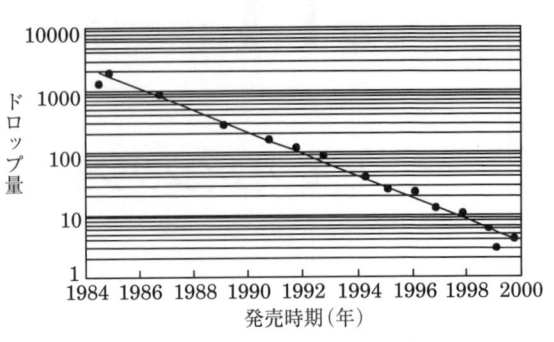

図14.1 インクドロップ量の変遷

14.2 フォト画質につながった要素技術

図 14.2 マイクロドット化とライトインクの効果

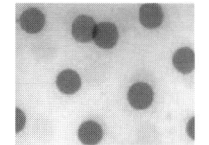

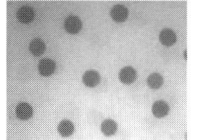

41pl drop dot　　12pl drop dot　　12pl & Light Ink (PM-700C)

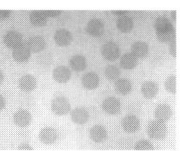

を上げたとはいえず，過去の技術として忘れ去られていた感があった。それが一転して有用技術となったのは，その間にドットサイズの微小化が進んだこと，多量のインクをにじみなく印画できる紙とインクが開発されたことがある。それに加えて淡インクの能力を最大限に生かし，極力ドットが目立たないように6色のインクバランスとドット生成パターンを最適化する，高度な画像処理技術が組み合わされたことが大きい。これら周辺技術の進歩があったからこそ，淡インクが有効になったといえる。

14.2.1 ピエゾ方式オンデマンド型

オンデマンド型は，1970年代初めにHertzによってピエゾ方式が開発されたのが最初である。ピエゾに電圧を印加してインク室を収縮させ，インク滴を吐出する。連続噴射型よりノズルの駆動周波数は低くなるが，構造が簡単なためカイザー(Kyser)型（サイロニクス型ともいう），グールド(Gould)型，ステムメ(Stemme)型など多くの方式が提唱されたが，ノズルの信頼性の確保と低コスト化が難しく，なかなか実用化には至らなかった。図14.3にピエゾ方式の基本的な構造例を示す。実際に普及し始

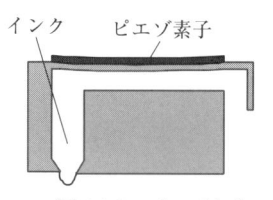

図 14.3 ピエゾ方式

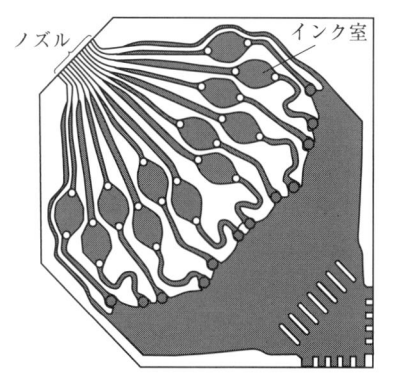

図 14.4 ピエゾ方式ヘッド(1980年代)

めたのは1980年代前半で，弊社のモノクロ漢字プリンタやシャープ社の4色カラープリンタが登場した。図14.4に弊社のヘッド（1988年，カイザー型）の例を示す。インク室の上には丸形のピエゾ圧電素子が貼り付けられ，両面で24ノズルのヘッドとなる。インク室が大きいためノズル数を増やすことが難しく，ピエゾ駆動電圧も100V以上必要であった。

14.2.2 新タイプピエゾ方式

新しい発想で開発された新世代のピエゾ方式が，弊社のマッハ（MACH: Multi-Layer Actuator Head）ジェット方式で，1993年に登場した。マッハジェットヘッドには2タイプある。図14.5に両タイプの構造を示す。最初に開発されたのがシリコンの異方性エッチングによって形成したインク室に，積層構造のピエゾを配置したMLP（Multi Layer Piezo）タイプで，ピエゾを縦振動モードで使用する。図14.4のような構造の従来方式に対し，インク室サイズが0.8×4mmから0.2×1.2mmと1/10に，駆動電圧が100Vから20Vと1/5に，ピエゾ変位量が0.1μmから1μmと10倍に，単位面積当たりの発生力が2×10^5N/m^{2}から2×10^7N/m^{2}へと100倍に，駆動可能周波数が15kHzから160kHzへと10倍以上に，と格段の進歩を遂げた。次いで開発されたのがピエゾとジルコニア（ZrO$_2$）をセラミック一体焼成で積層形成し，セラミックの積層でインク室が形成されるMLChips（Multi Layer Ceramic with Hyper Integrated Piezo Segment）タイプiで，ピエゾ素子と振動板とのバイメタル効果によるたわみ変形モードを利用する。2次元的な積層構造のため，自動組み立てに適し量産性に優れる。いずれも図14.4の

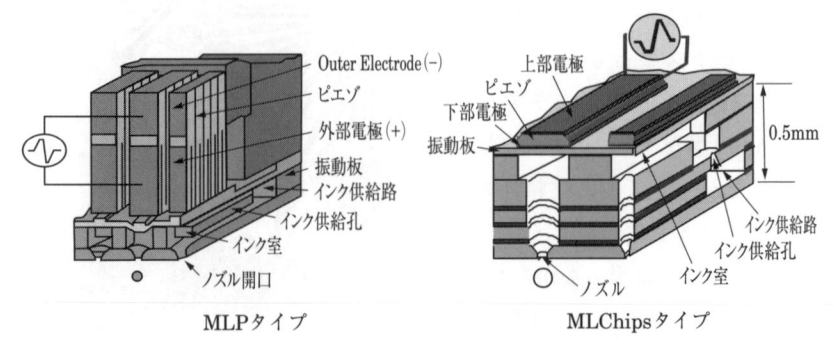

図14.5 ピエゾ方式ヘッド（MACH方式）

旧ヘッドとは別物になっているのがわかる。MLPはインク室がコンパクトでノズルの高密度化に適し、MLChipsは量産性に優れるという特長を生かし、製品コンセプトに応じて使い分けられる。

14.2.3 ピエゾ方式ヘッドの機構モデル

ピエゾ方式インクジェットヘッドは、振動板やアクチュエータを含むインク室の壁とインクの圧縮性とからなるコンプライアンス：Cと、インクの質量からなる慣性であるイナータンス：Mとによって、インクと振動板が結合した振動系を構成し、固有の振動数が存在する。振動板の変位によって収縮・拡大されるインク室の容積は、振動板の静的な変位量と、インク振動との結合による動的な変位量とを合成したものとなる。ピエゾ方式ヘッドのそれぞれの要素を電気機械音響類似を用いて等価的な電気回路素子に置き換え、全体を集中定数回路モデルで表現すると、図14.6のようになる。図でC_0はアクチュエータにかかわるコンプライアンス成分で、C_1はそれ以外のコンプライアンス成分である。この集中定数回路モデルは複雑な形状のヘッドを単純なパラメータで表現することができ、適切なモデル設定によりシミュレーションによる最適設計が可能となる。MLChips方式の例では、振動板のコンプライアンス（アクチュエータ変位を0としたときの振動板の変形分）はC_1に含まれ、インクの圧縮性と振動板以外のインク室壁面の剛性がC_1となる。また、$M_2, M_3 \gg M_0$の関係が一般に成立し、図の回路に簡略化で

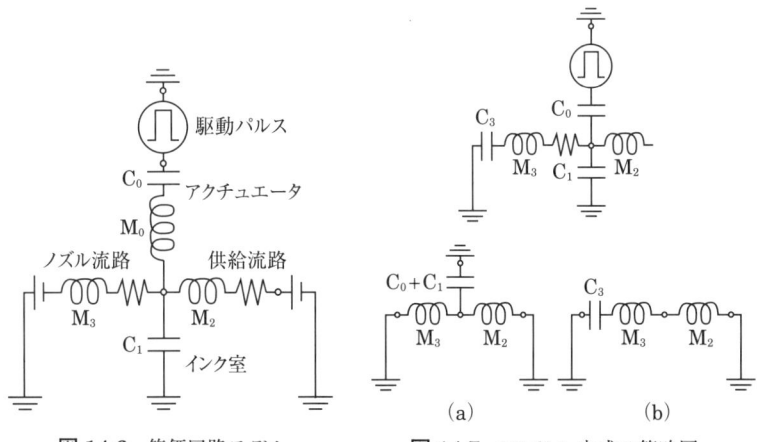

図 14.6 等価回路モデル

図 14.7 MLChip方式の簡略図

きる。図14.7のC_3はノズル部のメニスカス（ノズル先端に形成されるインク界面）のコンプライアンスである。図14.6には図14.7(a), (b)に示す二つの振動モードがあり，図14.7(a)のモードはインク室の固有モード，図14.7(b)はノズルメニスカスの固有モードである。インク室の固有モードはインク滴の噴射を支配し，インク滴の噴射時は大きく，噴射後は小さくなるように設計・制御する必要がある。ノズルメニスカスの固有モードは，インクジェットヘッドの周波数特性に強く影響し，フラットな周波数特性を得るためにはこのモードを抑えることが必要になる。また，微小インク滴を高速に噴射させるためにはインク室の固有周波数を高くする必要があり，そのためにはインク室のコンプライアンスC_0+C_1および，流路系のイナータンスを小さくしなければならない。

14.2.4　インクジェットプリンタの構造

図14.8にインクジェットプリンタの全体構造例を示す。ヘッドを搭載したキャリッジが紙送り方向とは直角方向に走査されるシリアル走査方式になってい

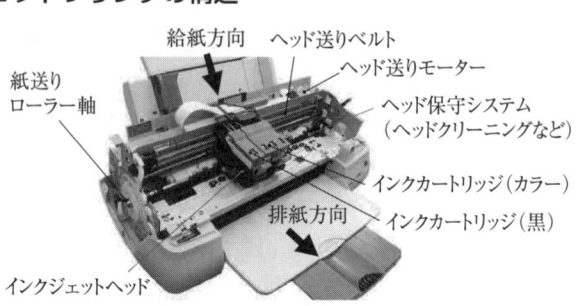

図14.8　インクジェットプリンタの構造

る。図のヘッド保守システムはインクの初期充填, ヘッドクリーニング, 待機時にヘッドをキャップしノズルの乾燥を防ぐ, などの機能を有し, インクジェットプリンタの最大の課題であったヘッド目詰まりを防ぐ役目を担っている。

14.2.5　ピエゾ方式のドットコントロール技術

マッハ方式の登場によってピエゾ方式ヘッドは大幅に小型化，低コスト化されたが，それでもサーマル方式に比べるとまだ複雑で高コストである。その弱点を補ったのが，駆動波形に応じてピエゾの変位量がきめ細かく制御できる点を生かした，高度なヘッド制御によるマイクロドット化技術や，ドロップ量変調技術である。以下にこれらのドットコントロール技術について説明する。

14.2 フォト画質につながった要素技術

インクジェットプリンタ高画質化の鍵の一つは，インク吐出量を大幅に低減したマイクロドット化にある．マイクロドット化によって，ひとつひとつのドットが目につきにくくなるとともに，画像の細部を精密に描くことができるようになる．しかし単純にノズル径を小さくすると，インクの目詰まりなどの信頼性が低下する上に，インク滴吐出後インクが再充填されるまでの時間，リフィル時間が長くなり，駆動周波数を高くするのが難しくなる．これらの問題を解決したのが，同じノズル径から大きなサイズのインク滴と，より小さなインク滴を吐出する技術で，1995年に導入された．図14.9に同じ径のノズルから，より小さなインク滴を吐出するときの制御イメージを示す．まず吐出前にいったん電圧を降下させることでインク室を広げる方向にピエゾを制御し，メニスカスを後退させるpull制御を行う．pull制御を素速く行うほど後退したメニスカスが回復する時間的余裕がなくなるので，メニスカス後退量は多くなる．次に正電圧を印加して急激にインクを吐出するpush制御を行い，小さいインク滴を十分なスピードで吐出させる．インク吐出後には，電圧を下げることで再びメニスカスを後退させてドットの切れを高め，サテライトドットと呼ぶ余計な派生ドットの発生を抑制するとともに，メニスカスの振動を速やかに収束させて次のインク吐出までの時間を短くし，高い応答周波数を実現している．図の例ではpull制御タイミングのみを変更しているが，印加電圧の変更でも吐出量が制御できる．通常は電圧とタイミングの両方を最適化して，インク滴が最も安定して吐出される条件

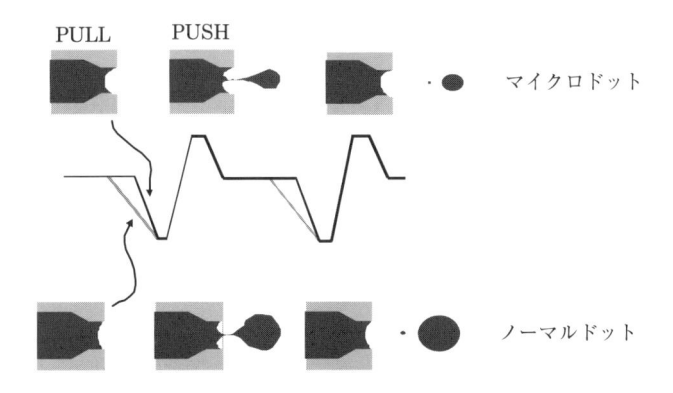

図14.9 マイクロドット吐出技術

に設定する。

　図14.10にドット径とプリンタ解像度の関係を示す。図は1994年と1997年のプリンタを同一の印画紙で比較した例で，後の機種では同じ解像度720dpi（dots per inch）×720dpiのモードであっても，インク吐出量が半分以下になっており，画質も向上している。また，同じメディアでも解像度に応じたピエゾ駆動波形変更により吐出量を変え，高速モードと高画質モードに対応している。図でドット中央に描いた四角形は，その解像度に対応した本来の画素サイズを示している。この図を見ると，解像度に対してドットサイズがかなり大きいことに気づくであろう。原理的にはドットの直径が画素幅のルート2倍，すなわち画素の対角線サイズより大きければメディア表面を100％覆うことができるが，インクジェットプリンタではそれよりもかなり大きめのサイズのドットを用いるのが普通であり，直径が画素幅の2倍以上になることもある。その理由は主に二つある。一つは十分な出力濃度を確保するためであり，隣接するドット同士が重なり合い始めてからは濃度階調的に出力濃度が増加する。もう一つの大きな理由は，ドットの飛行曲がりやプリンタのメカ精度に対するマージンを確保するためである。ドットサイズに余裕がないと，特定のノズルから吐出されたドットの着弾位置が少しずれただけでもドット間に隙間が生じて，白っぽい筋状の濃度むらとなって画質を劣化させる。特に720dpi以上になるような高解像度モードでは，それに応じたメカ精度およびインク滴の吐出方向精度を確保するのは容易ではなく，これらの精度が高いほどドット径のマージンは少なくできる。さらに，

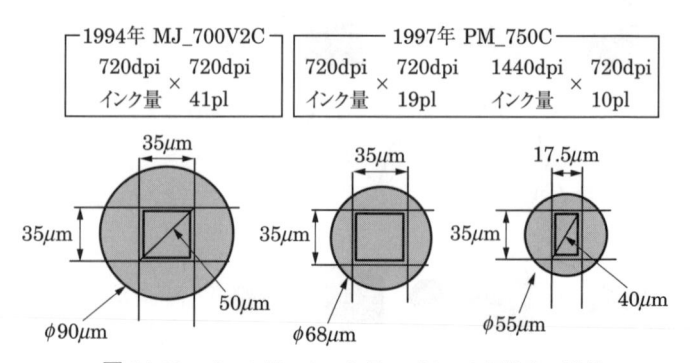

図14.10 インク量，ドット径，プリンタ解像度の関係

出力濃度と着弾位置精度の点からそのドットサイズに最適な出力解像度が決まったとしても，現実の解像度はメカなどの制約から1440dpi，720dpi，360dpiなどの飛び飛びの値しか選べないことが多く，最適な解像度よりかなり高い解像度に設定されがちである．必要以上に高解像度化しても画質はあまり向上せず，印画速度の低下やデータ処理量の増大を招くだけなので，カタログ上の解像度スペックは必ずしも画質を正確に反映していないことになる．これに対して吐出インク量が変えられると，使用するメディアや解像度に応じて，効率よく高画質が引き出せる最適のドット径を選択できるようになる．ドット径は印画メディアによっても大きく異なるので，同じ出力解像度でもメディアに応じてインク吐出量を変えている．

以上は印画モードに応じて吐出インク量を変える例であったが，ドットサイズをさらに小さくしていくと必要なマージンも増えて，ますます出力解像度を上げなければならなくなり，速度低下を招いてしまう．ノズル数を増やせば速度低下は防げるが，それはコストアップにつながる．そこでさらなるドット微小化を図るために開発されたのが3種類のサイズのドットを画素単位で使い分けるMSDT(Multi-Sized Dot Technology)で，1998年に導入された．図14.11にMSDTのドット制御イメージを示す．1周期の中で小ドット用の駆動波形と中ドット用の駆動波形をもち，両方を続けると大ドットが吐出される．このままでは小ドットの吐出タイミングが中ドットよりも早いため，両者の着弾位置がずれてしまいそうだが，小ドットのほうが吐出液滴の飛行速度が遅いため，メディア上では両者はほぼ同じ位置に着弾する．同様に，大ドット吐出時は小ドットと中ドットがメディア上で合体して一つの大ドットになる．MSDTによって，印画速度を落とすことなく最小ドットを微小化し，さらに高画質化できるようになった．この例では大ドットのインク量は小ドットと中ドットの合計インク量よりも多くなっている．これは連続して吐出するときには，小ドット印

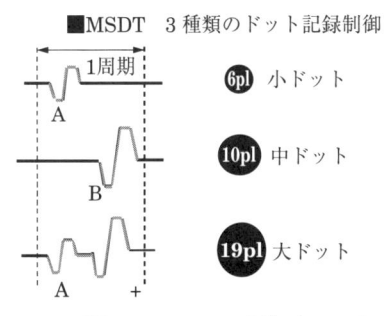

図14.11 MSDT制御イメージ

画後のメニスカスの振動を利用して次に続く中ドットの吐出量を増やせるためで，より広い幅でのドロップ量変調を可能にしている。ドット径変調の幅は設定しだいでさまざまにでき，製品と印画モードに応じて(4pl, 7pl, 11pl)，(3pl, 10pl, 19pl)など，さまざまな組み合わせが実現されている。

14.3 インクジェットプリンタの画像処理技術

エンドユーザへの説明がしにくいために，カタログスペックとして前面に出ることは少ないが，画質にきわめて大きなウエイトを占めるのが，画像データをもとに各色インクのドット配置データを生成するまでの画像処理技術である。通常のPC用プリンタではホストPC上のソフトウェアであるプリンタドライバがこの処理のほとんどを実行する。図14.12にデータ処理の流れを示す。RGBイメージ生成以降の具体的な処理項目には以下のようなものがある。

(1) 各色のインク量データへの色分解
(2) カラーマッチング
(3) ハーフトーニング

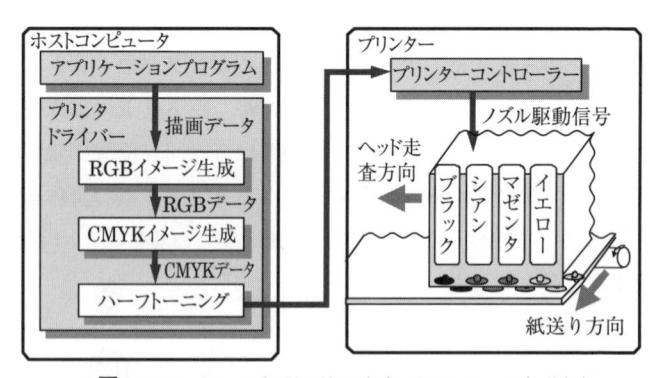

図14.12 データ処理の流れ(4色プリンタへの色分解)

14.3.1 インク量データへの色分解

インク量データへの色分解は，RGB色データをプリンタのインク量データに変換する工程である。インク量が決まれば出力色が決まるので，最終的

14.3 インクジェットプリンタの画像処理技術

にはここにはカラーマッチングも含まれてしまうことになるが，技術要素としては厳密なカラーマッチングを考慮しない色分解処理と，それを元にしたカラーマッチング工程に分けられる．

4色以上のインクを用いるプリンタでは，特定の色を再現するのに必要なインク量の組み合わせが一通りではなくなる．それでも4色ならば，シャドー部を中心にK(ブラック)の量を決めれば残りのC(シアン)，M(マゼンタ)，Y(イエロー)の量は一通りに決まるので，課題はKの最適化だけとなる．1995年ころのインクジェットプリンタでは，カラー出力であってもその中のグレーの部分などはKインクだけを用いて出力するのが普通であった．これにはインク消費量節約の意味もあるが，画質面では，C, M, Yの三色合成でグレーを再現するコンポジット方式では，グレーバランスを保つのが難しいことと，グレーの中に他の色のドットが見えるのをきらったためである．しかしKドットは他の色のドットより高濃度で，はるかに目立ちやすい．粒状性向上の観点からは，Kドットが目立つような明度の高い色ではKの使用は極力避けたいところである．そこで高濃度部以外ではC, M, Yの三色でグレーを再現する方式が徐々に採用されるようになった．もちろんグレー部だけの変更ではなく，他の色領域でもKドットが極力目立たないようにするため，その使い方をすべての色に対して最適化することが，画質向上に大きく貢献する．また，グレーの中に他の色のドットが目につくことがないように，ハーフトーニング手法を改善することとドット径を十分に小さくすること，グレーバランスのずれを小さくするためにプリンタの個体間ばらつきや経時変化を抑えること，などの改善も必要であった．通常の網点スクリーンを用いたオフセット印刷では，Kインクの量はかなり自由に設定できるので，それと同じ感覚で印刷の校正用に用いる目的などで，インクジェットプリンタに対しても自由なK設定を望む声は大きい．しかし，インクジェットプリンタの場合，不用意なKの使用は致命的な粒状性悪化につながるので，Kを自由に設定できるようにすることは簡単ではないというのが実状である．

4色プリンタの場合はKの量を決めれば残りのC, M, Yの量は一通りに決まるが，これにLC(ライトシアン)，LM(ライトマゼンタ)が加わった6

色プリンタでは，組み合わせの数は無限に膨らんでしまう。実際には，

- ・良好な粒状性（Kドットや濃インクドットが目立たない）
- ・にじみ特性
- ・メディアが受容可能なインク量を超えない。
- ・淡インクから濃インクへのスムーズな変化
- ・色再現域の拡大

などを考慮するが，淡インクの効果を最大限に発揮するには3次元色空間のどの地点においても最適な値が得られるようにする必要があり，かなり大変な作業となる。しかも最適値はメディアや印画モードによって異なるので，工数も必要になるが，そこまでやって初めてフォト画質が実現できたと言える。

14.3.2 カラーマッチング

カラーマッチングは，原画像の色とプリンタ出力色を一致させる作業である。図14.13に，インクジェットプリンタの色再現範囲の例を示す。図は染料インクで光沢紙に印画したときの例で，プリンタの色再現範囲のL*a*b*表色系でのL*=50断面図と3D俯瞰図である。また，同じ図にマイクロソフト社のWindows系OSなどで標準として採用されているsRGB表色系で，負の値を使わずに指定可能な色範囲を実線で示してある。sRGBはCRTに表示される色を表すには好適だが，その色範囲はインクジェットの色再現範囲とは大きくずれており，グリーン側ではインクジェットの色域が広く，マゼンタ側（レッドとブルーの間）ではsRGBの色域が広い。sRGBのカラー

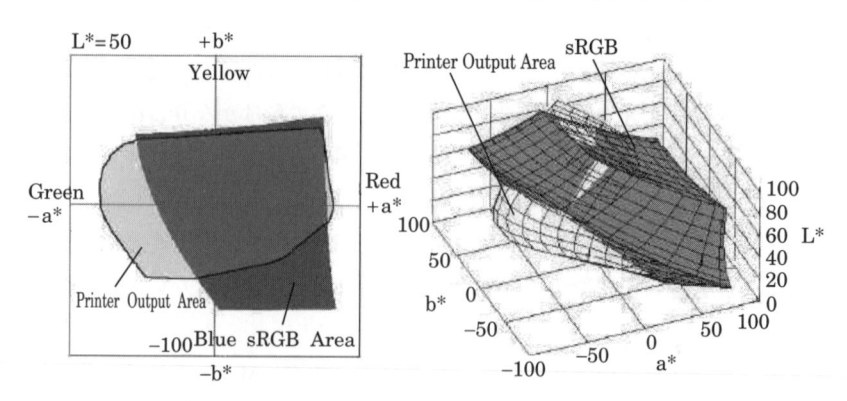

図14.13 インクジェットの色再現範囲

画像データをプリンタの色空間に違和感なく変換する作業は簡単ではなく，また，一つの手法ですべて人の要求を満たすことは不可能である。カラーマッチング手法については第3章に詳しいのでここでは多くは述べないが，高彩度グリーンなどではプリンタ出力は可能であるにも関わらず，sRGBではデータとして指定できない点は課題であり，OS側の対応を望みたい部分である。

インク量データへの色分解やカラーマッチングの精度を上げるためには，3次元のルックアップテーブル（LUT）を用意して，RGB3次元色データに対応するインクの組み合わせをメモリ上にテーブルの形で記憶させておく手法が有効である。しかし，すべての組み合わせを記憶するとメモリ量が膨大となるので，通常は間隔をおいた格子点上のデータだけをメモリに記憶しておく。その場合，中間のデータは補間演算などで求めるが，補間演算はかなり負荷の大きい処理なので今度は処理速度が問題となる。

14.3.3 ハーフトーニング

ハーフトーニングは，インク量データを実際のドットのオン/オフに置き換えていく処理である。インクジェットの孤立した1ドットでも安定して形成できる特徴を生かす処理としては，ドットが集中せずに分散して発生する分散型の組織的ディザ法や誤差拡散法が向いている。ドットが目立たないようにするためには，特定のパターンをもたずに，階調値に応じて均一にドットを分散配置すること，階調値の変化に応じてドットパターンがなめらかに連続的に変化することが重要である。最適なのは誤差拡散法だが，処理が重くなる上に，一般的な誤差拡散法には，ハイライト部でのドット分散性の劣化やドット発生の遅れ，尾引きなどという問題点がある。インクジェットプリンタの高画質化には，これらの問題を解決した新しい誤差拡散法の開発が重要な役割を果たした。図14.14は誤差拡散法の改良技術を示すもので，ドット発生の遅延を解消し，ハイライト部から良好なドット分散性と，疑似輪郭のないなめらかな階調変化実現している。図ではハイライト付近は階調値が特になだらかに変化するようなグラデーションパターンを選んであるため，通常誤差拡散法では疑似輪郭がはっきりと現れてしまっている。同じドット径であってもハーフトーン処理しだいでドットの目立ちやすさや粒状感

に大きな差が生じるのがわかる。その後もインクの6色化，ドロップ量変調技術などに対応するために，ハーフトーン技術は進化し続けているが，ノウハウ的な性質が強いため，その詳細がなかなか明らかにされない点が残念である。

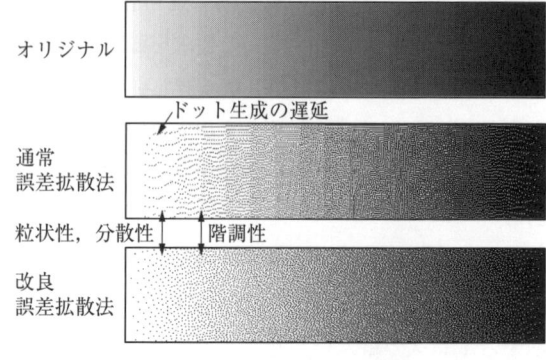

図 14.14　誤差拡散法の改良

14.3.4　バンディング低減技術

　印画ヘッドが紙搬送方向と直角方向に走査されるシリアル走査型の記録方式では，バンディングと呼ばれる走査ごとの繋目が画質を損なうことが多い。文字ではほとんど気にならないが，フォト画像の場合バンディングの発生は致命的で，実際にも昔のインクジェットプリンタではかなりはっきりしたバンディングが視認された。インクジェットプリンタでは，それに加えてノズルの飛行曲がりによっても横筋が発生する。また，マルチノズル化やノズルの高密度化が進むこともバンディングが発生しやすくなる要因となる。ドット自体は認識できないレベルになっても，これらの走査むらに起因する筋が生じてはまったく意味がなく，バンディングは高画質化が進むほど大きな課題となる。

　バンディング解消のためには，ノズルの物理的配置が何画素分か離れているのを利用して，その空間をなるべく特異的な繋目が生じないように徐々に埋めていく印画方式や，1回の走査でライン上の全画素を印画せず，数回に分けて異なるノズルで印画する，などの対策を各社が行っており，高画質のモードでは1ラインを4回以上にも分けて走査することがある。これらの手法により，シリアル走査方式でありながら，バンディングがほとんど感じられない出力も可能になった。ただ，複数回に分けた走査は速度低下につながるので，画質優先，速度優先などの複数のモードを用意して使い分けること

が多い。また，ノズルの飛行方向精度やメカのヘッド走査精度および紙搬送精度などの影響も大きく，これらの精度が良いほど，分割走査回数を少なくできる。

14.3.5 ソース画像最適化技術

　人間の目はCRT上の画像に対しては，非常に広い許容範囲をもっている。これは脳がコントラストなどを自動的に補正してくれるためと考えられるが，それがプリンタ出力されたハードコピーになったとたんに許容範囲が極めて狭くなってしまう。現実に出回っている画像データは最適化されていないものが多く，個別にレタッチしないと冴えない出力になりがちである。この問題の解決を図ったのが，絵ごとに階調レベルや彩度を自動最適化する機能で，これによりユーザがフォトレタッチソフトに習熟していない場合や，多量の画像データを扱わなければならないときでも，手軽にきれいな出力結果が得られるようになった。この技術はソース画像データー自体を最適化しようとするものであり，インクジェットプリンタに限定される技術ではないが，インクジェットプリンタの普及とともにその必要性が増し，発展してきたといえる。最近では先鋭度の向上や，低解像度データを拡大したときに斜め線などに生じるギザギザ（ジャギー）の解消，デジカメ画像に多い色ノイズの除去など，さらに多くの機能が追加されて高性能化しており，インクジェットプリンタの普及におおいに貢献した技術と言えるだろう。

第15章

サーマルプリンタ

富士写真フイルム株式会社　勝間伸雄

15.1 はじめに

サーマルプリンタは，簡単な構成でメンテナンスが容易なため，ファクシミリ，ワープロ，POSなどに広く応用されている。

カラーサーマルプリンタは，1980年代はじめ，電子スチルカメラの登場と前後して民生市場に投入された。

その後，電子スチルカメラはディジタル化され，高画質化，高画素化によって，プリントアウトしても鑑賞に耐える画質を得た。携帯電話にも「ディジタルカメラ」が内蔵され，ディジタル画像データはどこにでもあるものとなった。

ディジタル画像データの普及とともに，プリントアウト手段としてカラープリンタが活性化した。プリクラに代表されるアミューズメント機器，店頭でのディジタルカメラプリントのような小型分散処理機器には，廃液処理の不要なサーマルプリンタが受け入れられ，広く普及している。

15.2 サーマルプリンタの基本構成

カラーサーマルプリンタはプリント材料の形態で大きく二つに分類できる。
・感熱転写方式（溶融，昇華）
・直接感熱発色方式

15.2.1 感熱転写方式

感熱転写方式はインクリボンを受像紙に密着させ，サーマルヘッドの熱でインクを受像面に転写するものである（図15.1）。インクには溶融転写方式（図15.2），昇華転写方式（図15.3）がある。昇華転写方式は比較的簡単に濃度階調を表現できる。

転写方式カラープリンタのインクリボンにはイエロー（以下Y），マゼンタ（以下M），シアン（以下C）の3色が順に印刷されており，プリント動作ではこの3色を順に転写し重ね合わせてフルカラーを実現している。

ペーパーの受像層に転写されたインクは露出しているため，画像の耐久性（褪色性，耐薬品，擦過性，再転写性等）が劣るのが欠点であったが，1999年頃3色印画した後オーバーコート層（OC層）を転写する昇華型プリンタが商品化され，画像耐久性が改善した（図15.4）。

15.2.2 直接感熱発色方式の構造

一方，直接感熱発色方式は，ペーパー表面にあらかじめ設けられた感熱発色層をサーマルヘッドの熱によって発色させるものである。使用済み廃材が出ないという特長があるため，FAXやワープロ，ATM（現金自動預け払い

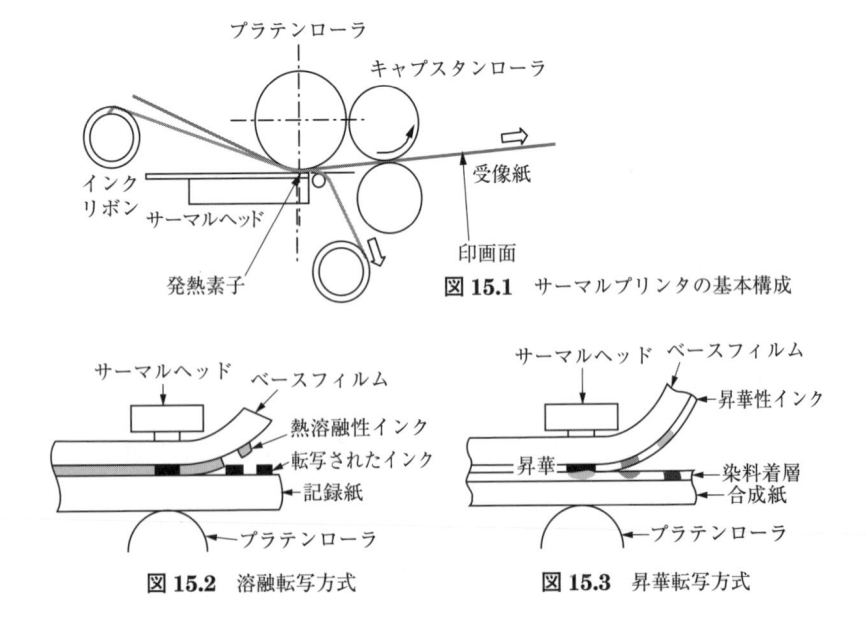

図 15.1 サーマルプリンタの基本構成

図 15.2 溶融転写方式

図 15.3 昇華転写方式

15.2 サーマルプリンタの基本構成

機），ハンディターミナルなどに広く普及している。

従来，直接感熱発色方式は単色もしくは2色印画しかできなかったが，1994年に富士写真フイルムがTA（Thermo-Autochrome）方式を発表し，直接感熱型フルカラープリントシステムを商品化した（図15.5，15.6）。

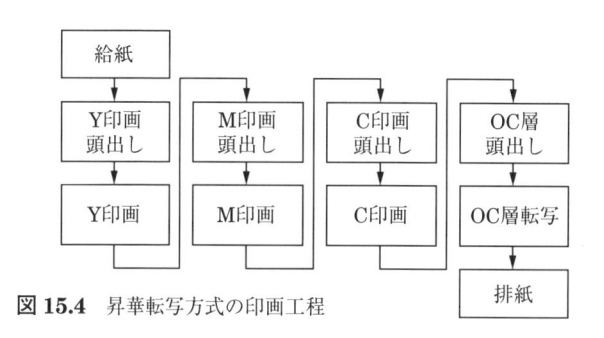

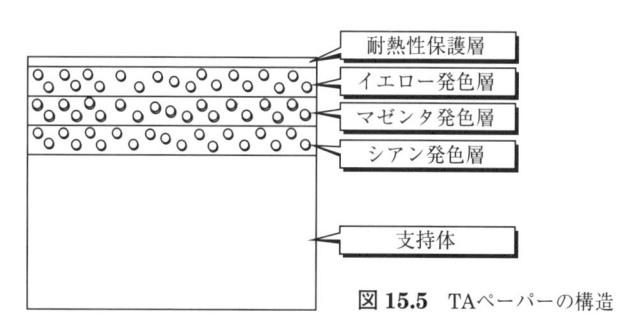

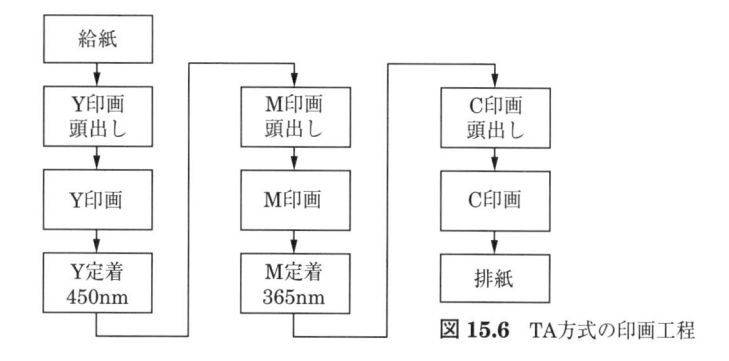

図 15.4 昇華転写方式の印画工程

図 15.5 TAペーパーの構造

図 15.6 TA方式の印画工程

15.3 サーマルヘッドの構成

フルカラーサーマルプリンタは，図15.7に示すような形状のサーマルヘッドによってペーパー幅方向に1ラインの画像を書き込み，ペーパーとヘッドを相対移動させながら1画面を書き込む。ペーパーの幅方向を主走査方向，ペーパーの搬送方向を副走査方向と呼んでいる。

サーマルヘッドは発熱素子が形成されているセラミック基板部分と，複数の発熱素子の通電制御する電気回路部分から構成されている。

図15.8は，昇華，TA方式でよく使用されているエッチンググレーズタイプヘッドのセラミック基板近傍を拡大したものである。セラミック基板上にグレーズ層が形成され，その上に発熱体と電極がスパッタ等で形成されている。さらにその上に耐摩耗性保護膜が形成されている。

この中でグレーズ層は熱絶縁層であり，温度の応答性に大きな影響を与える。プリント品質では，濃度変化部分での波形の鈍り，尾引き現象，細線再現性がグレーズ層の形状の影響を受ける。

グレーズ層の厚みは$50\mu m \sim 200\mu m$のものが多く使われている。グレーズ層の薄いものは熱の応答が良いが，エネルギー効率は悪い。その逆に厚いものはエネルギー効率が良くなるが，熱の応答は悪くなる。

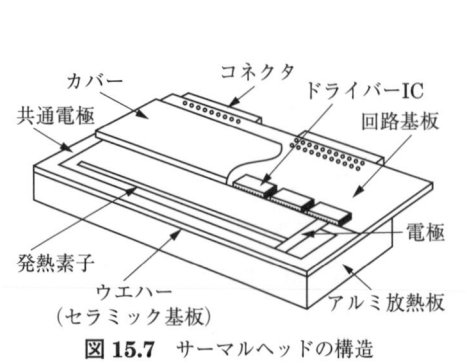

図15.7 サーマルヘッドの構造

図15.8 発熱素子近傍拡大図

発熱素子はグレーズ上に一列に複数個形成されており，発熱素子の上に形成されたアルミ電極によって共通電極（電源）とドライバICに接続されている。

15.3.1 ドライバ回路

ドライバ回路は，グレーズ上に主走査方向に並んでいる発熱素子を選択的に通電させるための回路である（図15.9）。

発熱素子 r_1 から r_n の通電，非通電に応じたデータ D_1 から D_n をシフトレジスタに転送する。このデータとストローブ信号のANDが1の状態で，発熱素子が通電加熱される。

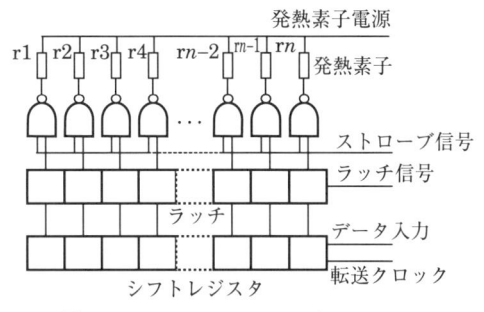

図15.9 シリアルデータ入力型ヘッドのドライバICブロック図

15.3.2 印加データの生成とデータ転送

図15.10は，シリアルデータ入力形ヘッドに送る印加データを生成する回路の一例である。

ラインメモリに転送されている画像データと階調値を比較し，画像データが階調値と等しいかまたは大きい場合に発熱素子を通電するデータを生成する。画像データが8bitであれば，階調値は0から255まで変化させる。

図15.11は，128階調の画像データを印画するときの波形を示している。

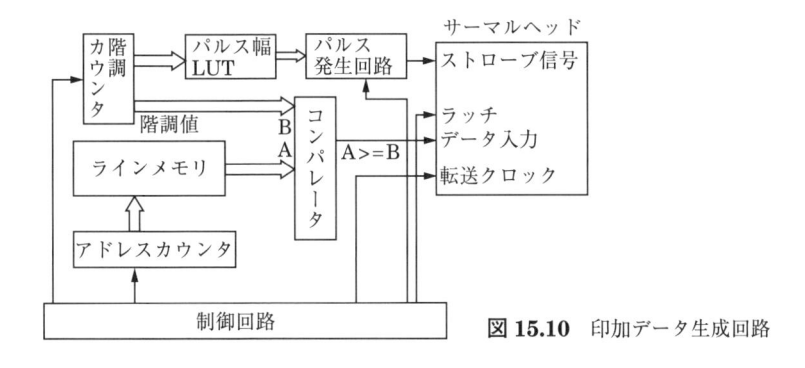

図15.10 印加データ生成回路

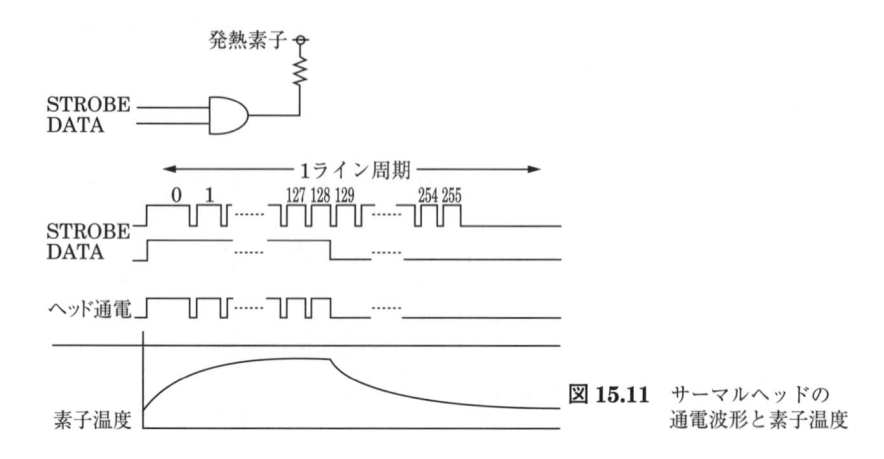

図 15.11 サーマルヘッドの通電波形と素子温度

15.3.3 データ転送の高速化

はがきサイズのプリントを12ドット/mm，256階調，1色あたり4秒で印画すると，画素数は主走査1792ドット×副走査1200ラインなので，1ラインあたりの転送時間が2.5ms以内，1階調あたりでは約10μsで完了している必要がある。

一方，データ転送周波数を16MHzとすると，1階調分1792個のデータを転送するためには100μs以上の時間を要するので，目標のプリント時間が達成できない。

そこで，シフトレジスタを複数グループに分割し，グループごとにデータ入力端子を設ける。たとえば，例としてあげたヘッドのシフトレジスタを64ドット単位で28分割すると，転送は4μsで完了する。データ入力信号線の本数が増え，印加データ生成回路が複雑になるという欠点があるが，高速印画が可能になる。

高速転送を実現する別の方法として，階調機能付きドライバICがある（図15.12）。

これは，サーマルヘッド上のドライバに8bitの画像データを転送し，ドライバ側で中間調の印画ができるよう制御するものである。

シフトレジスタの画像データをダウンカウンタにロードし，階調クロックによってダウンカウントさせる。カウンタのBORROW信号が出るまで発熱

素子が加熱される。加熱データ生成回路を発熱素子一つにつき1回路持っていることになる。

この方式のドライバICを使うと1回のデータ転送で256階調が表現できる。500階調〜1000階調以上の高分解能な印画方法も提案されており、階調機能付きドライバICは高速印画のために非常に有効な手段である。

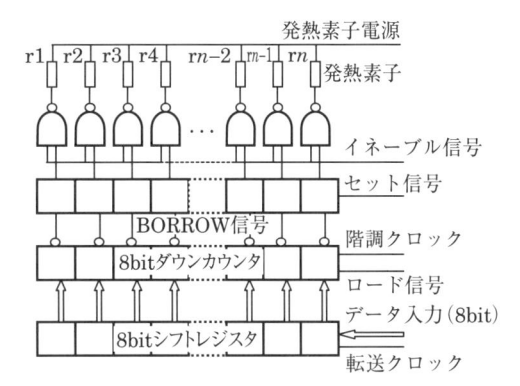

図15.12 階調機能付きドライバICブロック図

しかし、ドライバICが大型化するためコストアップが避けられない。

もうひとつの方法として、重み付け加熱方式がある。

これは、加熱パルス幅の比を

$$1:2:4:8:16:32:64:128$$

というように画像データのbitの位取りと対応付けし、8回のデータ転送で256階調を表現するものである（図15.13）。

この方式では図15.9の安価なシリアル入力ヘッドが利用できる。また加熱データの生成回路は図のように簡単な構成でよい。

このような単純な2進数の重み付けでは、桁上がり時の濃度の不連続とい

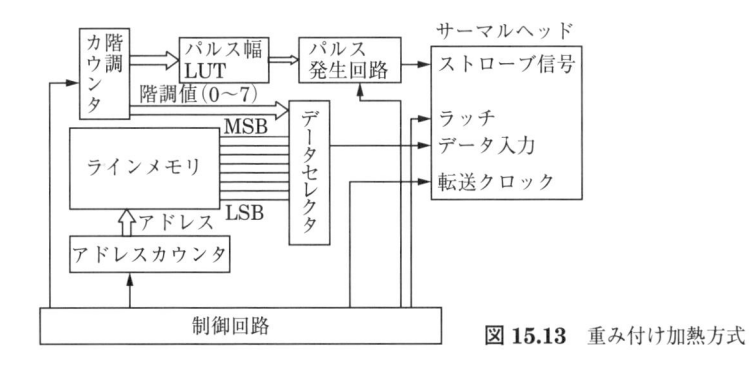

図15.13 重み付け加熱方式

った問題が発生することがあるため,パルスの順番を入れ替える方式,データ転送量は増えるが重み付けを2進数ではなくn進数にする方式,長短2種類のパルス幅で表現する方式等提案されている。

15.4 サーマルプリンタのむら補正

感熱プリンタでは,ヘッド－ペーパー間のインターフェース部分に外乱要素があるため,均一なグレーを印画しようとしても濃度むらが発生する。

むらの発生原因を抑えられないものは,印画の際に加熱エネルギを調整して,見かけ上,むらが目立たないよう補正処理を行う。

人間の眼は0.6ODのグレーの中の0.003ODの濃度変化を検知できることが知られている(図15.14)[1]。

サーマルプリンタでこのような濃度変化を再現することは困難であるが,補正処理の誤差が検知限を超えないよう1000階調以上の分解能で通電時間を制御できるようにする。

以下に補正処理の主なものを説明する。

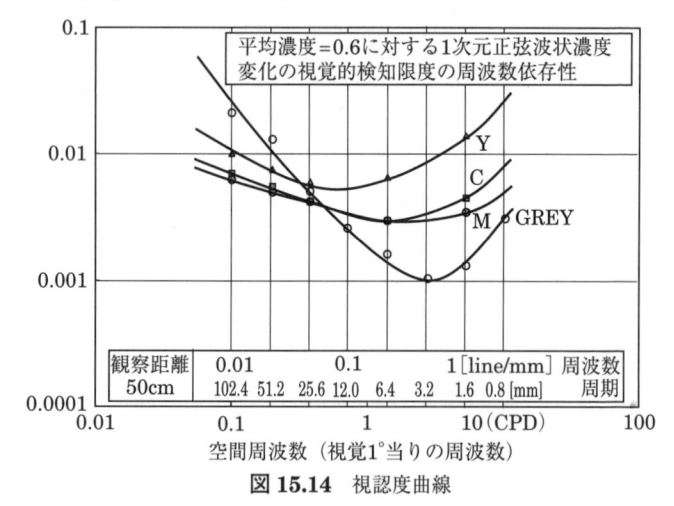

図 15.14 視認度曲線

15.4.1 ヘッドの蓄熱と熱拡散の補正

サーマルプリンタは発熱素子の熱でインクを転写あるいはペーパーを発色

させているが，発生した熱の大部分はサーマルヘッド自身に伝わって蓄熱しサーマルヘッドの温度を上昇させる。印画中はサーマルヘッドに蓄熱しているエネルギーがペーパーに伝わり発色に影響する。

したがって，印画開始時の蓄熱していない状態では濃度が低く，蓄熱が進むにつれて濃度が高くなる。また濃度の変化部分では立ち上がりの鈍り，熱尾引きが生じる。

発熱素子の熱はグレーズ，セラミック基板の中で拡散し隣接するドットに伝わるので，エッジ部分がぼやける。

このようなヘッドの蓄熱による濃度の変動，熱拡散による画像のボケを改善するために補正が行われている。

ヘッド電圧補正（図15.15）は，サーマルヘッドヘッドに取り付けたサーミスタでアルミ板周辺温度を測定し，温度に応じて供給電力を調整する。アルミ板温度の応答時間は10秒前後あり，非常に遅いので画面内の濃度補正には使わないことが多い。

ドット補正（図15.16）は，周辺の画素が注目画素に与える影響を実験的に求め画像データを補正する。プリンタによっては輪郭補正処理も兼ねるため，未来のデータも参照する。参照する範囲が大きければ大きいほど補正効果は良くなるが，演算量の増大，ワークメモリの大型化などを招き，10ライン程度の参照が

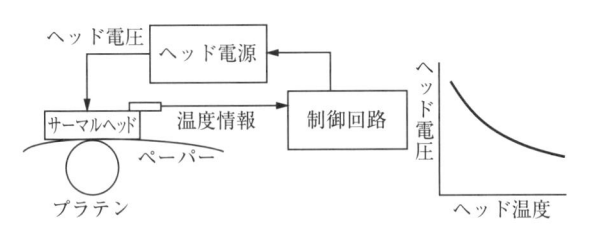

図 15.15 ヘッド電圧補正

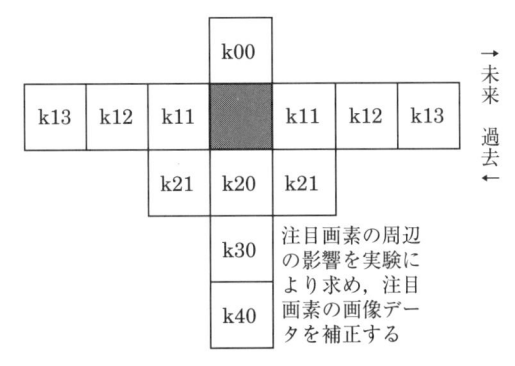

図 15.16 ドット補正

限界である。

　この二つの熱補正の周波数特性を示すと，図15.17の実線のようになる。補正がかからない領域については，1ライン内でのヘッド全体の加熱ドット数から蓄熱量を予測して，画像データを補正している（破線の領域）。

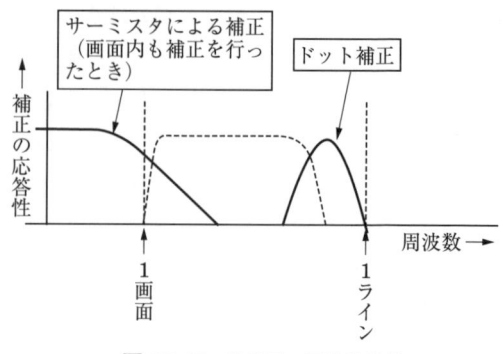

図 15.17　熱補正の周波数特性

　印画速度を高速化すると，ドット補正の参照すべき領域が広くなり破線の領域にまで及び，この補正方式ではハードウエアの規模とコスト面で非現実的になってきた。

　そこで，サーマルヘッド内で起きている蓄熱，拡散現象を演算によって再現し，補正量を求めることが考えられた（図15.18）。

　サーマルヘッドを複数の蓄熱層の集まりと考え，蓄熱層間の熱の伝達と主走査方向への熱拡散を演算で求める。ここではグレーズ層を蓄熱層1，セラミック基板を蓄熱層2，アルミ板を蓄熱層3として考える。

　発熱素子の熱エネルギーは，ペーパーに伝わる成分とグレーズに蓄熱する成分に分かれる。蓄熱する成分は蓄熱層1に記憶される。

　1ライン後，蓄熱層1から出て行くエネルギーは，ペーパーに伝わる成分と蓄熱層2に伝わる成分に分かれる。

　同時に，蓄熱層1には蓄熱層2から伝わってきたエネルギーが入力される。

　ペーパーには，今現在発熱素子が発生している熱エネルギーの一部と，前ラインまでの印画によって蓄熱したエネルギーの一部が合成されて供給される。

　印画動作中に毎ラインごとに蓄熱層から供給されるエネルギーを演算し，発色に必要な供給エネルギーから差し引きサーマルヘッドに印加するエネルギーを求めている。

　深さ方向の演算と同時に，主走査方向の熱拡散の演算も行っている。
蓄熱層の中の1画素分のエネルギーは，1ライン後には隣接ドットに拡散し

図 15.18 ヘッドの蓄熱モデル

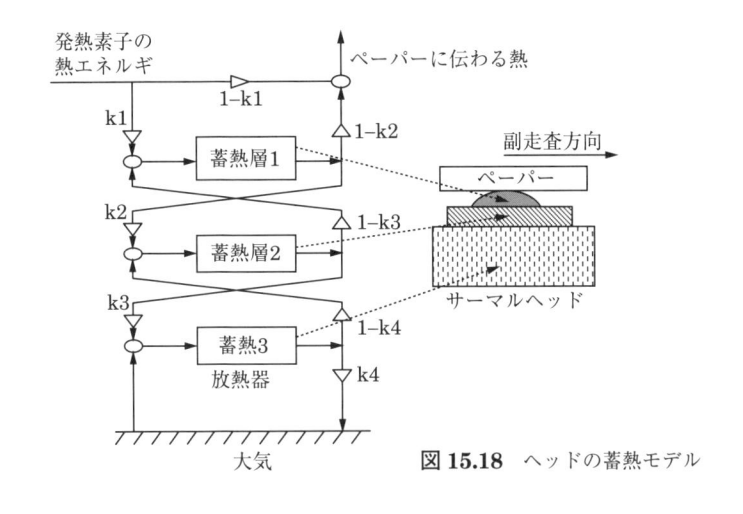

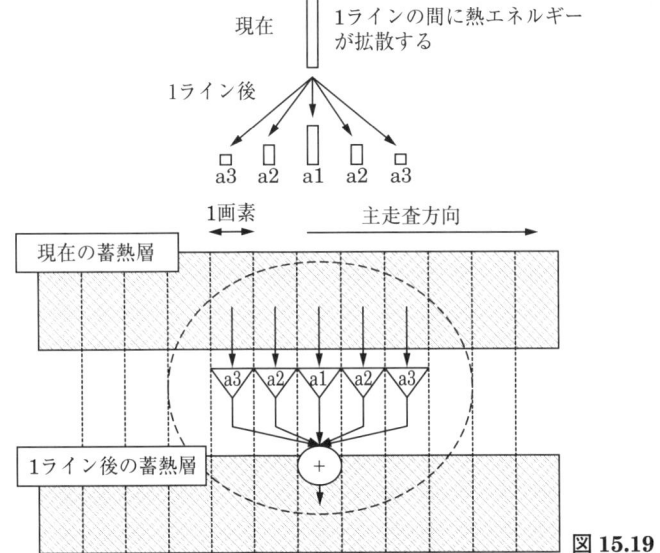

図 15.19 熱拡散の計算

ている。

蓄熱層を主走査方向に見て熱拡散の演算を行う。演算の内容は，1ライン分の時間で熱が拡散する形状をまねた係数のフィルタ演算である（図15.19）。

15.4.2 発熱素子抵抗ばらつきの補正

発熱素子間で抵抗値のばらつきがあると，素子間で発熱のばらつきが発生し，筋状の濃度むらが現れる。このむらを目立たなくするため，あらかじめ各発熱素子の抵抗値を測定しておき，各発熱素子のエネルギが等しくなるよう通電時間を補正する。

発熱素子の抵抗値は，サーマルヘッドメーカーの製造工程の中で測定したデータを，サーマルヘッドに添付した形で受け取れる。この抵抗値データをプリンタ内部に記憶させて抵抗値ばらつきを補正する。

ところがサーマルヘッドには，使っているうちに発熱素子抵抗値が変動する特性がある。抵抗値変動には画像データ依存性があり，全素子が一様に変動するものではないので，濃度むらを発生する。

このような経時による抵抗値変動に対応するため，サーマルヘッドの抵抗値を測定する機能を内蔵し，フィールドでの抵抗値測定を可能にしたプリンタがある。測定方法は以下のとおりである[2]。

ヘッド電源に並列に接続されたコンデンサの電荷を，発熱素子によって放電させ，放電に要した時間 t を計測する。既知の抵抗 R_0 で放電させたときの時間を t_0 とすれば，注目発熱素子の抵抗値 R は t と t_0 の比と R_0 から求められる。なお，サーマルヘッドによっては抵抗値トリミングを行ってから出荷しているものがあり，抵抗値補正の必要がない場合もある。

15.4.3 グレーズばらつきの補正

抵抗値のばらつきを補正しても，主走査方向のむらは残る。これは，グレーズ層の厚みと幅，セラミック基板のゆがみなどが原因として考えられる。しかし，こういった要因をプリンタの工程内で非破壊で測定することは困難である。

そこで，実機でプリントしたサンプルの濃度むらを測定し，むらを打ち消す補正データを作る。

15.4.4 印画率の補正

サーマルヘッドの電源の内部抵抗，配線の抵抗があるため，発熱素子に通電すると電圧降下が生じる。電圧降下の大きさは通電する素子の数によって変化する。したがって，通電ドット数が少ないときに比べ通電ドット数が多

いときには電源電圧が低くなり，濃度が低くなってしまう。

通電ドット数と電圧の変動量はおおむね比例するため，簡単に補正できる。ただし，印画率の変化部分での電源回路の過渡応答中は，この方法では補正できない。電源回路の単体の特性を改善して，むらの発生を抑える。

15.5 サーマルプリンタの画像処理

サーマルプリンタの画像処理の流れは次のようになっている。

画像データの読み込み
↓
解像度変換（拡大・縮小）
↓
色，階調変換（セットアップ）
↓
色，階調変換（プリントデバイス対応）
↓
プリンタエンジン部への画像出力

15.5.1 色，階調変換

ディジタルカメラなどの画像データを印画するときには，データをそのまま印画するのではなくシーンに応じて，より好ましい方向に補正を加える。

オリジナルの画像に対して補正すべき内容としては，次のようなものがある。

(1) カラーバランス補正：（人工光源色かぶり，カラーフェリア）
(2) 濃度・明るさ補正：（逆光つぶれ，アンダー/オーバー露出）
(3) コントラスト補正：（ねむたい絵，ハイコントラストシーン）
(4) 彩度補正
(5) 像構造：（シャープネス補正，ノイズ低減）

これらの補正が必要なシーンを画像データの解析によって自動的に見分け，それぞれに最適な補正を行うことがプリンタの付加価値となる。このような画像補正処理のことを一般的にオートセットアップと呼んでいる。処理方法としては，RGBもしくは輝度，色差ごとのヒストグラム分析によ

るカラーバランス補正，明るさ補正，階調補正，および像構造に関する補正はフィルタ処理が中心となる。また，主要部推定やシーン分析による色や濃度補正のアルゴリズムは効果的である．

これらの補正の実体は，次に述べるプリントデバイス対応の3D-LUT処理に合わせて行われることが多い。

15.5.2 プリントデバイス対応

TA方式では，各色の熱記録感度カーブがオーバーラップしているため，Yの高濃度域では若干のMが発色する。またMの高濃度域では若干のCも一緒に発色し，色相が変わってしまう。この現象を混色と呼ぶ。

昇華転写方式では，受像層に一度転写したインクが次の色のインクリボンに転写するため濃度が変化する。これを再転写と呼ぶ。

この混色および再転写の対策には，3次元LUT(3D-LUT)の手法が有効である[3]。この3D-LUTは，RGBの入力信号からYMCの印画データに1対1の変換ができる参照テーブルで，自由度が非常に大きく，様々なカラーコントロールを緻密に行うことが可能である。

従来は3D-LUTをマスクROMにしてプリンタに内蔵していたため高級機種にしか実装できなかったが，近年はCPUの能力が高くソフトウエアでの処理が可能になった結果，ローエンドの機種にも搭載できるようになった。処理の一例をあげると以下のようになる[4]。

RGB空間内に適当な節点，たとえばRGBをそれぞれ32分割する節点でRGBからYMCへの変換を定義する。入力画像データを囲む節点8点のデータから，補間処理によって対応するYMCデータを求める。この方法では節点データが33の三乗個なので約100kバイトに収まる。

プリントシステムの画像処理アーキテクチャーをまとめると図15.20のようになる。

サーマルプリンタは，画質の良さ，取り扱いの容易さから市場が拡大していくものと考えられる。今後は，画質のさらなる改善に加え，現状では他方式に劣っているエネルギー効率の改善，廃棄物の低減等環境配慮設計がポイントとなるであろう。

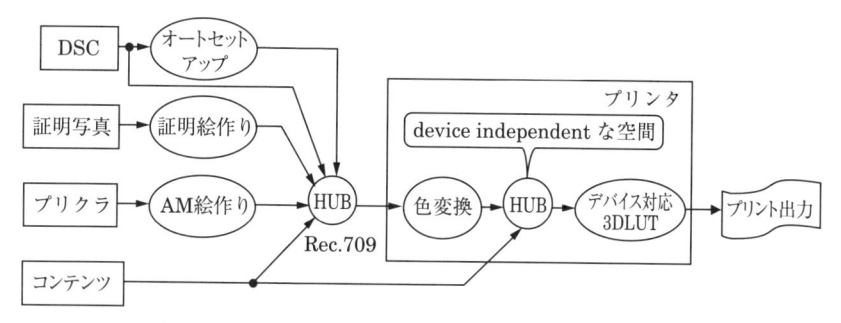

図 15.20 プリントシステム画像処理アーキテクチャー例

参考文献

1) 卜部仁：テレビジョン学会年次大会，pp.421-424（1993）．
2) 公開特許公報　特開平6-79897
3) 福田浩司，勝間，岩崎弘幸：日本写真学会誌60(6)，pp.360-363（1997）．
4) 公開特許公報　特開2001-160134

第IV部

通信系デバイスおよび蓄積系デバイスと画像・信号処理

第16章 カラーファックス
第17章 マルチファンクション・プリンタ（MFP）
第18章 携帯電話用カメラモジュールの技術動向
第19章 ネットワークカメラ
第20章 光ディスク

第16章

カラーファックス

シャープ株式会社　山田英明

16.1 はじめに

　カラーファックスは，1999年に国内初の国際標準準拠の製品が発売されて以来，現在まで多数商品化されており，カラーディスプレイつきのもの，MFP (Multi Function Printer) にカラーファックス機能を搭載したもの，パソコンのアプリケーションソフトなど，いろいろな形態のものがある。また，日本以外にも台湾や米国の企業も国際標準準拠のカラーファックスを生産しており，日本ではCIAJ（情報通信ネットワーク産業協会）が，米国ではMFPA (Multifunction Products Association) という任意団体が，それぞれ相互接続試験を行っている[1],[2]。

　カラーファックスのデバイスとしての独自性は，符号化されたカラーの静止画像を，公衆回線を通して送受信するところにある。つまり，カラーファックスはモノクロファックスと異なるデバイスではなく，モノクロファックスにオプション機能を付加したものという位置付けである。したがって，通信プロトコルはモノクロファックスのものと基本的に同じあり，符号化方式だけが異なると考えればよい[3]。符号化方式はJPEGベースラインが基本で，規格上はオプションの符号化方式も用意されている。

　カラーファックスの標準色空間には，異なる機器間での色再現性を確保するため，デバイス・インディペンデントなものが使われている。装置を構成するスキャナやプリンタは標準の適用外であるため，内部では機器特有の色空間を使用してよいが，送信するときには標準色空間に変換しなければなら

ない。

ところで，カラーファックスの実際の使用シーンを考えると，写真などの自然画像ばかりでなく，カタログや雑誌などのドキュメント画像も多く送信されると考えられる。

このとき問題となるのは，文字の周りのノイズが目立つことである。これは，高周波成分の多い文字領域も基本符号化方式であるJPEGベースラインで圧縮されるので，その部分にモスキートノイズが多く発生するためである。

このことを解決するために，規格上はオプションで可逆符号化や領域ごとに適切な符号化を使用できる仕組みが用意されている[4]。しかし，処理に必要なメモリ容量が大きいという欠点があり，受信側にも対応が必要なため，実際に搭載するのは難しい。そこで，JPEGベースラインの符号化処理を改良するだけで，復号側の改良を要求せずに，モスキートノイズを削減できる方式が提案されている[5]。この技術を使えば，すでに市場に出ているカラーファックスに対して高品質なドキュメント画像を送信することができる。

以下の章では，カラーファックス独自の技術を解説するために，典型的なカラーファックスのシステム構成の説明から入り，カラーファックス特有の色変換，符号化の順に解説していく。

16.2 カラーファックスのシステム構成

図16.1は二つの典型的な形態のカラーファックスの間でカラー画像を送受信するシステム構成とその信号処理の流れを表している。

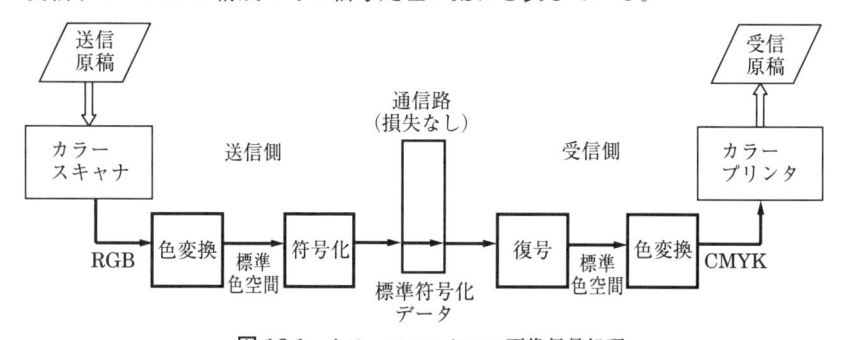

図 16.1 カラーファックスの画像信号処理

送信側では，カラースキャナから原稿がカラーのデジタル画像として取り込まれるが，取り込まれる原稿が同じであっても，出力されるRGB信号の値はスキャナによって異なっているため，送信に当たってはRGBで表された画像データはデバイス・インディペンデントな標準色空間で表された画像データに変換される．次に，この標準色空間で表された画像データはJPEGベースラインなどの標準符号化方式によって圧縮され，通信路に送信される．

受信側では，受信された符号化データが復号され，標準色空間で表された画像データになり，それがCMYKなどのプリンタ特有の色空間に変換されて印字される．

ところで，ファックスには主に電話回線を使用するG3ファックスやISDNを使用するG4ファックスなどがある．これらの端末特性と通信プロトコルは国際標準化機関であるITU-T (International Telecommunication Union - Telecommunication Standardization Sector)で標準化された勧告に従っており，カラーファックスも表16.1に示すG3ファックスまたはG4ファックスの勧告に従っている．ただし，JPEGベースラインを始めとするカラーファックスの標準符号化方式は，モノクロファックスの符号化方式のMH，MRにあるようなエラー耐性が必須となっていないので，G3ファックスでのカラー画像送信では，ECM (誤り再送)が必須となっている[6]．

また，送信される画像の解像度に関しては，モノクロのG3ファックスではスタンダードモード(主走査8画素/mm，副走査3.85ライン/mm)などの縦横で異なる解像度が採用されているが，カラーファックスでは縦横同じ解像度が基本で，200dpiが基本値，100dpi，300dpi，400dpiなどがオプションとなっている．ただし，G3ファックスにおいては，ファインモード(主走査8画素/mm，副走査7.7ライン/mm)の解像度だけは200dpiと同等と見なされ，解像度変換をせずに使用することができる[6],[7]．

表16.1 ファックスを規定するITU-T勧告

ファックス	端末特性	通信プロトコル
G3 (電話回線)	T-4	T-30
G4 (ISDN)	T-563	T-503

以上，カラースキャナとカラープリンタを装備した装置でカラーファックスの信号処理の概略を説明した。しかし，必ずしも入出力デバイスは必要なものではない。つまり，自力で色変換や符号化をしなくても，標準色空間で表され，標準符号化方式で符号化されたカラー静止画像データをファックスの通信プロトコルに従って送受信できるものはすべてカラーファックスと呼ぶことができる。

16.3 標準色空間

現在では，カラーファックスに採用されている標準色空間にはCIELABとsYCCの2種類がある。それぞれの特徴は表16.2のようにまとめられる。

ITU-Tへの提案活動を行う国内委員会である画像電子学会カラーファクシミリ検討会において標準色空間の検討が開始された当時は，カラーファックスは閉じた世界のハードコピー装置として検討されたため，他のアプリケーションとの互換性は考慮されず，色の表現可能範囲が広いCIELABが唯一の標準色空間として採用された[8]。

その後，カラーファックス市場の活性化のための活動を行う国内委員会であるCIAJカラーFAX-SWGにおいて，デジタルカメラで撮影された画像をカラーファックスから送信することが検討された。その結果，sYCCを符号化の色空間として使用すれば，撮影された画像に対して色変換，復号，符号化などの重い処理をせずにそのまま送信できることから，sYCCをカラーファックスのもう一つの標準色空間とすることが提案され，2003年7月からG3ファックスで採用されることになった。

二つの色空間の棲み分けとしては，色域の違いから，CIELABはプリンタ（ハードコピー）用，sYCCはディスプレイ（ソフトコピー）用となってい

表 16.2　標準色空間の比較

色空間	規格	想定しているデバイス	採用しているファックス	元の用途	色変換の演算式	他のアプリケーションとの互換性
CIELAB	ITU-T T-42	プリンタ	G3, G4	測色	非線形	なし
sYCC	IEC 61966-2-1	ディスプレイ	G3	画像圧縮	線形	あり

る。両者に必須とオプションの関係はなく，どちらか一方だけ搭載してもよい。

歴史的にはCIELABが先に採用されたため，2003年までに発売されたカラーファックスはCIELABのみを搭載しているが，WWWブラウザなどのサービスのために，カラーディスプレイを搭載したファックスが商品化されていることから，今後はsYCCだけを搭載したカラーファックスも出現してくることが予想される。

16.3.1　CIELAB

CIELABは，CIE（国際照明委員会）により定められた色空間で，測定器で測定できる心理物理量である。また，輝度軸L*と二つの色差軸a*，b*からなる輝度色差分離型の色空間で，a*軸のマイナス方向は緑，プラス方向は赤，b*軸のマイナス方向は青，プラス方向は黄色に対応しており，a*軸，b*軸とも0の点は無彩色を表している。また，CIELABは均等色空間と呼ばれ，色空間上の任意の2点の距離の差が知覚的に感じる色の差になるべく比例するように設計されている[9]。

CIELAB自体はアナログ量で，送信にあたってはデジタル化する必要があるため，その方法はITU-T勧告T.42で規定されている[10]。デフォルトの8ビットモードでは式16.1により0～255にマッピングされる。

$$\begin{aligned} N_L &= [255/100] \times L^* \\ N_a &= [255/170] \times a^* + 128 \\ N_b &= [255/200] \times b^* + 96 \end{aligned} \qquad (16.1)$$

16.3.2　CIELABの色変換

CIELABは同じくCIEにより勧告化されているXYZ表色系が基本になっている。XYZ表色系は，人間の目が感じる刺激値そのものに対応するのに対し，CIELABは物体色を表すために作られたもので，光源（白基準）が決まらないと一意に決まらない。

RGBからXYZへの変換は，ガンマ変換と線形演算の組み合わせで実現できるが，XYZからCIELABへの変換は式16.2で表されるように，非線型項が入っており，演算負荷が大きい。

$$L^* = 116\,(Y/Y_n)^{1/3} - 16$$
$$a^* = 500\{(X/X_n)^{1/3} - (Y/Y_n)^{1/3}\} \quad (16.2)$$
$$b^* = 200\{(Y/Y_n)^{1/3} - (Z/Z_n)^{1/3}\}$$

ここで，X_n，Y_n，Z_n は白基準の XYZ の値である．ITU‑T 勧告 T-42 では，白基準としては印刷の分野で標準になっている D50 光源が採用されている．

高速に色変換を行うには，RGB から CIELAB への変換値をテーブルに入れておく方法が考えられる．しかし，すべてのテーブルを用意するとなると，メモリ容量が膨大になるため現実的ではない．

そのため，代表点の値のみをテーブル参照する方法が使われることが多い．ただし，代表点の算出は RGB のビット精度を落とすだけでよく，高速に演算できるが，擬似輪郭が目立つなど画質が落ちる欠点がある．

16.3.3　sYCC とデジタルカメラ送信

sYCC の基となる sRGB は，IEC（International Electrotechnical Commission）によって定められたモニタ用の色空間の国際規格で，モニタのほかにデジタルカメラやカラープリンタなどの異なるパソコン用周辺機器での色再現性を高めることを目的としている[11]．階調精度は 8 ビットであるが，色域は CRT ディスプレイの特性に合わせてあるため，プリンタが表現可能な領域を十分カバーできていない．

sYCC は，sRGB を入力値として RGB から YCbCr への変換をした色空間である．RGB から YCbCr への変換は ITU‑R（International Telecommunication Union‑Radiocommunication Sector）勧告 BT-601 で規定されており，式 16.3 で表される単純な 3×3 のマトリックス演算である[12]．

$$\begin{pmatrix} Y \\ C_b \\ C_r \end{pmatrix} = \begin{pmatrix} 0.299 & 0.587 & 0.114 \\ -0.169 & -0.331 & 0.500 \\ 0.500 & -0.419 & -0.081 \end{pmatrix} \begin{pmatrix} R \\ G \\ B \end{pmatrix} + \begin{pmatrix} 0 \\ 128 \\ 128 \end{pmatrix} \quad (16.3)$$

YCbCr は変換の演算が軽いため，JPEG や MPEG などの画像圧縮で幅広く利用されてきたが，入力値の RGB 色空間に規定がなかったため，色再現の精度を保証できなかった．

sYCCは入力色空間をsRGBとすることにより，この問題を解決しただけでなく，0～255の範囲を超える入力値を認めたことにより，sRGBと比べて色域が大幅に広がっている。このため，JEITA（電子情報技術産業協会）によって規格化されたデジタルカメラのファイルフォーマットのExif（Exchangeable Image File Format）にもver2.2から採用された[13]。

ところで，従来のファックスでは送信できる画像の幅はネゴシエーションで決まった用紙サイズと解像度から決まる一つの値に制限されていたが，標準色空間にsYCCを，標準符号化方式にJPEGベースラインを採用したときは，送信できる画像の幅はネゴシエーションで決まったサイズ以下であればOKとしている[6],[7]。これは，JPEGがMHやMMRなどと違い，符号ストリーム内部にも画像サイズの情報を持っていることから実現できたことである。

以上，sYCCを標準色空間に採用したことと，送信画像の自由幅を認めたことにより，デジタルカメラで撮影された画像を変換することなく，カラーファックスからそのまま送信できるようになった。色空間とJPEGとの関係については，次項でもう少し説明する。

16.4　標準符号化方式

JPEGベースラインはDCT（離散コサイン変換）を基本技術とした非可逆符号化方式で，自然画像の圧縮に適しており，多くのアプリケーションで使われている。カラーファックスの標準符号化方式も，JPEGベースラインが基本であるが，自然画像以外の圧縮を考慮して，オプションの符号化方式が用意されている。

現在標準になっているオプションの符号化方式は，圧縮率と画質だけに注目すれば，画像の種類によってはJPEGベースラインよりも有効な場合がある。しかし，カラーファックスの装置全体のバランスを考えると，必要とするメモリ容量や演算量が大きいため実際に装置に搭載するのは困難だと思われる。

以下ではJPEGベースラインを中心に解説をおこなうが，アルゴリズムの詳細については，詳細な説明を載せた記事や書籍がいくつもあるので[14]，

ここでは概略のみ説明し，カラーファックス特有の項目を中心に取り上げることにする。

16.4.1　JPEGベースライン

　JPEGベースラインの符号化と復号の処理の流れを図16.2に示す。太枠のブロックは図16.1の符号化と復号のブロックを細かく分解したものに相当する。

　符号化側では，まず，色変換後の標準色空間で表された原画像データの色差成分がサブサンプリングされる。輝度，色差それぞれの8×8の各ブロックはDCT（離散コサイン変換）が施され，DCT係数は量子化テーブルの値で量子化され，量子化された値のDC成分，AC成分に対してハフマン符号が割り当てられて，圧縮データが生成される。さらに，その圧縮データに制御コードが付加されて，符号ストリームが形成される。制御コードには，量子化テーブル，ハフマンテーブルを作成する情報などの復号に必要なパラメータが含まれている。

　復号は基本的に符号化の逆を行えばよい。まず，符号ストリームから，量

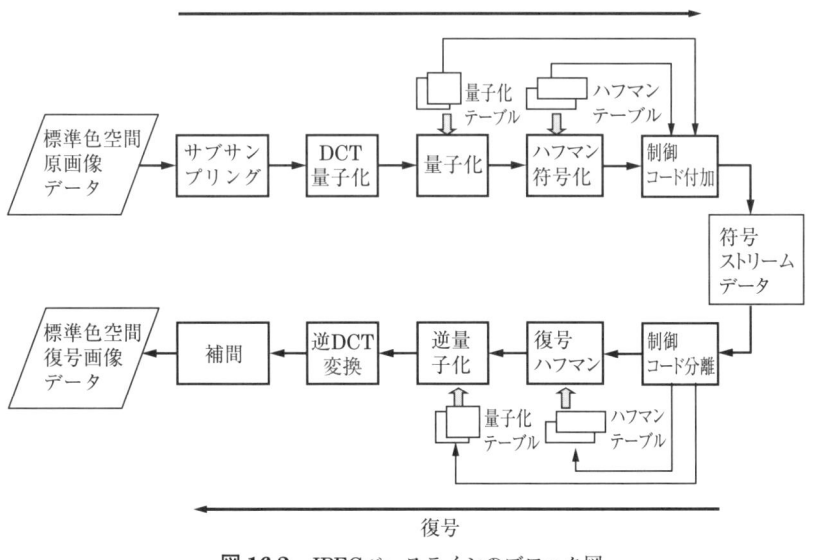

図16.2　JPEGベースラインのブロック図

子化テーブル，ハフマンテーブルなどのパラメータが取り出されて，圧縮データの復号の準備が行われる．次に，パラメータに基づき，ハフマンの復号，逆量子化，逆DCT，補間が行われて標準色空間で表された復号画像が得られる．

JPEGの符号ストリームのフォーマットとしては，C-Cube Microsystems社により提唱されたJFIF（JPEG File Interchange Format）が，広く普及している．最初にJPEGの符号化色空間をYCbCrに明示的に制限した規格は，JFIFであり[15]，JPEG規格（ITU-T勧告T-81）自体は色空間の種類を限定していない．

ExifにもJPEGのフォーマットの規定があり，JFIFと同じく符号化色空間をYCbCrとしている．JFIFと違うところは入力色空間をsRGBとしたことで，結果的に符号化色空間がsYCCと一致していた．ver2.2からは色域を広げるため，sYCCそのものを符号化色空間として採用している．

以上のことより，カラーファックスのsYCCモードでは，ExifやsRGBを入力色空間としたJFIFをそのまま送信できる．CIELABモードでは，符号化色空間がYCbCrではなくL*a*b*になっているが，このことは，JPEG符号ストリーム中のパラメータ（マーカ）で判断できる．また，CIELABモードでは各種符号化パラメータはネゴシエーションで決定される．

16.4.2　カラーファックスの符号ストリーム

カラーファックスのCIELABモードにおけるJPEGベースラインの制限項目の主なものは，マーカの扱いとサブサンプリングの選択である．

CIELABモードのJPEG符号ストリームのフォーマットを図16.3に示す．JPEG符号ストリームは，表16.3で示されているようなマーカセグメントで区切られており，各セグメントはマーカで始まる．マーカは16進のFFと他の数字の2バイトで構成されており，圧縮データ中のバイト境界にFFが出現した場合は，マーカとの区別をつけるために，その後に0をつけるようになっている．

JPEGのマーカの管理は，JURA(JPEG Utilities Registration Authority)によって行われており，APP1はCIELABモードのカラーファックス用のマーカとして正式に登録されている．APP1マーカセグメントには，ネゴシ

16.4 標準符号化方式

```
┌─────┬──────────────┬────────────┬─────┬─────┐
│ SOI │ ヘッダ(マーカ群) │  圧縮データ   │ DNL │ EOI │
└─────┴──────────────┴────────────┴─────┴─────┘
```

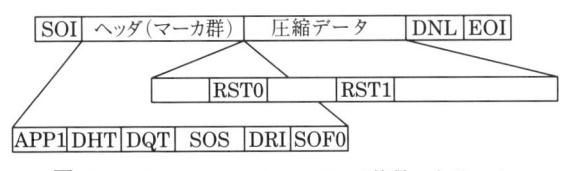

図16.3 カラーファックスのJPEG符号ストリーム

表16.3 マーカセグメントの機能

マーカ	機能と定義するパラメータ
SOI	符号ストリーム開始
APP1	カラーファックス(CIELAB)用[FAX識別子,解像度など]
DHT	ハフマンテーブル生成情報
DQT	量子化ケーブル
SOS	スキャン開始
DRI	リスタート間隔
SOF0	フレーム開始(ベースライン)[画像幅X,ライン数Yなど]
RSTn	リスタート
DNL	ライン数再定義
EOI	符号ストリーム終了

エーションで決まった解像度の値や，最初に送信した装置がG3ファックスかG4ファックスであるかを区別するFAX識別子を入れるようになっている。

また，カラーファックスでは，通信におけるデータ損失はないため，エラー伝搬防止機能を提供するリスタートマーカは挿入しなくてよいが，復号はできなければならない。

また，CIELABモードでは，色差成分のサブサンプリングの種類はネゴシエーションで決定するようになっている。G3ファックスでは4:1:1が必須，1:1:1がオプション，G4ファックスでは4:1:1が必須，2:1:1と1:1:1がオプションである。ここで，4:1:1は画素数の比で，色差の画素数は縦横とも輝度の2分の1である。ただし，映像系機器の資料では4:1:1ではなく，4:2:0と表記されることが多いので注意が必要である。4:2:0という表現は画素数ではなく，標本化周波数の割り当てが由来となっている[16]。

なお，CIELABモードも，JFIFやExifと同様に符号化ブロック内で色成分のインタリーブを行うブロックインタリーブを採用している。したがって，JPEGのDCTブロックサイズは8×8，CIELABモードの必須のサブサンプ

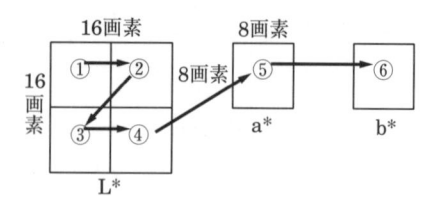

図 16.4　4:1:1ブロックインタリーブの符号化データ転送順序

リングは4:1:1であることから，CIELABモードのカラーファックスにおける符号化・復号に最低限必要なメモリは16ライン分になる．サブサンプリング4:1:1でのブロック転送順序を図16.4に示す．

16.4.3　DNL(ライン数再定義)

　カラーファックスではDNL(Define Number of Lines)マーカの使用は必須である．

　DNLは画像のライン数を再定義するもので，JPEGベースラインでは圧縮データとEOI(End of Image)マーカの間に入れることができる．ライン数を定義するものにはDNLの他にフレームヘッダ(SOF0セグメント)のYパラメータがあるが，DNLが使われているときは，DNLの方が有効になる．また，DNLが使用されていて，Yが無効なことをフレームヘッダで明示的に示すには，Y=0とすればよい．ところが，ほとんどのアプリケーションではDNLが使用されることを想定しておらず，Y=0を本当のライン数と判断してしまい，正常に復号できない．

　しかし，ファックスのなかには符号化に必要な最低限の容量のメモリしかもたないために，シートフィードスキャナで画像を読み込んだそばから符号化して送信するものがある．このような装置では，符号化する前に送信する画像のライン数を特定できないため，符号化した後でライン数を書き込めるDNLマーカのような仕組みは必須である．

　ただし，DNLが使用され得る状況では，受信側の仕組みに注意が必要である．復号を正しく終了するには，本当のライン数を知る必要があるが，Yパラメータと違ってDNLは圧縮データの後にあるので，符号ストリームの終わりまでサーチしないと取り出すことができない．しかし，ライン数を確

定してから復号を開始するような仕組みでは，受信が終わるまで復号することができず，符号ストリーム全体を蓄えておくメモリも必要である．そこで，受信してすぐに復号するには，仮のライン数をセットして復号を開始しておき，それと並行してDNLをサーチして，DNLを見つけたらライン数を再セットすればよい．ただし，ライン数を再セットする前に，DNL以降の圧縮データでない部分まで復号されてしまわないように，処理手順を注意する必要がある．

16.4.4 オプション符号化方式

JPEGには，JPEGベースラインの他にも，拡張DCT，可逆符号化，ハイアラーキカル符号化などのモードがあるが，カラーファックスでは，拡張DCTのうち，符号化色空間の階調を12ビットとするモードをオプションで選択できるようになっている．拡張DCTのうち，いわゆるプログレッシブJPEGと算術符号，また，可逆符号化とハイアラーキカル符号化のモードは選択できない．

JPEG以外のオプションの符号化方式には，JBIGカラーとミクスト・ラスター・コンテントモードがある．

JBIGカラー(ITU-T勧告T-43)は，画像をビットプレーンに分解し，それぞれのプレーンをJBIGで符号化する可逆符号化方式で，フルカラー画像だけでなく，パレット画像や各色1ビットの画像も対象としている[17]．ビットプレーン分解の当初の目的は，MH，MR，JBIGなどのモノクロファックスの符号化方式を流用することであったが，モード分けが多く煩雑になるため最終的にはJBIGだけになった．また，JBIGカラーは可逆符号化であるが，情報が保存されるのはCIELABに変換された後の画像であり，受信側で送信側のスキャナから読み込まれた画像が再現できるわけではない．

ミクスト・ラスター・コンテントモード(ITU-T勧告T-44)は，符号化のための多重化フォーマットを規定したもので，カラー画像をフォア，マスク，バックの3レイヤに分解し，レイヤごとに異なる符号化をかける仕組みを提供している[18]．マスクは2値画像に限定されるが，フォアとバックには自然画像や文字画像のそれぞれに適した符号化方式を使用できる．また，符号化方式としてJBIG-2もサポートし，複数ページや色文字の符号化も対象とし

ている。

なお，これらオプションの符号化方式はCIELABモードのみでサポートされている。また，画像をプレーンやレイヤに分解するために，JPEGベースラインと比べて多くのライン数分のメモリを必要とする。

16.5 文字領域の符号化

ファックスでは送信する原稿として，ドキュメントを扱うことが多い。また，送信画像のヘッダに日付や送信者の名前などの発信元情報を付加することも多い。これらのことはカラーファックスでも変わらないと思われる。

G3ファックスのプロトコルでも，Fコード通信などを使えば，発信元情報を表す文字コードをそのまま送ることができる。また，ミクスト・ラスター・コンテント・モードを用いれば，文字部分だけにMMRやJBIGなどの2値画像用の可逆符号化方式を適用することができる。

しかし，いずれの方法も受信側に特別な処理を要求するため，ほとんどのファックスでは，1ページごとに発信元情報を表す文字コードをビットマップ画像に変換して，スキャナ入力された画像の先頭に付加し，画像全体を1種類の符号化方式で符号化して送信している。したがって，カラーファックスでは文字部分までJPEGベースラインで符号化されるため，受信側において，エッジの強い文字部分のモスキートノイズが目立っていた。

そこで，受信側の復号器を変更せずに，送信側の符号化器の変更だけで，モスキートノイズを大幅に削減できる方法が提案されている[5]。この方法では，ノイズが発生する白地部分の輝度値をDCT変換する前に，255以上にシフトすることにより，復号したときのノイズの谷の部分も255以上に来るため，画像を表示する前にはクリッピングによりノイズが消えてしまう。この原理を図16.5に示す。

国際勧告に準拠したカラーファックスと画像信号処理について解説した。独自方式のカラーファックスは古くから製品化されていたが[19]，普及が遅れたため，標準化が強く求められていた。その後，画像電子学会などの活動により，カラーファックスの標準化は大きく進展し，JPEGやJBIGなどの

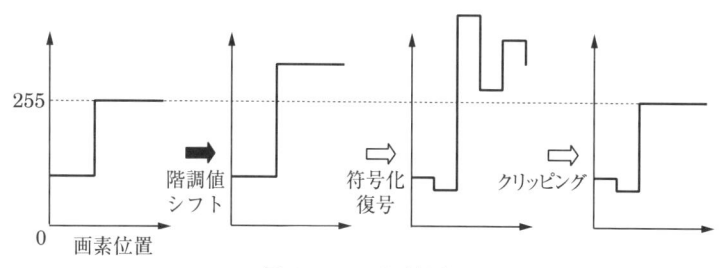

図 16.5 ノイズ削減の原理

要素技術も発展してきた．また，JPEG2000の標準化委員会においても，カラーファックスはJPEG2000の使用が想定されるアプリケーションの筆頭にあげられている[20]。

　カラーファックスとともに発展してきたカラー静止画像符号化技術は，携帯電話，デジタルカメラ，インターネットのWWWブラウザなどのアプリケーションに生かされている．

　これらと比べて，カラーファックスにはカラープリンタなどのモノクロファックスと比べて高価なデバイスを搭載しなければならないことや，相手も対応していなければ送信できないというハンデがあったため，いまだ大きな市場を形成するには至っていない．

　しかし，カラーディスプレイの発達やsYCCの導入などにより，簡単にカラー画像を送受信できる仕組みができつつある．今後のカラーファックスの巻き返しを期待したい．

参考文献

1) TTC標準，TTC-G-024-V1："TTC相互接続試験実施ガイドライン　カラーファクシミリ相互接続試験実施ガイドライン"(2000)．
2) MFPA document:"Color-Fax PlugFest 2000 Test Plan Revision X.04", http://www.mfpa.org/archives/public/fax/ (2000)．
3) 池上博章，小野文孝，大町隆夫，松木眞："カラーファクシミリの標準化(1)"，画像電子学会誌，Vol.25, No.3, pp.188-194 (1996)．
4) 松木眞："カラーファクシミリの標準化-ミクスト・ラスター画像への拡張-"，画像電子学会誌，Vol.27, No.3, pp.181-184 (1998)．
5) 山田英明："カラーファクシミリに適用可能なモスキートノイズ削減法"，画像電子学

会年次大会予稿 (2002).
6) ITU-T Rec, T.30: "Procedures for document facsimile transmission in the general switched telephone network" (2003).
7) ITU-T Rec, T.4: "Standardization of Group 3 facsimile terminals for document transmission" (2003).
8) 池上博章, 花村剛, 会津昌夫, 山田修, 遠藤博之, 石川安則, 金森克洋, 加藤直哉, 洪博哲, 木下宏揚:"カラーファクシミリ用色空間の評価", 画像電子学会誌, Vol.24, No.1, pp.87-110 (1995).
9) 例えば, 池田光男:「色彩工学の基礎」朝倉書店 (1980).
10) ITU-T Rec, T.42: "Continuous-tone colour representation method for facsimile" (2003).
11) IEC 61966-2-1: "Colour management - Default RGB colour space - sRGB" (1999).
12) ITU-R Rec, BT.601-5: "Studio encoding parameters of digital television for standard 4:3 and wide-screen 16:9 aspect ratios" (1995).
13) JEITA規格, CP-3451:"デジタルスチルカメラ用画像ファイルフォーマット規格 Exif 2.2" (2002).
14) 例えば, 小野文孝, 渡辺裕:「国際標準画像符号化の基礎技術」コロナ社 (1998).
15) Eric Hamilton:"JPEG File Interchange Format Version 1.02", C-Cube Microsystems (1992).
16) 藤原洋:「最新MPEG教科書」"第6章囲み記事", コロナ社, pp.125-128 (1994).
17) ITU-T Rec, T.43: "Colour and gray-scale image representations using lossless coding scheme for facsimile" (1996).
18) ITU-T Rec, T.44: "Mixed Raster Content (MRC)" (1999).
19) 長野文一, 山田識, 浅田修, 石川安則, 和田義典, 大根田章吾, 能勢敏郎, 面谷信, 松木眞, 久田加津利, 杉浦進, 吉田正:"カラーファクシミリの実例と用いられる技術", 画像電子学会誌, Vol.21, No.3, pp.210-240 (1992).
20) 野水泰之:"JPEG2000最新動向", 画像電子学会誌, Vol.30, No.2, pp.167-175 (2001).

第17章

マルチファンクション・プリンタ（MFP）

株式会社リコー　長沢清人，佐藤　敬，市村　元，野水泰之，
阿部　悌，谷内田益義，宮沢秀幸

17.1 マルチファンクション・プリンタ（MFP）の特長

　MFPは，プリンタ機能，コピア機能，スキャナ機能，ファクシミリ機能およびネットワーク接続機能を有し，画像データの入出力を行う複合端末機である。各機能においては，その用途により要求される画像品質や画像フォーマットが異なる。例えば，プリンタ機能においては，PCから出力されるデータはプリンタドライバによってデータフォーマットが異なるので，高画質化要求に対してはプリンタドライバに応じた対応が必要とされる。スキャナ機能においては，PC側でも画像処理が行えるようRGBデータを出力することが要求されている。また，ファクシミリ機能では，通信時間の短縮のため低解像度の2値画像が標準となっている。単機能機でそれぞれの機能を達成するためには，各機能に最適な画像フォーマットでデータを扱っていればよかったが，MFPにおいては，コピアとして読み取り，蓄積した画像をファクシミリとして送信する事が要求されたり，PCにスキャナ画像として送信する事が要求されている。このように，MFPでは画像フォーマットをどのように扱うかが重要な課題となっている。特に画像データを効率よく蓄積し，高速で送受信を行うためには，データ量をできるだけ小さくする必要がある。このために画像圧縮技術は，非常に重要な技術となっており，画像品質の劣化が少なく，圧縮効率の高い方式が要求されている。また，ネットワークでのセキュリティに対する要求も非常に高くなっており，セキュリティに対する考え方，機能が注視の対象となっている。

ここでは，MFPにおける画像データの流れを解説するとともに，カラー画像の圧縮技術およびセキュリティの考え方，技術について解説する。

17.2 マルチファンクション・プリンタ（MFP）における画像データの扱い

MFPは，単体プリンタに単体スキャナを搭載してMFPとして発展したタイプと，ディジタル複写機に各種機能ユニットを追加してMFPとして発展したタイプがあるが，基本的な内部構成は同じである。すなわち，図17.1に示すように原稿画像情報を読み取ってディジタル画像データへ変換するためのスキャナユニット，ディジタル画像データを所望の画質に調整するための画像処理ユニット，ディジタル画像データを転写紙に顕像化するためのプリンタユニットを有し，さらにファクシミリとしてディジタル画像データを送受信するためのファクシミリユニット，プリンタとしてディジタル画像データを受信するためのプリンタコントローラユニットを有する。

複写機として動作する場合の画像データの流れは，以下の通りである。

まず，スキャナユニットにおいて原稿画像情報から変換された画像データ

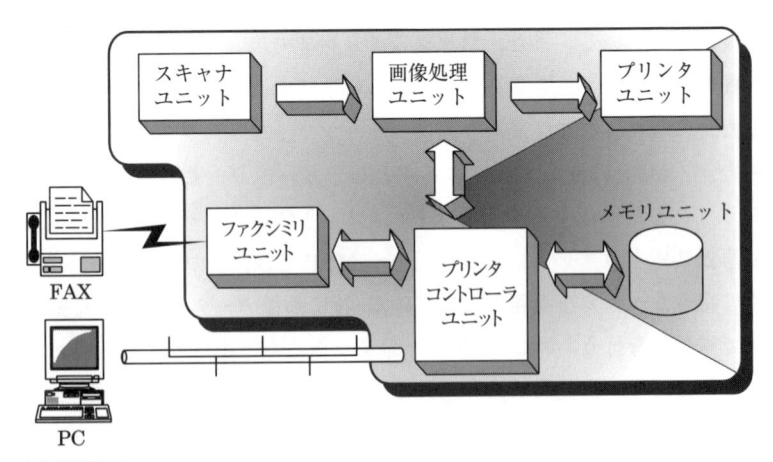

図 17.1　マルチファンクションプリンタ

17.2 マルチファンクション・プリンタ(MFP)における画像データの扱い

は通常1画素多ビットの多値データの形で画像処理ユニットへ送られる。カラー画像の場合はRGBそれぞれに1画素多値データとして画像処理ユニットへ送られる。画像処理ユニットでは送られてきた多値データに対し所望のフィルタ処理やγ変換処理，解像度変換処理，色変換処理，階調処理などを施す。階調処理においては，多値データをより少ない多値データへ変換したり，2値化したりする場合がある。プリンタユニットは，これらのデータを受けて電子写真方式等のプリンタシステムによって転写紙に画像データを書き込み出力する。

次にプリンタとして動作する場合であるが，まずPCから送られてきた画像データはプリンタコントローラユニットにてビットマップデータに展開される。この場合の画像データは，通常プリンタドライバのフォーマットに合わせた画像データであるので，画像処理ユニットでは特に処理を施すことなくそのままプリンタユニットへ送られ転写紙に出力される。

ファクシミリは扱う画像が2値データであるので，画像読み取りの場合はスキャナユニットから送られてきた画像データを画像処理ユニットにて2値化しファクシミリユニットへ送ることになるし，画像出力の場合はファクシミリユニットにて復号された画像データはそのままプリンタユニットへ送られ転写紙出力される。

近年のMFPに特徴的な機能としては，読み取った画像データを一旦装置内部に蓄積しておき，複写動作のたびに原稿画像を読み取ることなく複数枚の複写を行ったり，複数ページからなる原稿画像を所望の部数分だけ自動的にページ並びを揃えて複写したり，蓄積した画像データを消去操作するまで蓄積し続けるといったものがある。こういった機能を実現するために装置内部にハードディスク等の大容量メモリユニットを搭載し，そこへ読み取った画像データを蓄積するということが行われるようになった。

この場合は，画像処理ユニットにおいて所望の画像処理を施した後の画像データを，大容量メモリユニットへ送り蓄積する方法が取られるが，どういった画像処理を施すかについては大容量メモリユニットの容量や，MFP全体のシステム要件等の事情によって異なる。例えばメモリユニットとしてハードディスクを搭載せず半導体メモリで構成するような場合は，ハードディス

クに比較して大容量のメモリユニットを安価に構成することが困難であるので，蓄積できる画像データ量に制約があり，画像データを2階調化して全体のデータ量を減らした後に蓄積するといったことが行われる。メモリユニットにハードディスクを使用する場合でも，画像データの読み書きにあまり時間がかかってしまってはMFP全体の動作速度に影響が出るので，画像符号化を施してデータ量を削減したあと蓄積するというのが一般的である。その際に利用する画像符号化方式としては，符号化や復号に時間がかかってしまうとやはり装置全体の動作速度に影響が出るので，なるべく単純な符号化・復号アルゴリズムであることが望まれる。よって国際標準として制定されている符号化効率を追求した符号化方式を採用するよりも，符号化効率はそれほどよくなくとも，符号化・復号速度に優れる独自方式を採用する方が有利な場合が多い。

　しかしながら最近では，このハードディスクに蓄積した画像データを装置外部に取り出し，ネットワーク経由で外部に接続したPCに取り込むといった使われ方がなされるようになってきた。符号化された画像データを外部のPC等で利用するためには復号処理を一度行う必要があるが，独自の符号化方式を採用した場合は，これを外部PCで行うと速度的に実用上問題があったり，復号処理のリソースがなかったりする場合がある。そのため，MFP内部で画像データを蓄積する際に一般的に知られた符号化方式を採用し，外部へはそのまま出力するという方法が考えられる。これは符号化・復号処理速度などの条件がクリアできれば有利な方法であるといえる。一方，一般的な符号化方式を採用したのでは装置に必要な符号化・復号処理速度が満足されないとか，所望の機能が実現できないといった場合は，処理速度の速い独自方式や所望の機能に適応した独自方式で内部蓄積は行い，装置外部へデータを送る際に一旦復号処理を施した後，一般的な符号化方式で再度符号化して送るといった方法をとる必要がある。再度符号化する理由は，外部へ送る際にもネットワーク等の負荷を低減するためや，転送時間を短縮するためになるべくデータ量を減らす必要があるからである。ここで用いられる一般的な符号化方式としては，画像データが多値である場合はJPEG方式や近年国際標準化がなされたJPEG2000方式などがあり，2値化データに対しては

ファクシミリで用いられているMH, MR, MMR方式などがある。

このように，最近のMFPでは利用アプリケーションの多様化，ネットワークシステムとの親和性といった観点から，ディジタル複写機単体で複写機能を実現していた頃には考慮に入れる必要のなかった標準方式による符号化といった処理機能が，重要なシステム要件として認識されてきている。

この要件は何も複写機能に限ったものではなく，当然ながらプリンタ機能，ファクシミリ機能に対しても同様に求められている。この場合に課題となるのは，画像フォーマットが複写機能，プリンタ機能，ファクシミリ機能とで異なるという事である。すべて2値データというのであればシステム構築はそれほど困難ではないが，複写データは多値，プリンタデータは2値というような場合に，これらを一元管理・制御するシステム構築は容易ではない。システムを単純化するには画像フォーマットを2値か多値かで統一する事が望ましいが，画像フォーマットを2値にしてしまうと，2値化してしまった後に変倍処理が必要となった場合の画質劣化が避けられないといった制約が発生する。また，多値データとすれば蓄積後の画像処理の自由度は高くなるが，蓄積領域が大きくなったり，処理に時間がかかったり，システム全体の回路規模が大きくなったりといった問題が懸念され，これらを勘案してシステムを決めていく必要がある。

ディジタル複写機のもう一つの「ディジタルならでは」の機能として，複写した転写紙に地模様のように番号を印字して複写原稿であることを示したり，複写枚数を管理できるようにした機密ナンバリング機能が搭載されてきた。複写したものであることを示すための機能は，情報化社会においても重要な機能として認識されているが，外部にディジタル画像データを取り出すことができるMFPにおいては，画像データのセキュリティ機能の必要性が求められるようになってきており，これについては後の項で詳細を述べる。

17.3 カラー画像圧縮技術

従来，白黒プリンタで使われる画像データは2値データ（1bit/pixel）である場合が多く，ファクシミリで使用されているMH/MR/MMR，または

JBIGのような可逆符号化方式が使われていた。しかし，カラープリンタとなると画像データはCMYK色空間を使用する場合が多く，1画素当たりの情報量は32bit/pixelとなり，白黒に比べて32倍の情報量を扱う必要がでてくる。このため，画像を高圧縮しなければ，高速なプリンタの実現は不可能である。

高圧縮なカラー画像圧縮技術としては，ISOとITU-Tで国際規格とされているJPEGがある。JPEGは，ディジタルカメラをはじめとして，近年MFP，プリンタ等でも利用されている。JPEGは，視覚的劣化を最小限にして高圧縮を実現できるメリットがある反面，再生した画像が圧縮前の画像に対して情報損失が発生するというデメリットもある。可逆が可能で高圧縮を実現できる圧縮方式として注目されているのが，2000年に国際標準となったJPEG2000である。JPEG2000は，現在，最も注目されている静止画像の圧縮技術であり，JPEGに対して機能面，性能面で多くの有利な点を持っている。唯一の欠点としては，JPEGに比べて複雑なため，ハード化した場合には規模が大きくなること，ソフトウェア処理ではJPEGに比べて遅い点である。

JPEGについては，すでに各種の報告がされているので，ここではJPEG2000について簡単に説明することにする。

17.3.1　JPEG2000

JPEG2000は，機能面，性能面でJPEGの上位に位置づけられる圧縮方式である。JPEGで問題となっている高圧縮時における画質劣化問題を解決すると共に，可逆・非可逆符号化を選択可能，画素の濃度精度・解像度の段階的向上が可能，符号のまま画質変更等が可能等，多くの機能を持っている。なお，JPEG2000はJPEGとの互換性はない。JPEG2000符号化の基本的な流れを図17.2に示す。

JPEG2000の処理は，変換－量子化－符号化というステップになる。変換は，離散ウェーブレット変換（DWT：Discrete Wavelet Transform）を用いる。量子化はスカラー量子化であるが，可逆符号化の場合には行わない。エントロピー符号化は新たに開発されたEBCOT（Embedded Block Coding with Optimized Truncation）と称する方式を用いる。EBCOTは，JPEGで

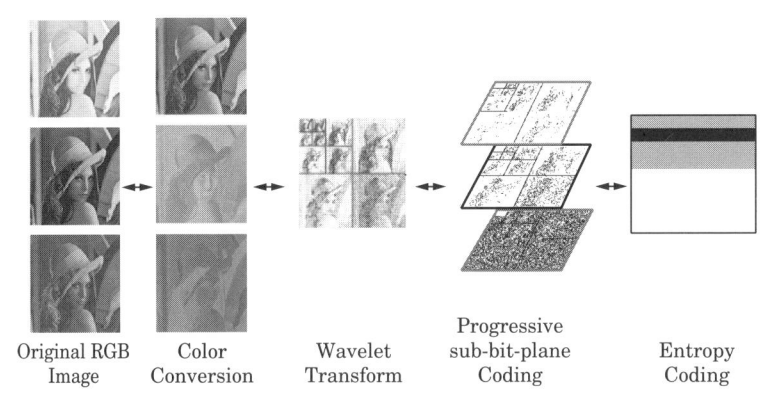

図 **17.2** JPEG2000符号化の流れ

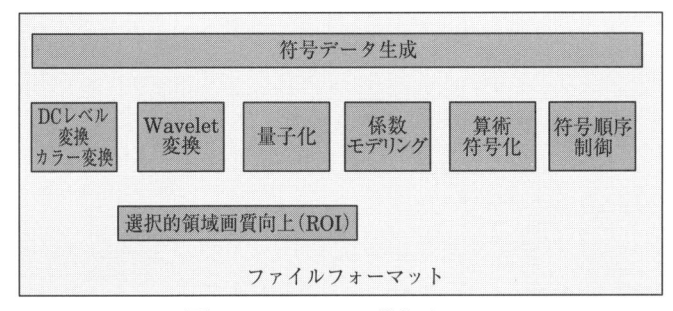

図 **17.3** JPEG2000機能ブロック

使用されているハフマン符号化に比べて，高い符号化効率を持っているのが特長である．基本方式の機能ブロックを図17.3に示す．

DCレベル変換は，信号の原点をダイナミックレンジの中心にする処理であり，ウェーブレット変換の効率をよくする．カラー変換には，可逆と非可逆の二つの方法が定義されており，可逆変換はRCT(Reversible multiple component transformation)と称され，変換式の係数が整数値である．一方，非可逆変換はICT(Irreversible multiple component transformation)と称され，変換式の係数がRCTとは異なり実数値である．

ウェーブレット変換は，大きく変換係数が整数で構成される整数型と，実数で構成される実数型とに分かれる．前者の大きなメリットとしては可逆変換が可能であること，回路構成が後者に比べて小さくできる点が挙げられる．

一方,後者は整数型に比べて非可逆変換時の同等圧縮率において画質がよいという大きなメリットはあるが,可逆変換ができないというデメリットがある。変換フィルタとしては参照画素数や係数が異なった数多くの変換方法があるが,基本システムでは画質と回路構成を考慮して,整数型では5×3フィルタ,実数型では9×7フィルタが採用された。変換は2次元変換であるが,1次元フィルタを水平・垂直の両方向に適用することで実現する。なお,1次元フィルタを係数の端部に適用した場合に,フィルタが参照する係数が存在しない場合があるが,その場合には端部で係数列を折り返すことによりフィルタが参照する仮想的な係数を作成する。

量子化は,JPEGと同じように係数のダイナミックレンジを削減する方法でスカラー量子化である。可逆変換を行う場合には,スカラー量子化は行わない。エントロピー符号化がビットプレーン符号化であることを利用して,完成した符号列の下位ビットプレーンを切り捨てることによって量子化を行う。ポスト量子化(truncation)と称する量子化も可能である。ポスト量子化の大きなメリットは,符号量の制御を1パスで実現可能である点で,これは現在のJPEGでは実現できない。

エントロピー符号化で使われる方式は,EBCOT(Embedded Block Coding with Optimized Truncation)と呼ばれるブロックベースのビットプレーン符号化である。EBCOTの特長としては,符号化対象データを同一サイズにブロック分割して符号化する点と,ポスト処理による符号量制御が可能な点である。図17.4にEBCOTの処理の流れを示す。

符号化は,コードブロックと称するブロック単位で行われる。符号化対象となる多値ウェーブレット係数は,後段の2値算術符号化に適したビットモデルに変換される。符号化対象となるウェーブレット係数は,正負の符号を持った整数(あるいは実数表現された整数)であり,これらを決められた順序で走査しながら,係数を絶対値表現したものに対して,上位ビットから下位ビットへとビットプレーン単位で処理を行う。ビットプレーン内の各ビットに対しては,significance propagationパス(有意な係数が周囲にある有意でない係数の符号パス),magnitude refinementパス(有意な係数の符号パス),cleanupパス(残りの係数情報の符号パス)の三つの処理パスによっ

図 17.4 EBCOT処理の流れ

て符号化を行う。なお，符号化にはエラー耐性用の付加処理，高速化を図るための処理がオプションとして存在する。

算術符号化には，MQ-Coderと呼ばれる符号化方式を用いる。MQ-Coderは，新しい2値画像符号化方式で，JBIG-2にも採用されている方式である。採用理由としては，係数の符号化がビットプレーン符号化であるため2値画像用の符号化方式が適していること，算術符号であるため符号化効率が高いこと，JBIG-2と同じ方式を利用できることが主な理由である。

符号順序制御では，エントロピー符号化された符号列を基に，目的に合った最終符号列を生成する。ここでいう目的には，画質・解像度・プログレッシブ順序・符号サイズ等が挙げられる。プログレッシブ順序に関しては，空間解像度を向上させていく方式とSNR画質を向上させていく方式とに分けられる。両者のプログレッシブ順序は，符号の並べ替えを行うことで相互変換できる点が特長である。なお，プログレッシブ順序としては，5通りが定義されている。JPEGでも拡張機能として解像度と係数のプログレッシブ機能はあるが，空間解像度のプログレッシブを行うためには解像度変換等の処理が必要になるため，その都度DCT変換が必要になってしまう。

ROI (Region of Interest) は，画像の選択された部分のみ画質を向上させることができる機能である。ROIを実現するためには，符号化時にそれに対応した処理を行っておく必要がある。処理は簡単で，注目領域の係数に対してビットシフトにより2のべき乗の重み付けを行うだけである。

17.4 MFPのセキュリティ技術

情報機器やネットワーク技術の発達に伴って，情報システムが高度化してきている。利用者の利便性が高まる一方で，コンピュータウィルスや不正アクセスなどによってデータが破壊されたり，情報機器が操作不能に陥ったり，

ネットワークの負荷が増大して通常業務に支障をきたすなどの現象が報告されるようになってきている。

このような状況に対応して，情報機器やネットワークを不正行為等から守る情報セキュリティ技術が注目を浴びてきている。画像機器もネットワークに接続されて利用されるようになってきており，情報セキュリティ技術を応用する必要性が生じてきている。本節では，オフィスで利用される画像機器のセキュリティ技術に関してその概略を説明し，画像機器および出力情報のセキュリティに関する一例について説明する。

17.4.1 情報セキュリティ
(1) 情報システムのセキュリティとは？

情報システムには，様々な情報資産が存在する。たとえば，顧客の情報や製品の開発情報，各種データベースなど情報システムを稼動させることで発生したデータや，それを利用するためのソフトウェアがその一例である。データやソフトウェアだけでなく，広い意味では情報システムを構成する各機器も資産の一部である。情報資産は，組織の活動を円滑に進める重要な資源であり，情報システムはその資産を効果的に利用できるように運用されなければならない。情報システムを運用する場合に重要となるのは，

・正しい利用者が必要なときにいつでも利用できる環境を提供すること。
・不正な利用を許さないこと。

があげられる。情報セキュリティとは，正当な権利を持つ個人や組織が，情報や情報システム意図通りに利用できる環境を提供することであり，システムの安全を脅かす脅威からの危険を防止，軽減あるいは抑止することを指す。一般には可用性（必要とするときに所定の方法で利用できる），一貫性（情報の正確性および完全性が維持される），機密性（情報が定められた通りに守秘される）などの性質を満足することが必要となる。

(2) 情報セキュリティ対策

情報セキュリティの資産を守る対策としては，社会的な対策，組織としての対策，技術的な対策の三つに分類することができる。

社会的な対策は，法律などによって社会全体として保護する対策である。不正アクセス禁止法など一連の保護法がこれに該当する。情報資産は社会的

にも重要であるという共通の認識の上で，最低限の枠組みを用意している。

組織としての対策としては，人・機器・システムの管理によってセキュリティを確保する方法である。人による運用管理を含むので，管理が正しく行われるような対策を打つ必要があるとともに，常に評価を行って安全性が確保されるように維持する必要がある。近年，注目を浴びているISMS評価制度あるいはISO/IEC 17799といった組織の情報セキュリティ管理の評価は，組織としての対策・運用が適切に行われていることを評価する仕組みである。

技術的な対策は，情報セキュリティ技術によって安全性を確保する方法である。人や運用に介在しない対策が可能で，三つの対策のうちで最も安全性は高くなる。例えば，利用者の認証，アクセス制御，情報の暗号化等の技術が相当する。

重要なのは，セキュリティ対策は，すべて技術的な対策で保護することは不可能であるし，その必要はないという点である。上記の社会的，組織的，そして技術的な対策を組み合わせて資産を脅かす脅威に対抗することが重要で，どのような対策が最適となるかは，利用環境や運用条件，導入および運用にかかるコストに依存する。

(3) 画像機器のセキュリティ技術

画像機器に関連する情報資産としては，
(A) 画像機器を正常に稼動・運用するために必要な情報
(B) 利用者が機器内に蓄積した情報
(C) 利用者が機器を利用して入出力する画像情報

が考えられる。これらに対して，適切な技術的な対策を打つ必要がある。以下で，画像機器全般の技術的な対策，画像機器が出力する画像情報の技術的な対策のそれぞれの一例を示す。

17.4.2 MFPのセキュリティ機能

MFPは様々な機能を持っているだけでなく，画像情報を始めとする様々な利用者の情報を保持している。ネットワークに接続されて画像の入出力を行う機能をとってみても，MFPは単なる画像機器としてではなく，様々な脅威にさらさせたネットワークに接続された情報機器として捉えなければな

らない．MFPセキュリティ機能を明確にするためには，MFPの置かれた環境とMFPに関連する情報資産を明確にする必要がある．ここでは，一般的なオフィスでの利用を想定して，情報資産に対するセキュリティ機能の一例を示す．

(1) 重要な蓄積文書の保護機能

第三者の使用を防ぎたいと思う重要な蓄積文書には，文書ごとに独立なパスワードを設定する．パスワードの照合が成功した時のみ重要蓄積文書の利用を許可する．パスワードの照合があらかじめ設定された回数連続して失敗すると，その文書はロックされ，正しいパスワードを入力してもアクセスすることができない．ロックの解除は，管理者のみが行える．

(2) 残存データ保護機能

利用者の意思によらず，コピーやプリント時に一時的に保存媒体に格納された残存データに対しては，コピーやプリント等の処理の終了後，およびリセット操作の実施により，以降はその処理時に保存された残存データを出力する手段をなくす．また，内部メモリに展開された画像情報を処理直後に消去してもよい．

(3) 電話回線からの不正侵入防止機能

LANや電話回線に接続されたMFPは，あらかじめ規定されたプロトコル以外の通信は拒絶する．つまり，FAXの送受信およびその他リモートサービス（保守等）以外の通信はすべて拒絶する．リモートサービスの場合には，サービスの開示時に認証を行う．

(4) 管理者の認証

正しい管理者パスワードを入力することによって，管理者を識別する．機器の設定は，管理者のみが行えるようにアクセス制御を行う．

17.4.3 画像情報のセキュリティ技術

(1) 印刷情報の保護

複写機の高画質化に伴い，印刷されたオリジナル（原本）文書と複写物の見分けが困難になっている．このような問題に対して，地紋紙といわれるあらかじめ背景に特殊な印刷を施した専用紙が用いられている．これは，原稿の微小なドットを再現できないという複写機の特性を利用し，オリジナルで

は目立たないが，複写すると複写物であることが容易にわかるように工夫されたものである．しかしながら，この地紋紙は専用紙のため印刷や管理のコストがかかるという問題点がある．

このような問題点に対して，通常のプリンタと普通紙を用いて文書を印刷する際に地紋も同時に印刷する，「地紋印刷技術」を開発した．本技術では，コストをほとんどかけずに地紋印刷ができるだけでなく，従来の地紋紙では不可能であった地紋印刷内容を動的に変えられるという特長を有している．

(2) 基本原理

プリンタによる地紋印刷の基本原理は，従来の地紋紙とほぼ同じである．すなわち，地紋を大きいドットの領域と小さいドットの領域で文字や図形を構成（以後，地紋パターンと呼ぶ）し，複写した場合に小さいドットの領域が再現されないため，文字や図形が顕在化して見えることになる（図17.5参照）．

地紋パターンは以下の要件を満たす必要がある．

［要件1］大きいドットは複写で再現される
［要件2］小さいドットは複写で再現されない
［要件3］大きいドットの領域と小さいドットの領域の濃度バランスが一致する（目立たせない）
［要件4］文書を読む際に邪魔にならず，複写した場合に読みやすい適度な濃度を持つ

これらの要件は，用いられる複写機との関連もありすべてを完全に満たすのは困難であるが，地紋紙と同程度の実用上問題のない性能を達成した．レーザプリンタによる地紋印刷では，オフセット印刷に比べて印刷解像度が低い，特色を用いることができないなどの理由で複写結果をきれいに見せるという

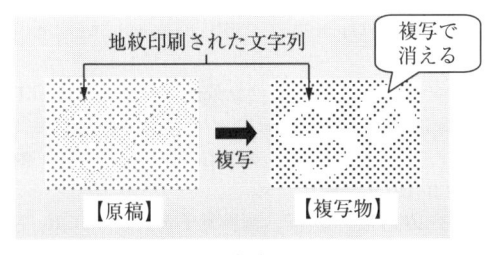

図 17.5 地紋印刷の原理

点で不利である。したがって，プリンタの特性や複写結果を十分に考慮した地紋パターンの設計が重要となる。

(3) 実装および効果

本技術はプリンタドライバへ実装することで実現した。地紋パターンの画像を生成し，単純に重ね合わせるだけでは印刷パフォーマンスを低下させてしまうため，様々な工夫がなされている。さらに地紋紙にはない特長として，地紋の文字列を印刷日時やユーザID，プリンタ名などオンデマンドに決定できる利点もある。例えばこれらの情報を文書の印刷時に地紋として印刷しておけば，その文書が「いつ」「誰が」「どのプリンタ」で出力したものかがわかり，オリジナルの出所が明らかにすることができる等，印刷文書の追跡という新たな機能を持たせることができる。さらに複写の抑止効果も期待できる。

MFPは，単なる画像入出力機器からネットワークに組み込まれたソリューション機器に変わってきている。そのために，各アプリケーション間で共通使用できる画像フォーマットの考え方やセキュリティに対する考え方が，今後のMFPの開発においてより大きな比重を占めると予測される。この点が，各製品の差別化ポイントとなっていくであろう。

参考文献

1) ISO/IEC JTC1/SC29/WG1 N2678 "JPEG 2000 Part 1 020719 (Final Publication Draft)" (Jul. 2002).
2) 野水泰之：「JPEG2000符号化方式解説」トリケップス (2003).
3) 野水泰之：「次世代画像符号化方式 JPEG2000」トリケップス (2001).
4) ISO/IEC JTC1/SC29/WG1 N2592 "JPEG 2000 Part 2 020515 Proposed Joint Draft" (May. 2002).
5) ISO/IEC JTC1/SC29/WG1 N2542 "JPEG2000 requirements - version 8" (Mar. 2002).
6) ISO/IEC JTC1/SC29/WG1 N2250 "Motion JPEG2000 Final Draft International Standard 1.0" (Sep. 2001).
7) ISO/IEC JTC1/SC29/WG1 N1858 "Motion JPEG2000 Requirements and Profiles version 4.0" (Aug. 2000).
8) 野水泰之："JPEG2000最新動向"，画像電子学会誌 Vol.30, No.2, pp.167-175 (2001).

9) 佐藤眞, 梶原浩："JPEG2000の最新動向", 画像電子学会誌 Vol.28, No.3, pp.291-297 (1999).
10) 小野文孝："静止画符号化の標準化動向", 画像電子学会誌 Vol.25, No.3, pp.200-206 (1996).
11) 小野文孝："静止画符号化の標準化動向", 画像電子学会誌 Vol.27, No.3, pp.185-191 (1998).
12) 小野文孝："SC29/WG1(JPEG/JBIG)における最新標準化動向", 画像電子学会第180回研究会講演予稿, pp.15-21 (2000).
13) 福原隆浩："きれいな画像にJPEG2000 (講座：高能率符号化)", 日経エレクトロニクス No.783, pp.161-170 (Nov. 2000).
14) 大町他："カラー静止画符号化国際標準方式 (JPEG) の概説", 画像電子学会誌, vol.20, No.1 (1991).
15) IS 10918-1 "Digital Compression and Continuous-tone Still Images Part I : Requirement and guidelines"
16) 小野他："静止画符号化の標準化動向", 画像電子学会誌, Vol.23, No.4 (1994).
17) 小野他："カラー静止画符号化国際標準方式 (JPEG) の概説 (その2:算術符号)", 画像電子学会誌, Vol.20, No.2, pp.113-120 (1991).

第18章

携帯電話用カメラモジュールの技術動向

三洋電機株式会社　古沢俊洋

18.1 はじめに

　2000年に初めて携帯電話にCMOSセンサーのカメラが搭載されて以来，国内では携帯電話にカメラが付いているのは当たり前という状況になった。カメラの搭載率は，2003年ワールドワイドで20％程度と思われるが，2005年には40％近くにまで達するものと予想されている。2005年の携帯電話の総生産台数が，4.6億台とすると，携帯カメラは実に1.6億台の巨大市場ということになる。

　カメラ付き携帯電話の普及の背景には，ディジタルスチルカメラ（以下略してDSC）市場の急成長がある。手軽に撮影したり編集したりというディジタルカメラならではの気安さが，常に持ち歩く携帯電話に求められたとも言えるだろう。結果としては，携帯電話の期待コンテンツのひとつとして，DSC同様の巨大な需要をもたらしたわけである。

　2000年当初の携帯カメラの解像度はCIF（11万画素）のみであったが，2002年にはVGA（31万画素）のものが登場し，現在では100万画素，さらには200万画素まで商品化されている。この流れを見ると，ほとんどDSCと同じ歴史を辿っているように見える。しかし，両者に必要な仕様や性能を比較すると，従来のDSCとはまた異質の商品が生まれたと考えることもできる。本稿では，携帯電話用途のカメラモジュールについて，その特徴的な技術と動向を解説する。

18.2 携帯電話用カメラとDSC

　軽薄短小化は，ものによらず携帯機器の常であるが，携帯電話用途のカメラの場合は，この要求が一段と強い．どのような素晴らしいカメラを搭載しようと，携帯電話の本来の機能は「携帯性に優れたモバイル通信」であり，その機能を犠牲にしてまでの形状増加や消費電力増加は本末転倒となるからである．この点が，撮影だけが目的のDSCとは大きく異なる．

　表18.1に，それぞれの用途におけるカメラ商品としての要求項目の厳しさを示す．○は要求が厳しい項目，×は比較的要求が甘い項目，△はその中間，と表現したが，要求が厳しい項目ということは，その項目が優れていると読み換えることもできる．もっとも，あくまで一般的な比較であり，これに当てはまらない商品ももちろん存在する．さらに，これらの市場要求が刻々と変化しているのも事実である．

　銀塩カメラと比較され，画質での勝負を余儀なくされるDSCに対して，携帯カメラは，いく分おまけ機能的な割り切りがあるため，画質や解像度の要求はDSCほど厳しくない．しかし，サイズや消費電力は実に厳しいものがある．使用頻度の高い携帯電話で電池の寿命は重要な問題であり，またデザイン重視がカメラのサイズを著しく制限するからである．逆に，これらが厳しいために，画質の方を割り切らざるを得ないという側面があるのも確かである．これについては，後半で詳しく述べる．

　携帯電話に搭載されるカメラは，一般的にはひとつの独立したモジュール

表18.1　要求項目の厳しさ

要求項目	携帯電話用カメラ	DSC
画質(感度,色再現性など)	△	○
解像度	×	○
カメラサイズ	○	△
消費電力	○	×
信頼性(振動，衝撃)	○	×
生産性(数量対応力)	○	△
価格	○	△

図18.1　超小型カメラモジュールの例

として商品化されている。もともとまったく異なる機能のセットの中に，半ば強引にカメラの機能を埋め込むわけだから，それにはブラックボックス的な使い易さが要求される。DSCはカメラそのものであるが，携帯電話ではカメラはひとつのパーツに過ぎない。この目的に沿うべく撮像機能パーツとして具現化したのが，超小型カメラモジュールである（図18.1）。

携帯電話用のカメラモジュールには，表18.1に示したように物理的な衝撃や振動に対して厳しい信頼性が要求される。これは携帯電話の使用環境から考えて仕方のないことではあるが，一方のDSCは一般的に精密な光学製品という位置付けが適用され，携帯電話ほどには厳しくない。150〜170cmの位置から落下して壊れるようなカメラは携帯電話には使えないが，DSCは落とすこと自体がとんでもない話なのである。

表18.1の生産性や価格については，巨大な携帯電話市場の特殊性とも言えるが，ひとつの製品が一時に大量に生産され，市場での製品寿命は極端に短い。このため，携帯電話においては，カメラモジュールも含めて構成パーツの生産対応能力が非常に重要視される傾向にある。加えて数量が多い分，価格低減の要求も強く，とりわけ最近のカメラモジュールの市場価格の急激な下落は目を覆うばかりである。

18.3 カメラモジュールの種類

18.3.1 イメージセンサーの種類

携帯電話用途のカメラモジュールは，使用しているイメージセンサーによって，MOS型とCCD型の2種類に大別できる（図18.2）。

MOS型は，古くはパッシブ方式とアクティブ方式に分けられていたが，最近のものはほとんどがアクティブ方式であり，

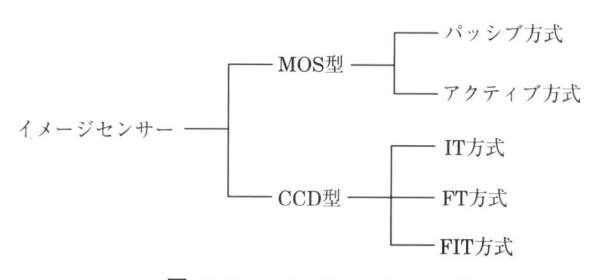

```
イメージセンサー ─┬─ MOS型 ─┬─ パッシブ方式
                │         └─ アクティブ方式
                └─ CCD型 ─┬─ IT方式
                          ├─ FT方式
                          └─ FIT方式
```

図18.2 イメージセンサーの分類

この分類自身があまり意味がなくなっている。むしろ今後は，ノイズキャンセル回路の方式や1画素の構成トランジスタ数で分類する方が実情に合っているかも知れない。

一方，CCD型にはIT（Inter-line Transfer），FT（Frame Transfer），FIT（Frame Inter-line Transfer）の3方式が存在する。現在DSC用のCCDはほとんどがIT方式であるが，携帯電話カメラには，3方式すべてが使われている。図18.3に各方式の構造を示す。CCD型のFT方式とFIT方式は蓄積部（Storage area）と呼ばれる一種のフレームメモリを持っているのが特徴である。

CCD型は，各方式によって受光部分の構造は異なるが，信号を伝達する部分は，電子をバケツリレーのように転送するCCDラインで構成されている。このラインの転送効率は99.99％以上もあり，きわめて微少な電子でも正確に伝達されるのがCCDの特徴である。

これに対してMOS型の信号伝達は，基本的には電気配線とスイッチング回路である。いわゆる電気回路のように配線に電気を流すという方法で信号

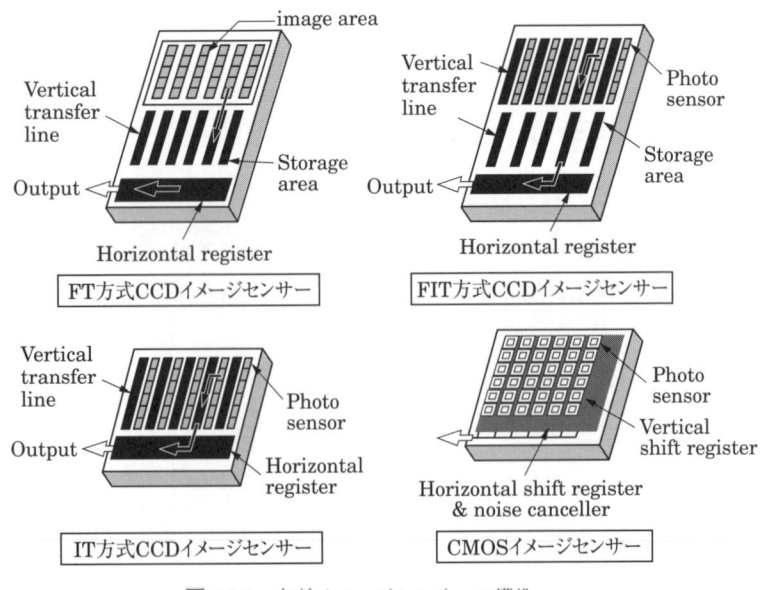

図 18.3 各種イメージセンサーの構造

が伝達される。

18.3.2 CCD型とMOS型

表18.2に，CCD型とMOS型の特徴的な違いをまとめた。これは一般的に言われている評価を記したものであるが，CCD型もMOS型も日々技術が進化しており，この表に当てはまらないものも数多く出現しつつある。

表18.2 CCD型とMOS型の特性の違い

項目	CCD型	MOS型
感度・S/N	高感度・低ノイズ	低感度・ノイズ大
カメラサイズ	大	小
消費電力	大	小
スミア	あり	なし
シャッター	同時性あり（グローバルシャッター）	同時性なし（ローリングシャッター）
出力の自由度	低い	高い

(1) 感度・S/N

MOS型がCCD型よりも一般的に感度が悪くノイズが多いとされているのは，先に述べた動作メカニズムに負うところが多い。しかし，最近はノイズキャンセル回路の改善や受光部分の暗電流低減により，CCDと変わらないほどの高感度で低ノイズのものも商品化されている。当初のMOS型を採用した携帯電話カメラでは，10ルックスを下回る暗い部屋での撮影はほとんど不可能であったが，最近はほぼ問題のないレベルに達している。

もっとも，両者の画素面積にはまだ2〜3倍の差がある。したがって単位面積辺りの感度で比較すると，現在も依然としてCCD型の方に軍配が上がると見てよいだろう。図18.4にMOS型とCCD型の画素サイズのトレンドを示す。高解像度化に伴って，目下MOS型では，この画素サイズを一気に縮小するような技術開発が盛んである。すでに学会レベルでは，1画素当たりのトランジスタ数を削減することによって，3ミクロン台や2ミクロン台の画素サイズのものが発表されてい

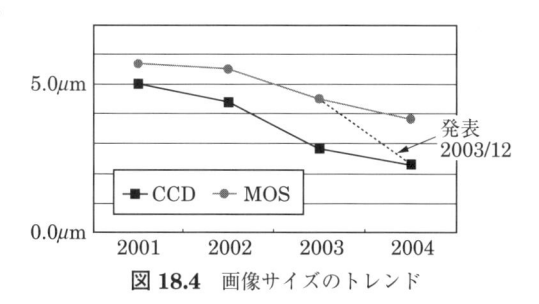

図18.4 画像サイズのトレンド

る[1), 2)]。しかし，一方のCCDも画素の縮小化は古くから取り組まれており，画素シュリンクを巡るCMOSとの画質競争は当面続くであろう。

(2) カメラサイズ

図18.5にCCD型とMOS型のカメラの一般的な構成を示す。CCDを駆動するには，数種類の電圧の波高値を持つクロックが必要となるため，専用のクロックドライバーICや電源回路が不可欠である。信号処理は，アンプやサンプル＆ホールドやADコンバータなどのアナログ回路と，色信号処理や各種制御を行うデジタル回路を含んでおり，CCDとは別チップで構成される。

一方のMOS型は，単一電源であり，専用のクロックドライバーを必要としない。さらに，信号処理もセンサーと同一のチップ内に内蔵することができ，これがMOS型の最大のメリットと言われている。このため，カメラシステムは基本的には1チップのみで構成され，モジュールサイズはCCD型よりも圧倒的に小さくできることになる。

MOS型が信号処理回路を簡単に内蔵できるのは，その製造プロセスがCCDのように専用のものを必要とせず，通常のDRAMをベースにしているためである。しかも，大規模の生産実績をもつDRAMプロセスがそのまま使えるということは，安価なファンドリー工場での大量生産が期待できる。しかし，最近この考え方も徐々に変化しつつある。CCDに負けない高画質化のためには，センサーの部分にどうしても専用のプロセスが必要となるからである。画質を優先させた場合には，信号処理は別チップにせざるを得ないので，電源の問題を除いてCCD型のシステム構成と変わらなくなってくる。

一方，そのCCD型では，周辺チップをすべて統合してMOS型なみの簡単なシステムを目指す動きもある。次の章で詳しく述べるが，すでに2チッ

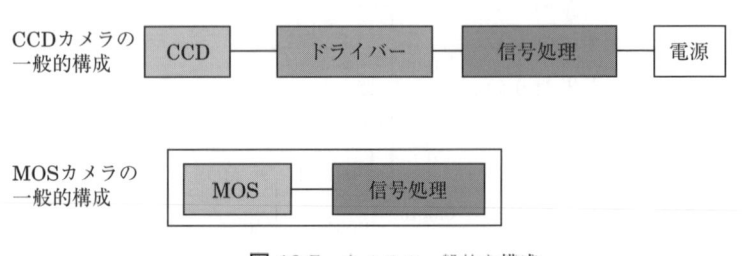

図 18.5 カメラの一般的な構成

プのみでCCDカメラシステムが構築され，商品化されている。

画質を割り切った小型化と，画質優先の(大型)システム化は，MOS型にもCCD型に当てはまることである。いずれにしても，今後両者のカメラサイズの差が縮まっていくのはたしかであろう。

(3) 消費電力

前述したようにCCD型の駆動にはいくつかの電源を必要とし，MOS型は基本的には単一電源である。最近のMOS型にはフォトダイオードの性能アップに伴って複数の電圧を必要とするものもあるが，一般的には消費電力はMOS型の方が有利と考えられる。事実，携帯電話用のカメラが商品化される以前には，CCD型カメラの消費電力が500mWを越える一方で，MOS型カメラは100mWを下回るものもあった。

徹底的な小型化と低消費電力を要求される携帯電話用のカメラでは，MOS型がほとんど市場を独占すると見られていた。しかし，2001年以降，CCD型も超小型化と共にドラスティックな低消費電力化を実現し，結果的に市場を二分する形になっている。

消費電力もまた前述のカメラサイズと同様に，画質とリンクした問題である。ダイナミックレンジや周波数特性など，電圧や電流で稼ぐアナログ的要素は数多い。まだMOS型に優位性は残っているものの，MOS型だけが小型・低消費という固定観念は徐々に払拭されつつあると見てよいだろう。

(4) スミア

CCD型には，太陽光の反射や白熱電球などの輝度の高い被写体を撮像したときに，縦線状の白線が発生するスミアと呼ばれる現象がある。MOS型には発生せず，CCD型の大きな課題のひとつである。スミアは，FT方式とIT方式で発生のメカニズムが異なるが，共通して言えることは，信号電荷を転送している時にも光が素子に照射されているために起こる現象ということである。この点，FIT方式は，IT方式に光遮蔽された蓄積部を追加することによってスミアを大幅に改善している。通常のIT方式におけるスミアは，転送部への光漏れ込みを極力抑えるようなデバイス構造の工夫によって改善される。一方，FT方式では，光に晒される転送の時間を短くするという駆動方法の改善によって軽減される。またFT方式の場合，スミア量は転

(a) 演算前画像　　　　　　　　(b) 演算後画像

図 18.6　演算処理によるスミアの改善

送時間に完全に比例しており，この特性を利用して，信号処理上の演算によるスミア低減も実用化されている．図18.6に演算処理によるスミア改善の例を示す．

(5) シャッター特性

　イメージセンサーは，レンズで結像された被写体の実像を，ある時間間隔でサンプリングすることによって動きのある画像情報を得ている．このとき，CCD型が面内のどの画素も同じ瞬間に画像を捕らえる（グローバルシャッター）のに対して，通常のMOS型は面内の画素を順番にON/OFFさせながら画像を取り込んでいる（ローリングシャッター）．したがって，動きのある被写体を撮像した場合，CCDで捕らえた画像に手ぶれ以外の歪みはないが，MOS型の場合には，サンプリングする時間が面内で異なることによる画像の歪みを生じてしまう．光量が周期的に変化する蛍光灯下では，サンプリング周期とのビートが生じ，横縞状のノイズになることもある．この現象は露光時間が短くなるほど顕著に現れるため，明るい被写体の場合に出やすい．図18.7にMOS型におけるシャッター歪みの撮像例を示す．

　対策としては，すべての信号を保存するようなフレームバッファをセンサーの中に持てば解決する．しかし，これは単位画素あたりのトランジスタ数の増加につながり，小型化とは相反する方向になる．そこで実際には，サンプリング周期の短縮，すなわちフレームレートのアップによって，画像歪みの低減が図られている．

18.3 カメラモジュールの種類

(a) CCD画像　　　　　　　　　(b) MOS画像

図 18.7　シャッター歪みの画像例（移動中に撮影，15fps）

(6) 出力の自由度

　CCD型は，基本的に画素の並んでいる順番に信号を読み出すことしかできないが，MOS型は，DRAMと同様にランダムな読み出しが可能である。また，複数の出力を持つことによって信号の帯域を広げることもできる。

　撮像した画像を好きな部分から出力できるという特徴は，特に画像処理や画像認識に威力を発揮し，MOS型の大きなメリットになると考えられる。また，高解像度になった場合の，画像の一部切り出しや間引き走査も，CCDより簡単にできる。もっとも，現在のところ携帯電話用途では，このメリットをそれほど活用した商品は作られていない。今後，携帯電話で個体認識などが普及すれば，新たなMOS型が生み出されるかも知れない。

18.3.3　モジュール構造の違い

　小型サイズを要求される携帯電話用途では，MOS型，CCD型を問わず，カメラモジュールに特別な実装技術が必要となる。図18.8は，現在商品化されている主なCCDカメラモジュールの構成を示したものである。

　(a)は，CCDのベアチップを基板にボンディングし，ワイヤで接続した後，レンズブロックを被せている。普及しているカメラモジュールの中では，最も一般的な構造である。基板裏側のDSP（信号処理）のチップはワイヤボンディングされることもあるし，フリップチップやBGAパッケージで実装されることもある。

　(b)は，CCDがフリップチップ化され，レンズブロックの内壁に設けられた配線に接続されている。特別な立体配線のパッケージが必要になるが，

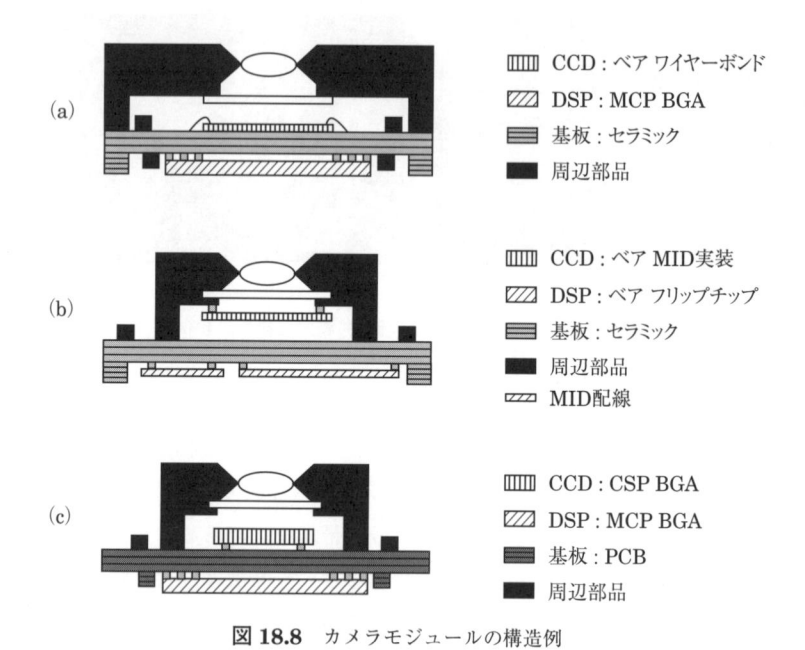

(a)
- ▦ CCD：ベアワイヤーボンド
- ▨ DSP：MCP BGA
- ≡ 基板：セラミック
- ■ 周辺部品

(b)
- ▦ CCD：ベアMID実装
- ▨ DSP：ベアフリップチップ
- ≡ 基板：セラミック
- ■ 周辺部品
- ▱ MID配線

(c)
- ▦ CCD：CSP BGA
- ▨ DSP：MCP BGA
- ≡ 基板：PCB
- ■ 周辺部品

図18.8 カメラモジュールの構造例

省スペースが実現できる優れた方法である。

(c)は，CCDがウエハーレベルCSP(Chip Size Package)と呼ばれる特別なパッケージング処理を施され，DSPと共に半田実装で基板に取り付けられる。ここに用いられるCSP型CCDの構造を図18.9に示す。CCDチップの表と裏にガラス板を張り合わせ，側面に立体的に形成した配線で，チップ表面のパッドと裏面の半田ボールを接続する構造になっている。ガラス板の張り合わせから側面の配線形成，裏面の半田ボール形成まで，すべてがウエ

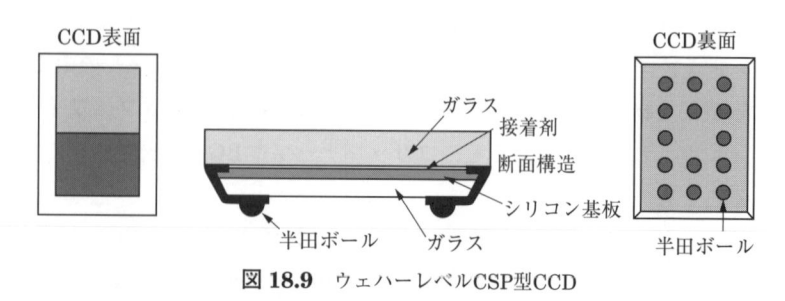

図18.9 ウェハーレベルCSP型CCD

ハー状態のまま処理され，最後にダイシングで各チップに個片化される。

このCSPは，カメラモジュールの小型化や大量生産に非常に適した方式であるが，まとめると以下の特長をあげることができる。

① ワイヤボンド接続等のスペースが必要ない。
② すべてがウエハー処理なので，生産性が極めて高い。
③ ガラス板があるために，ゴミの影響を受けにくい。
④ 通常の半田実装のラインだけで組み立てが可能。
⑤ ガラス板の屈折率の効果で，レンズ低背化が可能。

(a)や(b)の方式は，チップが剥き出しであるため，組み立ての際には徹底したゴミ管理が必要となる。また組み上がった後も，レンズブロック内に残された可動性のゴミが撮像面に移動して画像傷の原因となる。これに対して表面をガラスで保護された(c)方式は，それほど組み立てラインを選ばず，安定した製造が可能である。

現在，MOS型のカメラモジュールは，大半が(a)のワイヤボンド方式であり，一部(c)方式が出始めている。今後，(c)のようなCSPのさまざまなタイプが開発され，ワイヤボンドレス実装が増えてくると思われる。

18.4 携帯電話用途に向けた取り組み

MOS型は，もともと小型・低消費電力という特長を謳ってきたのに対して，CCD型は大型・大消費電力というシステムからのスタートであった。そのままでは携帯電話に使われるべくもなく，抜本的なブレークスルーが必要となった。この節では，携帯電話用途に向けたCCDカメラモジュールの小型化と低消費電力化の取り組みについて紹介する。

18.4.1 システムの小型化

CCDカメラの小型化を制限する要因には次のような点が考えられる。

① システムを構成するLSIのチップ数
② 抵抗，コンデンサ等の外付け部品
③ イメージセンサーのパッケージ形状
④ レンズの大きさとマウント手段

⑤ 外部機器との接続手段

①については，先に述べたように，これまでのCCDカメラは3～5チップの周辺LSIを必要としていた。しかし，2002年に発表されたFT方式CCDのチップセットは，わずか2チップのみでカメラシステムを可能にした[3]。図18.10にそのブロック図を示す。システムに必要な信号処理，クロックドライバー，電源回路はすべて1チップに搭載されている。

周辺回路の1チップ化は，アナログ－デジタル混載の中耐圧デバイスを使って達成された。加えて，CCDの駆動電圧を低減したことが電源回路の内蔵を可能にした。

しかし，チップ数が2個になったとはいえ，②に指摘したように抵抗やコンデンサといった外付けパーツはまだ多い。これらの外付けパーツは，図18.10に示したように，アナログの信号処理と電源回路（DCコンバータ）に必要とされる。このうち，アナログ信号処理用のパーツは，基本的にMOS型でも必要となるものである。したがって，最終的には，電源用の外付けパーツのみが，MOS型よりも余分な部品となる。

電源回路は，2.8Vの単一電源からCCDに必要な3種類の電圧を，チャージポンプ方式の昇圧回路によって生成している。このため，チャージポンプと平滑のためのキャパシタはどうしても残ってしまう。これをいかに小さく

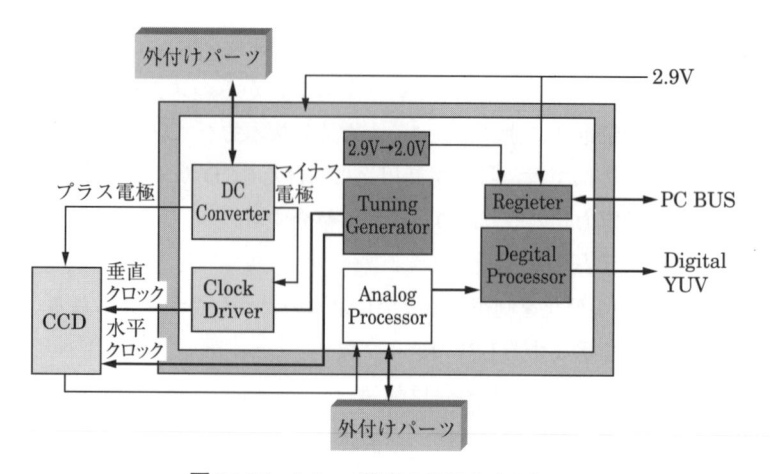

図 **18.10** 2チップ構成のCCDカメラシステム

するかが，今後の課題であろう。

③，④，⑤に掲げた項目は，MOS型にも共通した課題である。③のセンサーパッケージは，前述のCSPがひとつの解となるが，レンズ系の装着方法は，結局図18.8のような構造にせざるを得ない。ここに何らかの工夫が欲しいところである。もっとも，センサーの光学サイズが小さくなれば，それに伴ってレンズブロックは小さくなり，③と④は一気に楽になる。この点，画素のシュリンク化が進んでいるCCD型の方が有利と言えるだろう。

18.4.2 低消費電力化

CCDカメラの低消費電力化を制限している要因には，次のようなものが考えられる。

① CCDゲートの充放電
② 電源(昇圧回路)のロス
③ 信号処理回路(LSI)の消費電力

以下，この課題をいくつかの項目に分けて解説する。

(1) CCD駆動に伴う消費電力

①はCCD特有の消費電力である。MOS型は基本的には回路のスイッチング動作であるため，低電圧の単一電源でこと足りる。これに対してCCDは，電圧によってゲート下のバケツ(電位の井戸)の深さを制御しているため，複数の高い電圧を必要とする。これが，CCD型の消費電力の大きい理由である。単純には大きなキャパシタの充放電の繰り返しにすぎないわけだが，FT方式の場合，消費電力は，フレームレートに比例し，駆動するクロックの波高値に大きく依存する。2001年に発表されたFT方式のCIF-CCDでは，プロセスやデバイスの改良によってこれらの駆動クロックの電圧を大幅に低減し，CCDカメラとして初めて100mW(15fps時)を切った。その後，光学サイズを1/7から1/9タイプにシュリンクすると同時に，さらに低電圧化を進め，45mW(15fps時)を達成している。このときのCCDおよびそれを駆動するクロックドライバの部分の消費電力は，わずか10mW以下にすぎず，MOS型と比べて，もはやデメリットにはなっていない。

(2) 電源ロス

②はCCD駆動に必要な高い電圧を電源電圧から昇圧する際のロスであ

る。前述したように，FT方式のCCDカメラモジュールでは，昇圧にチャージポンプ方式が採用され，DSPチップの中に搭載されている。図18.11にチャージポンプ回路図と昇圧効率の概要を示す。実際のところ，DSP混載の様々な制約がある中では，昇圧の効率はそれほど高くとれない。しかし，図18.11に示したように，ロスは昇圧時よりも，昇圧した電圧から所定の値までドロップさせる時に発生する。したがって，もし電源入力が2.9Vの時には，CCDに必要な電圧が$(2.9 \times n)$Vであれば，効率のよい内蔵電源となる。CCDの駆動電圧を下げるだけではなく，どの値を選ぶかによっても電源効率は大きく変わるということである。

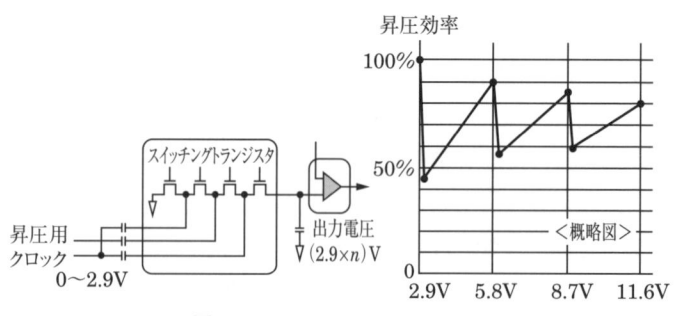

図 18.11 チャージポンプ方式と効率

(3) パワーマネージメント

CCDの低電圧駆動を進めた結果，カメラの電力消費は③で指摘した信号処理部分が支配的となってくる。基本的にこの信号処理は，CCD型もMOS型も同じであり，CCDの特殊性はそれほどない。

信号処理のデジタル回路の消費電力は，LSIのデザインルールを小さくすることで，ある程度低減できる。しかし，通常アナログ回路では入力信号の有無にかかわらず定常的にバイアス電流が流れるため，そう簡単ではない。周波数特性やリニアリティを電流で稼ぐ部分があり，一般的なデザインルールのシュリンク則が当てはまらないのである。そのようなアナログ処理回路に対して，MOS，CCDを問わず効果的な方法が，パワーマネージメントである[4]。携帯電話用途のカメラは通常のテレビカメラのようにフレームレートが固定ではない。そこで映像が出力されていない時にシステムの動きを止めれば消費電力を大幅に下げることが可能となる。図18.12にパワーマネー

ジメントの概念図を示す。

システムを止める方法は，(a)システムのクロックを止める，(b)電源を止める，の二つが考えられる。(a)の方は比較的単純なシーケンスで可能であり，図18.12のように，垂直お

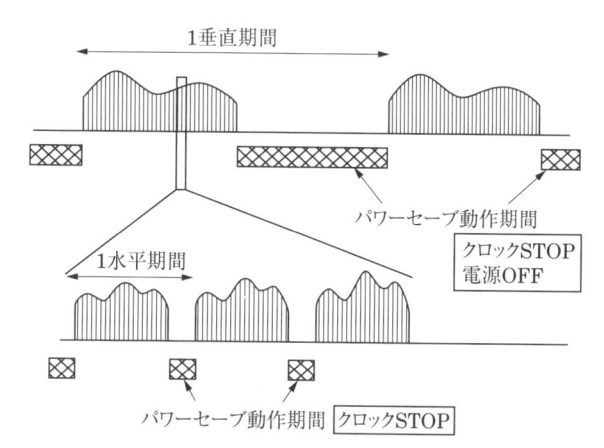

図 18.12 カメラモジュールにおけるパワーマネージメント

よび水平の休止期間にクロックの停止を行う。一方(b)は，チャージポンプの昇圧動作を停止するように電源を操作する。この方法は，電源ON時の立ち上がり時間を考慮し，実用的には垂直の休止期間のみに適用される。

18.4.3 高解像度化

最後に，携帯用途でも競争が激化しつつある高解像度化について少しだけ触れたい。冒頭述べたように，携帯電話カメラもDSCと同様にメガピクセルへの移行が加速している。一般ユーザーから見たとき，画素数は非常にわかりやすい指標となる。したがって，それが主流となるかどうかはともかくとして，高解像度に向かうのはイメージセンサーの宿命と言えるかもしれない。

しかし，携帯電話用途では，下記の点でDSCよりも厳しい課題を抱えている。

① 光学系の大きさ(特に高さ)の増加
② 消費電力の増加
③ メカニカルな機構の制限
④ 価格のアップ

①は，高解像度化に伴って(同じ画素サイズの場合には)光学サイズが増加するためである。単純には，レンズの高さはセンサーの光学サイズに比例

する。また，高精細な画像を得るために，レンズ自身の構成枚数も増加する。さらに，DSCでは一般的な光学ズームやオートフォーカスなどの機構を入れようとすると，光学系全体はますます携帯電話に不釣り合いな大きさになってしまう。結局，いまは画素サイズを徹底的にシュリンクして全体を小さくするしかないが，光学系についても何らかの斬新なブレークスルーが待たれるところである。

③に掲げたように，光学系のメカニカルな精密機構であろうと，携帯では衝撃や振動に対して厳しい耐久性を要求される。これについても，小さくて頑丈な機構の開発が必要である。

②の消費電力は言うまでもない。現在は多少，消費電力に目をつぶって高解像度のカメラを搭載しているケースもあるが，携帯電話の機能はますます肥大化の傾向にある。いずれ徹底した低消費電力を要求されるようになるだろう。この点はMOS型の方が有利であるが，先の画素シュリンクによる小型化はCCD型に分があり，将来どの方式が勝ち残っていくのかはまだわからない。あるいは，携帯電話の多様化に伴って，いくつものタイプのカメラモジュールが共存することも考えられる。携帯電話カメラが評判通り巨大な市場に成長することに期待したい。

参考文献

1) H.Takahashi 他 : "A3.9μm Pixel Pitch VGA Format 10b CMOS Image Sensor with 1.5 - Transistor/Pixel", ISSCC, Feb.2004.
2) M.Mori 他 : "A 1/4in 2M Pixel CMOS Image Sensor with 1.75Transistor/pixel Architecture", ISSCC, Feb.2004.
3) 大鶴 他 : "携帯電話向け1/9型CIF対応CCDイメージセンサ", 映情技,Vol.26, No.26, pp.59 - 64, Mar.2002.
4) 谷本 他 : "2.8V動作のCCDチップセット開発", 信学技報, Vol.100, No.403, pp.27 - 32, Nov.2000.

第19章

ネットワークカメラ

日本ビクター株式会社　櫻井幸光

19.1 はじめに

　IT技術の進歩・普及と共に，ネットワークは日常の情報交換に不可欠な物となってきている。電信電話網から生まれたネットワークは，文字や音声の伝達のため進化した歴史をもつ。現在では，コンピュータの進歩・普及と共にデータの伝達のみならず，音声や画像の伝達手段としても，TVやラジオのように一般家庭で利用が進んでいる。一方，静止画や動画を記録するカメラは，電子技術やIT技術の進化と共に，ディジタルスチルカメラやディジタルビデオカメラへと進化して，一般家庭でも親しまれるまでに普及している。

　現在，ネットワークの普及を加速させたインターネットによって，誰でも手軽に情報の受発信が可能となり，手軽な画像情報の配信手段としてネットワークカメラ（画像を直接ネットワークへ送り出す物）が市場に現れ，普及の段階になっている。本章では，このネットワークカメラに着目し，そこに使われている多岐に渡る技術を整理して解説するものである。

19.2 構成とメカニズムの概略

　ネットワーク上で画像データ（動画，静止画）を提供するものには様々な種類があるが，その情報提供の形態から大きく二つに分類される。一つは画像をストレージに記録し，要求時に提供もしくは放送する仕掛けである。もう一つは，カメラから画像を直接ネットワークへ送り出す仕掛けである。後

者でも，要求時に送り出す方法と放送の二つの種別がある。また，双方ともユニキャスト配信とマルチキャスト配信と呼ばれるプロトコルがある。ネットワークのアプリケーションで，このような画像や音声を送り出すものを，ストリーム・アプリケーションもしくはストリームと呼ぶことがある。

ここでは，「ネットワークカメラ」に使われている技術を解説するので，後者の仕掛けに着目して，その構成を述べることにする。

さて，カメラから直接画像データをネットワークに送り出す仕掛けであるが，機器およおよび機能・性能から，図19.1に示すように(a)分離型と(b)一体型の二つに分類されることがある。

どちらの方法でも，原理の概略は以下の通りである。カメラの光学系により撮像素子上へ映像を投影させ,撮像素子およびその周辺回路で電気信号へ変換する。撮像回路からの信号がアナログの場合には，DA変換が行われ,ディジタル映像信号が取り残される。ディジタル映像信号そのままパケット化してネットワークで送る事は，莫大な伝送容量を必要とし，複数のビデオ信号を扱う場合には，トラフィックの輻輳の影響も考慮しなくてはならない。そのため，画像圧縮の技術が用いられ，容量を低減することが一般的である。また，クオリティーが要求されない用途やさらに低レートの伝送路を用いなければならない場合には，フレームレートを落としたり，解像度の低減が検討される。

通常，ネットワークで映像を伝送する場合には，パケット通信方式が一般的である。ネットワークへのパケット送り出しは，プロトコルと呼ばれる規則に従って行われることが一般的である。プロトコルのモデルは図19.2に示されるようにOSI (Open System Inter-face)[1]で定義された階層化概念に従

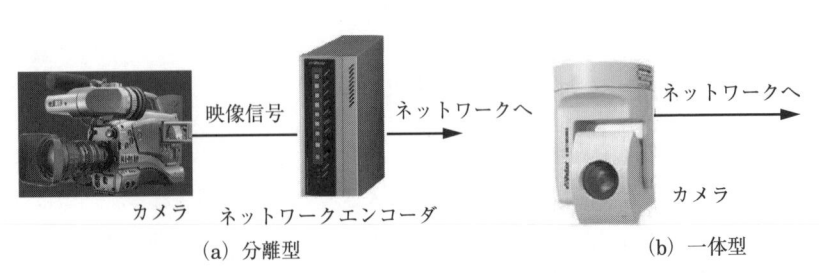

図 19.1 ネットワークカメラの構成

って議論される。ネットワーク上のパケットは用いるネットワークのプロトコルに従って，多重にカプセル化が行われるのが通例である。

　ネットワークカメラの内部には，この階層すべてが含まれており，また，その表示装置も同様なことが言える。圧縮されたビデオ信号は，多くの機器において画像データはマイクロプロセッサとネットワークコントローラを用いて，ネットワークのプロトコルに従って階層的にカプセル化され，伝送が行われる。

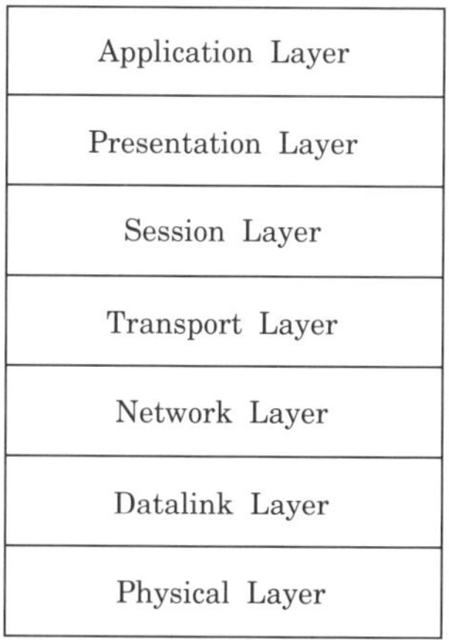

| Application Layer |
| Presentation Layer |
| Session Layer |
| Transport Layer |
| Network Layer |
| Datalink Layer |
| Physical Layer |

図 19.2 OSIの7階層

　以上がネットワークカメラの画像の入口から出口へと連なる構成技術の概略であるが，以下ではそれらの各々に関して解説を行う。

19.3 光学系

　ネットワーク・カメラにおいてもその光学系は一方の根幹を成す技術であるので，ここで簡単に解説を行うことにする。さらなる光学系の詳細は，引用文献などを参照にされたい[2]。ネットワークカメラの撮像メカニズムの基本的な部分は，通常のカメラと同じと考えてよいが，フィルムカメラとビデオカメラやディジタルスチルカメラとでは，光学系によって像を結ばせる対象がフィルムと撮像素子と異なる。

　ネットワークカメラの光学系もレンズを使い，フォーカスを調整して撮像面に像を描かせるのが基本であるが，一定の大きさを持つ対象物の像を描かせるため，また，コンパクトな物にするために，図19.3で示されるような特殊なレンズを組み合わせることが多い。ネットワークカメラの一部には，ズーム機能を備えた光学系を持つ物もある。さらに，フィルムカメラやビデオカメラと同様に，撮像の明るさを調整するアイリスの機能も持っている。フォーカス，ズーム，アイリス等の機能は，一部自動化されているが，ネッ

トワーク越しに遠隔制御される物も多い。

フィルムカメラにおいては，白黒とカラーの違いはフィルムの違いにより使い分けられている。

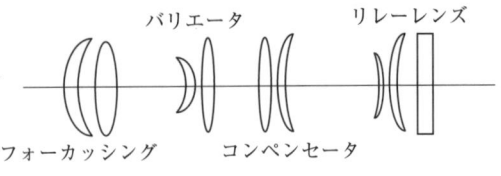

図 19.3 ズームカメラのレンズ構成
（フォーカッシング，バリエータ，コンペンセータ，リレーレンズ）

ビデオカメラにおいては，撮像素子の都合からカラーを色分解（分光）して，3原光（赤，緑，青）各々3系統を別に撮像伝送し，再生側で電子的に合成する手法がとられている。現在は撮像素子が半導体集積回路（CCDやMOS）での製造が可能になり，分光を行わなくても，フィルターアレイを用いてカラーの撮像が可能となっているが，撮像管（電子管）による撮像が一般的だった時代には，分光の技術は重要であった。また，現在でも高解像度，高精度が求めらるカメラでは，分光が行われている。分光はプリズムを用いて行われるが，コンパクトな設計が求められる上に，3原色光個々の撮像の相関を機械的に合わせることが必要であるので，光学系にも精度が求められる。

19.4 撮像素子

フィルムカメラは，感光技術によって映像を記録していた。ビデオカメラは，映像を電子的信号に変換する技術の進歩によって生み出された。映像の電気信号への変換は19世紀から開発が行われてきたが，電子管による撮像が可能となって広く世の中への普及が進んだ。この電子管が撮像管とよばれるものである。撮像管の原理は，光電変換膜が光を受けて発生した信号電荷を電子ビームで走査して信号を取り出す仕掛けである。この光電変換膜には数種類のものがあるが，プランビコン，カルニコン，サチコン，ニュービコンなどがそれである。しかし，電子管を用いるのでカメラを小型にするには限界があった。

固体撮像素子は，原理的には，フォトダイオード等の光電変換素子を2次元に並べ，各素子で得られた信号電荷を半導体内で転送したり，スイッチングを行い走査を行うものである。現在，多く使われている撮像素子には，

CCD(Charge Coupled Device)とMOS型の撮像素子がある。CCDで実用になっているものは，その構造から，さらに5種類に分類され，IT‐CCD，FF‐CCD，FT‐CCD，FIT‐CCD，全画素読み出しCCDと呼ばれるものがある[2]。これらCCD型の撮像素子は，読み出しにより信号電荷がなくなってしまうのに対し，MOS型の撮像素子は読み出し後も信号電荷が保持される特性がある。さらに，走査時のスイッチングのノイズが克服された現在，周辺回路の取り込みやすさ，低消費電力などの利点を生かし，廉価なカメラへの応用が増えてきている。

フォトダイオードの光電信号変換のみでは単色の信号しか得る事ができない。カラーの映像を得るためには，光学手段を使ってRGBの3原色光に分解された画像に対応する信号を得る必要がある。手法としては，図19.4に示すように，分光プリズムを用い，3原光それぞれの像を三つの撮像素子で信号化する方法（3板式）と，色フィルターアレイや回転式フィルターを使い一つの撮像素子で済ます方法（単板式）がある。3板式は，それぞれの撮像素子や分光プリズムの機械的位置などの精度が求められるが，RGBそれぞれの撮像素子が独立しているのでダイナミックレンジや解像度の点で有利であり，品位が求められる放送局や業務用のカメラに用いられている。単板式の色フィルターアレイを用いたものは，構造的に安価なものが製造できるので，家庭用ビデオカメラやデジタルカメラへの搭載が著しい。その他，回転式フィルター方式がある。この方式は，RGBそれぞれの画像信号が面順次に出てくるため，動きの早い動画像には適さないが，色調の良い画像が得られやすいので，医療用や特殊な用途に用いられている。

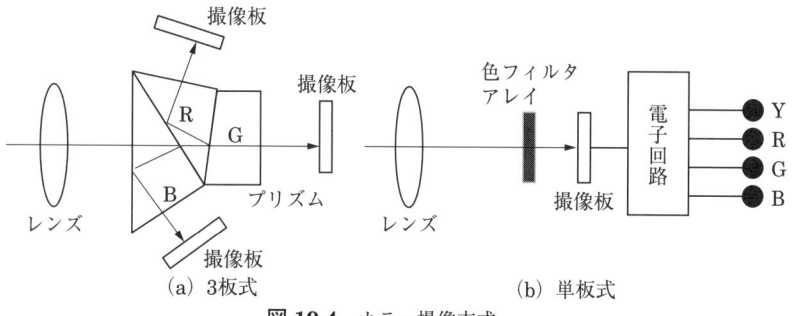

図 19.4　カラー撮像方式

19.5 アナログ映像信号

　撮像素子から取り出した信号は，表示を行う機器まで電気信号として送られる。また，この電気信号を元にした記録が行われることがほとんどである。多くの映像信号は，アナログ信号としてフォーマットが決められている。このフォーマットとして顕著な例がテレビジョン信号[4]であるが，このほかにコンピュータのディスプレイに用いられている映像信号，CCTV（Closed Curcuit Television）や一部の医療機器などに用いられる特殊な信号がある。一部にはデジタル信号の規定のみのものがある。

　映像信号は，動画を静止画の連続に分解され，さらにそれぞれの静止画を走査線と呼ばれる線に分解されて一本の信号となる。この現象信号の品位は，一定時間に送る静止画の枚数や画面の走査線の数で定まる。

　テレビジョン信号で特徴的なことは，走査線の数を少なく，かつ動きをスムーズにするため，走査線を1本おきに交互に走査するインターレースと呼ばれる方式をとっていることである。この方式において，静止画の1画面分を全部書き換える信号単位をフレーム，その半分，1本おきに1画面を走査する単位をフィールドと読んで区別している。これに対し1画面を順序良く走査する方式をノンインターレースと呼ぶ。この方式は，主にコンピュータのディスプレイや医療機器などに用いられている。

　カラーの画像は，白黒の画像に比べRGBそれぞれについて信号を送ればよいが，この方式だと白黒の3倍の信号を送らねばならない。カラー・テレ

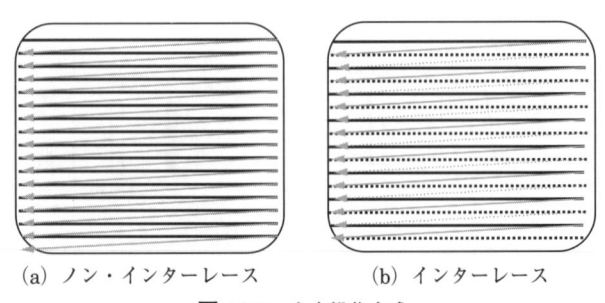

　　　　（a）ノン・インターレース　　　　（b）インターレース
図 19.5　走査操作方式

ビジョン方式のNTSC，PAL，SECAM方式では，白黒の信号と互換性を加味し，さらに人の目の特性を考慮して，RGBを輝度信号と二つの色差信号に変換し，それぞれに違った重み付けをつけることによって白黒とほぼ同じ周波数帯域による伝送，記録を可能としている。カラーのテレビジョン映像信号は，1本の信号（コンポジット）として纏められる方式と3本の信号を別々に送る方法があり，後者はさらにRGBを別々に送る方法，輝度信号1本と色差信号2本を送る方法（コンポーネント）がある。

現在，テレビジョン信号はハイビジョン信号へ，コンピュータディスプレイは，VGAからSVGA，XVGA等へと高解像度への傾向にあり，より高品位の信号を扱う機器の開発も進められている。

19.6 ディジタル映像信号

白黒のアナログ映像信号は，動画を静止画の並びに分解し，さらに静止画の画面を走査して1本の信号にまとめる方式がとられている。この信号を標本化・量子化し，ビットストリームとするとディジタル映像信号が得られる（ビット列の並べ方に作法が存在し，時としてフォーマット上の議論に及ぶ）。カラー映像信号の場合には，3種類の色情報のアナログ元信号としてRGB信号やコンポーネント信号が使われる。

前節で述べたように，元にするアナログ信号の種別により，また，AD変換時の標本化・量子化の分解能，ディジタル化したときのビット列の配列作法により様々なフォーマットが存在する。さらにエンディアン問題（上記，ビット列の並べ方）の他，カラー情報の並べ方として，面順次，線順次，点順次など，データ配列の作法のみを考えても様々なフォーマットが考えられる。

映像情報の通信伝送，放送，記録，表示のためには，多くの機器で信号の交換が行えることが望ましく（特にテレビジョン信号），そのため規格統一が行われている。特に，ITU-R BT.601のフォーマットは，初期に規格化され業務用ディジタル放送機器のD-1フォーマットの元規格になっている。表19.1に代表的なフォーマットを示す（一部は，圧縮技術を前提としたフォーマットである）。

表 19.1　各種映像信号のフォーマット

分類	有効画素数	規格／用途
ITU-R BT.601		標準デジタルTV[5]
NTSC	720×488	
PAL	720×576	
ITU-R BT.709		HDTVデジタル規格[6]
Hi-Vision	1920×1035	
1250-HDTV	1920×1152	
UDTV		Ultra Difinition TV
UDTV-0	1920×1080	
UDTV-1	3840×2160	
UDTV-2	5760×3240	
UDTV-3	7680×4320	
MPEG-1		Moving Picture Cording Experts Group-1
SIF NTSC	352×240	
SIF PAL	352×288	
ITU-T H.261[8]		
CIF	325×288	Common Intermediate Format
QCIF	176×144	Quarter CIF
MPEG-2		Moving Picture Cording Experts Group-2
High	1920×1080	
	1920×1152	
High1440	1440×1080	
	1140×1152	
Main	720×488	ITU-R BT.601 同等
	720×576	
Low	352×768	SIF対応
Computer		
VGA	640×480	Video Graphics Array
SVGA	800×600	
XGA	1024×768	Extended　Graphics Array
SXGA	1280×1024	

19.7　画像圧縮技術

19.7.1　画像圧縮技術の概要

　画像圧縮に用いられる主要な基礎技術は，以下のものが挙げられる．
- 空間周波数分解（多くはDCT[10]が用いられる）による冗長性の排除

- DCTで得られた周波数項の符号化(ハフマン符号化[11]，算術符号化)
- フレーム間相関を用いた差分
- 動き検出

　以下で解説する画像圧縮の規格においても，上記手法が適宜使われ，目的(記録／伝送メディアや用途)に合わせたフォーマットが規定されている。

19.7.2　JPEG

　JPEG画像圧縮方式[12]は，一静止画面内で完結した圧縮方式で，動画像を静止画像列として扱って静止画を圧縮する方式である。したがって，ビデオだけでなく，ディジタルスチルカメラ等やPCの画像データへの採用も多い。

　JPEGは，一般的に知られているDCTを採用した不可逆方式と空間的な予測符号を採用した可逆方式とがある。

19.7.3　H.261

　H.261は，フレーム内の圧縮としてはJPEGでも採用されている直交変換を用いている。しかし，順方向のフレーム間予測が含まれている。直交変換にはDCTが用いられ，フレーム間予測は，動き補償フレーム間予測が採用されている。

19.7.4　MPEG

　MPEGは，画像圧縮フォーマットに関してだけでもMPEG-1，MPEG-2，MPEG-4[13]と分類され，さらに，インタラクティブ性を加味したコンテンツフォーマットのMPEG-7[14]やコンテンツ配信システムから著作権の保護を包括したMPEG-21[15]などがある(MPEGに関しては，16)，17)に挙げた参考図書が理解を深めるために大変に役立つ)。ここでは主に映像情報を扱うのでMPEG-4までを解説する。

(1) MPEG-1

　MPEG-1に用いられている基礎技術は，JPEGやH.261と同じであるが，再生機器に要求される早送り，巻き戻しなどのトリックプレイへの対応で，GOPと呼ばれるグループ単位のみの再生が可能な事が含まれている。フレーム間予測は，フレーム内で完結した符号化(Ｉピクチャ)，フレーム間予測符号化(Ｐピクチャ)，双方向フレーム予測符号化(Ｂピクチャ)と呼ばれる静止画面を相互に関連させて行っている。各ピクチャーは，内部にはスライス，

マクロブロック，ブロックと呼ばれる内部構造を持っている．

(2) MPEG-2

MPEG-2 の基本的な圧縮符号化のメカニズムは，MPEG-1 と同じであるが，インターレースをそのまま符号化するようなモードを有している．また，HDTV 対応の高品位化の工夫が行われている．

内在する多くの圧縮パラメータ等をエンコーダーからデコーダへ，プロファイルおよびクラスという概念の導入によって知らせる事により，多様で複雑な仕掛けの中での混乱を防ぎ，かつ効率向上の方策が採られている．

(3) MPEG-4

MPEG-4 は，コンピュータグラフィックス等の静止画，テキストなども取り込んだマルチメディアの符号化標準であり，H.263[18] がベースとなっている．伝送路容量の適応幅を広くし，高い圧縮率が実現可能である．また，個々のデータ・コンテンツ（音声，画像，テキスト）をオブジェクトとして取り扱い，そのコンテンツを合成する仕掛けがあり，ストリーム・コンテンツだけでなく，インタラクティブ・コンテンツも取り扱える．アプリケーションとしては，リアルタイム伝送，インターネット動画配信，放送，蓄積記録パッケージ，構内放送機器等が想定されている．

MPEG-4 のプロファイルとレベルは，MPEG-4 より多岐のレベルを包括している．各画面は，オブジェクト指向を取り入れた結果，フレーム/ピクチャーからビデオ・オブジェクト・プレーンと呼ぶことになっている．

MPEG-4 で特徴的な部分は，自身にエラー耐性ツールを持っていることである．これまでの符号化方式では，エラー訂正はメディア側での処理に頼っていたが，MPEG-4 では，画像特有な欠落部分のデータの差替えなども考慮され，エラーの多いメディア上でも，耐性が強くなるような仕掛けが考慮されている．

19.8 ネットワーク

通常のカメラは，ビデオ信号の出力端子（デジタル/アナログ）がついており，そこから映像信号が出力される．そこからオンエアー用の RF 送り出し

装置や記録装置へ信号が運ばれる。ネットワークカメラには，その名のごとくネットワーク端子がついており，ネットワークのプロトコルに従って信号が送り出される。

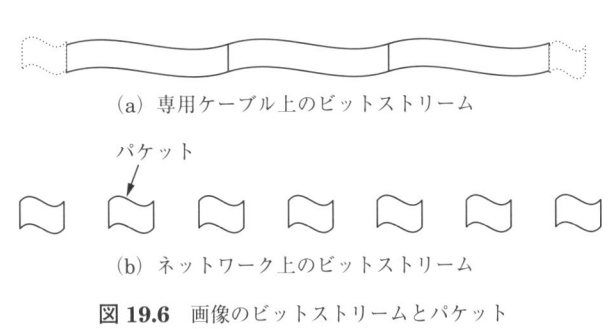

(a) 専用ケーブル上のビットストリーム

(b) ネットワーク上のビットストリーム

図 19.6 画像のビットストリームとパケット

ネットワークで特徴的なことは，映像データを扱う時も，信号を連続的ではなくパケットに格納して送出することである。パケットは，プロトコルに従った管理情報（アドレス，パケットの種別，エラー制御，セグメントされる場合は，その管理情報等）とペイロード（アプリケーション領域）情報より構成されている。パケットは，OSIの概念に従い，各々のネットワークの規定により複数の管理情報で多重にカプセル化されている。

19.8.1　OSI Model と TCP/IP

ネットワークでは，その大規模なインフラストラクチャーを画像伝送以外の様々なアプリケーションで用いる。そのため，あたかも郵便や宅配便の配送システムのように様々な取り決めがある。歴史的背景から各々のネットワークの取り決めは様々であったが，機器の相互接続のために，国際標準機関のISOによりOSIが策定された。現在では OSI Model により，様々な機器を接続する時にプロトコル概念の統一が図られている。

現在，インターネットが広く全世界に普及し，NetworkとTransport等のレイヤーはTCP/IP[19]が主流になっているが，OSI Model は，ハードウェアやアプリケーション相互接続，階層間のデータ受け渡しの規約作りに重要な地位を占めている。

19.8.2　ネットワーク機器

OSI ModelのPhysical およびDatalinkレイヤーは，ネットワーク機器（インターフェース・カード，HUB）等で実現される。一部の機器の中には，アプリケーション，レイヤースイッチなどのように上位層まで扱うものがあ

る。オフィスなどの構内におけるネットワーク（LAN）のインフラストラクチャーは，ISO 8802.3（Ethernet）[20]の適用が著しい。一方，遠距離の通信（WAN）は，通信業者のネットワークセンターからのインフラストラクチャー（今日ではDSLや光ファイバー等が主流）で実現されている。

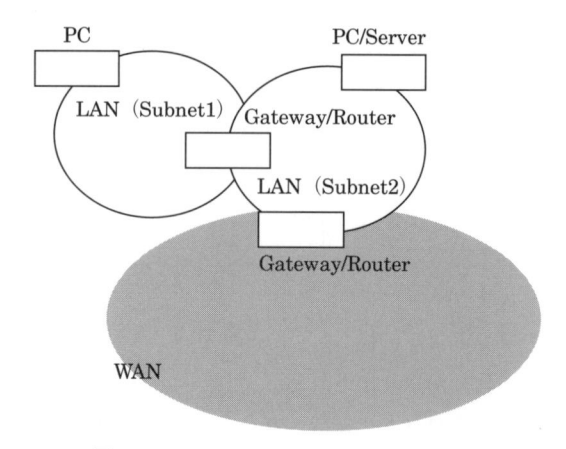

図 19.7　LAN‐LAN / LAN‐WANの接続

LANとLAN，LANとWAN間の接続には，RouterやGatewayと呼ばれる装置で接続を行い，パケット通信の制御が行われる。

19.8.3　TCP/IPネットワーク

インターネットの普及と共に，実際のプロトコルは，TCP/IPが広く使われるようになってきている。TCP/IPには，PCやサーバーなどにIPアドレスをつけ，サブネットというグルーピングを行って，さらにサブネット同士をRouter/Gatewayと呼ばれる装置で繋いで，大きなネットワークを構築する場合の規約がある。現在，構内LAN等の各機器は，ハードウェア・アドレスとIPアドレスが2重に割り当てられている。ARPテーブルとルーティング情報の交換により，サブネット内外の通信の確保と切り分けによりトラフィックの軽減を行っている。また，大規模のネットワークを効率よく管

表 19.2　インターネットの代表的なアプリケーション

サービス	内容	プロトコル	サーバー	クライアント
メール	文章, データ等	SMTP	sendmail, qmail	EUDORA, OpenLook, MS Messenger
メーリングリスト	文章の特定者同報	SMTP	fml, majorodomo	EUDORA, OpenLook, MS Messenger
ニュース	文章の不特定同報	NNTP	INN	Mnews, MS Messenger
FTP	情報のアーカイブ	FTP	ftpd	FTP
WWW	情報の閲覧, ナビゲーション	HTTP	httpd, Apach	Netscape, IE
Chat	筆談	IRC	IRC Server	Irchat IrcII

理するため，IPアドレスとネットワーク名や機器名とを対応させるDNSと呼ばれるサーバーが運用されているのが通例である[21]。アプリケーションの代表例で，古くからよく利用されているものを表19.2に示す。

今日では，その他の様々なアプリケーションも多く存在し，インターネット上を賑やわせている[22]。

19.8.4 ストリームアプリケーション

データが時系列的に連続である動画像や音声はストリームアプリケーションと呼ばれ，他のアプリケーションとは分別されることが多い。ネットワークの終端機器は，情報発信するサーバと，それを利用するクライアントに分類される。ネットワークカメラは映像を提供するので，基本的にはサーバに属すとされることが多い。

ネットワークカメラでは，内部にネットワークサーバの機能を持たせるものが一般的で，多くはカメラ側にWWWサーバの機能を搭載して画像を配信し，PC側にWWWブラウザーを動作させ画像表示を行っている。WWWのプロトコルであるHTTP[23]自体には，動画を扱う取り決めがないが，クライアント・プル/サーバ・プッシュ[24]と呼ばれる拡張が行われている。これで転送を行ったり，WWWブラウザーのプラグインの機能を使って独自の拡張をしている物もある。一方，まったく独自のサーバ=クライアントのメカニズムで転送を実現している物も存在する。

ストリーム・アプリケーションは，時として膨大なネットワーク・トラフィックを生み出したり，リアルタイム性が要求されたりするので，コネクションレスのUDPプロトコルが使用される事が多い。同じネットワーク内で多数のEnd-to-Endの通信が想定される場合には，フレームレートを落してトラフィックの低減をはかっているものも多い。また，ストリーミング用のプロトコルであるRTP[25]/RTCP[26]やこれらのセッションコントロール用プロトコルであるRTSP[27]，QoS関連を扱うRSVP[28]等が制定されているので，これに従う物も多い。

多くのトラフィックを発生するストリームを通常のユニキャスト（1対1）通信のみで扱うのは，図19.8(a)のようにサーバへのトラフィック集中を生み得策でないため，オンデマンドの再生は不可能になるが，放送型の通信手

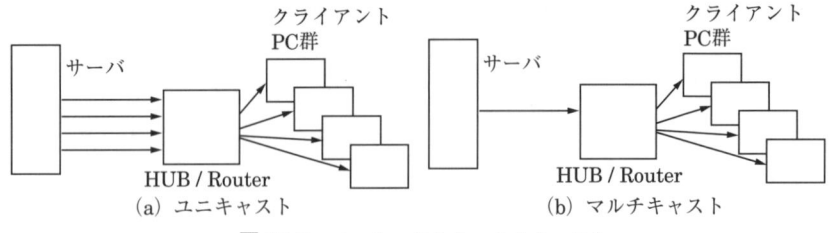

図 19.8 ユニキャストとマルチキャスト

段が使われることも多く，これが図19.8(b)に示すマルチキャスト[29]と呼ばれる方式である．ネットワークでのマルチキャストは，通常，送り出しのサーバー側ではマルチキャストアドレスと呼ばれるターゲットアドレスへ向け送信が行われる．受け側のクライアントでは，この送信を受けるため自己のアドレス以外にマルチキャストのアドレスを持つパケットを受け入れる．通常，サーバーとクラインアント間にはHUBやルーターが存在しており，クライアントはこれら集線／接続装置に一定の間隔で参加／継続表明を行うことによりパケットの配送を指示し（マルチキャスト・スヌーピング），無駄なトラヒックが不参加のネットワークやクライアントに及ばないようにする仕掛けがされている．

19.9 ネットワークカメラのアプリケーション

これまでは，ネットワークカメラの内部に使われていた技術を主体に述べてきた．ネットワークは，インフラストラクチャー上に様々な分野の新しいアプリケーションを発展させてゆき，相互に進化してゆくところに最大の特長があるように思われる．マルチキャストの部分で解説したように，ネットワークは集線結合機器の機能抜きには考えられない．大容量データを遠距離で通信する場合には，多くの接続装置を介すので，トラフィック集中の影響を受けやすくなる．非リアルタイム系のアプリケーションでは蓄積サーバーや図19.9のようにプロキシ／キャッシュ・サーバを分散させておく事が考えられてきている．

また，リアルタイムのアプリケーションでも，リフレクターを散在させ，

複数のルートによる伝送でトラフィックを軽減する研究も行われてきている。しかし，このようなメカニズム上で著作権を伴うようなストリームデータの管理は，複雑化するため，実際の運用や普及上の課題解決はこれからである。

一方，まったく別の視点で，カメラを使ったバイオ認証のセキュリティー市場への応用は，昨今，目覚しい発展を見せており，すでに運用に至っているものも多い。企業の事務所等の入り口にカメラを取り付け，顔の形で認証を行いロックを解除するシステムも出てきている。また，複数のカメラと複数のコンピュータで，特定人物を追尾するような興味深いソフトウェア（エージェントによる人物追尾）の研究も行われ[30]，将来の応用が期待されるところである。

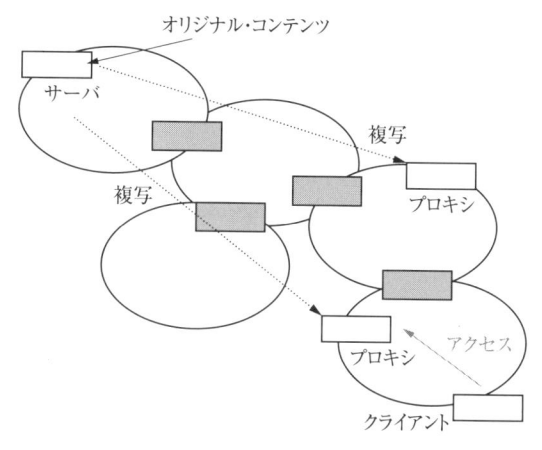

図 19.9 プロキシによるトラフィックの軽減

ネットワークカメラの解説は，光学からネットワークの応用技術までと幅広く，さらにアプリケーションに至っては，コンテンツの著作権保護やモラルの遵守など工学の分野を逸脱する領域に立ち入らなければならず，少ない紙面ですべてを網羅することは難しい。本解説は，かなり駆け足で表面的な部分に留まらざるを得なかった。さらに深い部分に関しては，参考文献等を参考にされたい。

参考文献

1) ISO/IEC DIS 9834-1 Information Technology - Open Systems Interconnection - Procedures for the Operation of OSI Registration Authoritie.
2) 池森敬二，加藤正猛，小山剛史：「光学系の仕組みと応用」オプトニクス社 (2003).

3) 竹村裕夫:「CCDカメラ技術入門」コロナ社(1997).
4) 日本放送協会:「NHKカラーテレビ教科書(上)(下)」日本放送出版協会(1997).
5) BT.601 Encoding parameters of digital television for studios.
6) BT.709 Parameter values for the HDTV standards for production and international programme exchange.
7) ISO/IEC 11172 Information technology - Coding of moving pictures and associated audio for digital storage media.
8) ITU-T H.261 Video codec for audiovisual services.
9) ISO/IEC 13818 Information technology - Generic coding of moving pictures and associated audio information.
10) K. Rao, P. Yip:"Discrete Cosine Transform Algorithms, Advantages and Applications" Academic Press, London, UK, 1990.
11) 大石進一:「例にもとづく情報理論入門」講談社(1993).
12) ISO/IEC Information technology - Digital compression and coding of continuous-tone still images.
13) ISO/IEC 14496 Information technology - Coding of audio-visual objects.
14) ISO/IEC 15938 Information technology - Multimedia content description interface.
15) ISO/IEC 21000 Information Technology - Multimedia Framework.
16) マルチメディア通信研究会:「最新MPEG教科書」アスキー(1994).
17) マルチメディア通信研究会:「標準MPEG教科書」アスキー(2003).
18) H.263 Video coding for low bit rate communication.
19) Douglas E. Comer,"Internetworking with TCP/IP Volume I/II/III", Prentice Hall.
20) ISO/IEC 8802.3 [ANSI/IEEE Std 802.3], CSMA/CD Access Method and Physical Layer Specifications.
21) Preston Gralla,:" HOW THE INTERNET WORKS", QUE.
22) Wide Project :"Guide for Internet Connection", Kyouritsu Shuppan Co. Ltd. Japan, 1996.
23) NCSA HTTPd Turorials,
http://hoohoo.ncsa.uiuc.edu/docs/tutorials/
24) Dynamic Dovument, http://www.cec.co.jp/usr/hasegawa/Docs/CGI/cgi_dd.html
25) RFC1889 RTP:A Transport Protocol for Real-Time Applications.
26) RFC1890 RTP Profile for Audio and Video Conferences with Minimal Control.
27) RFC 2326 Real Time Streaming Protocol (RTSP).
28) RFC 2205 Resource Reservation Protocol (RSVP).
29) RFC 1949 Scalable Multicast Key Distribution.
30) 西郡豊,田口陽一,江島公志,小松尚久:"分散協調処理による人物追跡システムに関する研究",電子情報通信学会OFS研究会(OFS2001-52).

第20章

光ディスク

株式会社リコー　横森　清

20.1 はじめに

　1979年に発売されたアナログ映像再生用LD(Laser Disk)を皮切りに，25 - 30cm径の業務向けディジタルデータ記録用追記型(WORM: Write - Once Read - Many)光ディスクの発売に次いで，1982年に12cm径ディジタルオーディオ用CD - DA(Compact Disc - Digital Audio)が発売されることで，光ディスクは身近な存在となった。1980年代後半には，5.25インチ径追記型光ディスク，5.25インチ径書換型光磁気ディスク，普及したCD - DAをベースにした640～700MB/面の記録容量を持つ12cm径再生専用CD - ROM(ROM: Read Only Memory)が相次いで市場に登場した。その後，パーソナルコンピュータの普及に伴なって，1992年に追記型CD - R(CD - Record able)，1997年に書換型CD - RW(CD - ReWritable)が販売された。さらには，4.7GB/面の記録容量を持つ12cm径再生専用DVD - ROM，追記型DVD - R/+R，書換型DVD - RAM/- RW/+RW，90mm径書換型光磁気ディスクと多くの光ディスクが市場に出回っており，現在，年間約150億枚(2003年推定)もの光ディスク媒体が生産されている。

　近年，情報のディジタル化によって，文字，画像，音声，映像などほとんどの情報を，同じ"0，1"のビットで表すことができるようになった。オフィス，出版，放送，映画などの分野のみならず，一般家庭においてもディジタル記録される情報の量は飛躍的に増えてきている。特に，ディジタルカメラの普及によるカラーディジタル画像の記録，カムコーダでのディジタル

ビデオ映像の記録が手軽に行えるようになるにつれて，このような大量のディジタル情報を安全確実に保存，配布するために，光ディスクの大容量化（高記録密度化）が望まれている。

　従来のアナログ信号を記録したレコードでは，波形そのものを連続的に記録しているため，ゴミやキズがレコード表面にあった場合でも，その部分で大きな雑音を出すだけで，そこを通過すれば再び正常な音を再現できる。一方，ディジタル信号では，データの1ビットが"0"か"1"かの情報を示すだけなので，この情報を前もって決められたフォーマットで正しく再生されたときにだけ，正しい情報として取り出すことができる。このため，光ディスクでは，ゴミやキズなどの欠陥があっても正しく情報を読み出すことができるように，信号処理技術が大きな役割を果たしている。光ディスクの高密度化が進んでいる現在，この信号処理技術がますます重要になってきている。

　本稿では，光ディスクが，これらディジタル化された情報を，いかにして誤りなく記録・蓄積し，もとのディジタル信号に再生（復元）しているかを，信号処理技術を中心に解説する。

20.2　光ディスクの概要

20.2.1　光ディスクシステムの基本構成

　図20.1に記録型光ディスクにおけるディジタル信号の流れをベースにした構成を示す。時系列で表されたディジタルの情報データ（データ系列）は，光ディスクへの記録に適した形に信号処理される。その信号に応じて，光ピックアップに内蔵された半導体レーザ光を点滅させ，このレーザ光により光ディスク媒体上の記録材料を変化させてデータを書き込む。この状態でデータは保存される。保存されたデータの読み出しは以下のように行う。光ピックアップからレーザ光を照射し，光ディスク媒体からの反射レーザ光を検出器により電気信号に変換する。その後，信号処理され，もとの情報データに復元される。オーディオCDやDVDビデオのような再生専用光ディスクの場合は，図20.1の記録系の部分は，マスタリングと呼ばれる特別な工程において行われる。

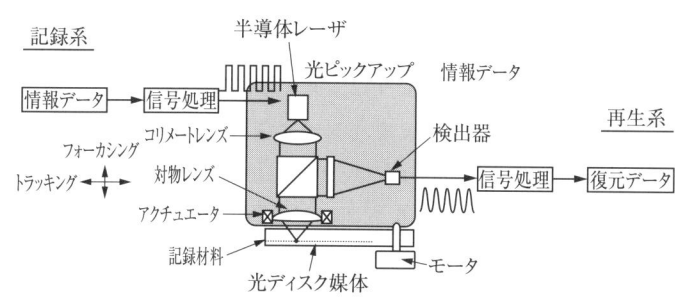

図 20.1 光ディスクシステムにおけるディジタル信号の流れと光ピックアップの構成

さて，図20.1のシステムにおいて，もとのディジタルデータに誤りを生じさせる可能性があるところはどこであろうか．記録系においては，光ディスク媒体に記録される記録マークの長さがばらつく形で現れる．このばらつきには，光ディスク媒体を回転させるモータの精度や光ピックアップのサーボ制御（フォーカシング，トラッキング）精度，レーザの発光（パルス幅や光出力）制御精度，記録材料のレーザ光に対する反応ばらつきなどが関係している．再生専用光ディスクの場合は，マスタリングに高精度なシステムを用いることで，これらのばらつき要因をほとんど抑えることができる．

一方，再生系においては，モータ回転，サーボ制御における不正確さのほか，照射している半導体レーザ光の雑音（高い周波数でのごく微小な出力変動），光ディスク媒体でのゴミやキズなどによる反射光量の変動などがある．もちろん，記録・再生系を問わず，電子回路へのいろいろな雑音も影響を与える．

以上のように，記録系光ピックアップから光ディスク媒体をへて，再生系光ピックアップのところで様々な外乱により，ディジタルデータに誤りが生ずることになる．この誤りを信号処理部における誤り訂正手段により補正することで，もとのデータが誤りなく復元できる．

20.2.2 光ピックアップ

光ピックアップにかかわる部分で，発生する信号誤りを具体的に見ていく．図20.1に光ピックアップの構成を示す．半導体レーザからの光はコリメー

トレンズにより平行光にされ，対物レンズにより光ディスク媒体の基板を透過させ，記録材料層に集光される。基板の厚さは，CDでは1.2mm，DVDでは0.6mmである。図20.2のように，光ディスクにおいて厚い基板を通して記録するのは，基板表面にゴミやキズ，よごれなどがあっても，安定に記録・再生させるためである。CDでは，記録材料層での光スポットの直径は約$1.6\mu m$と非常に小さいが，基板表面のビーム直径は約1mmと大きい。そのため，$100\mu m$程度のよごれがあっても記録・再生に大きな影響を与えないように工夫されている。

とはいえ，大きなよごれやキズがある際には，図20.3(b)のように再生信号が長時間にわたり信号レベルが低くなり，再生誤りを生ずる。このような誤りはバースト誤りと呼ばれ，次章で述べる信号処理により補正できる。

図20.1に示されているアクチュエータにより，スポットが最も絞られた位置にビット（あるいは記録マーク［注：再生専用光ディスクの場合はピット，記録型光ディスクの場合はマークあるいは記録マークと呼ぶ］）列がくるようにフォーカシング制御がなされるとともに，スポットの中心がビット列の中心を通るようにトラッキング制御がなされる。しかし，記録あるいは再生中にサーボ制御（フォーカシングおよびトラッキング制御）がなされている状態でも，フォーカシングやトラッキングが制御精度内でわずかにずれることがある。トラッキングが精度良く制御されている場合に対し，トラッキン

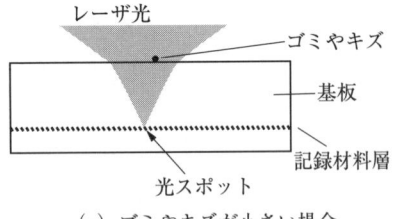

(a) ゴミやキズが小さい場合

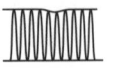

(b) 再生信号に与える影響

図 20.2 光ディスク基板におけるゴミの影響

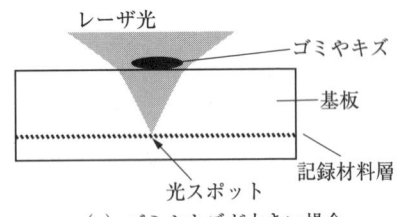

(a) ゴミやキズが大きい場合

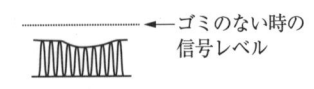

(b) 再生信号に与える影響

図 20.3 光ディスク基板におけるゴミの影響

グがずれた場合には信号振幅が下がることになる。また，フォーカスがずれた場合には信号レベルが下がるとともに信号振幅も下がることになる。もちろん，サーボの制御精度を高めることで，これらに起因する誤りを低減することができる。具体的なフォーカシングおよびトラッキング制御およびモータ制御技術については，関連書籍を参考されたい[1]。

図20.4にCD，DVD，青色世代の光ピックアップにおけるスポット径とビット長さの関係を示す。CDよりDVD，DVDより青色世代と世代が進むにつれ，スポット径に比べ小さいビットを読まなくてはならないことがわかる。

光スポット　ビット

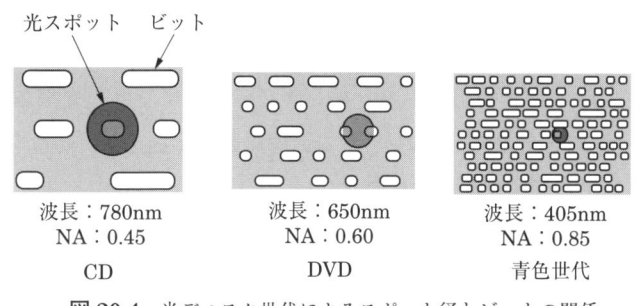

波長：780nm　　波長：650nm　　波長：405nm
NA：0.45　　　NA：0.60　　　NA：0.85
CD　　　　　　DVD　　　　　　青色世代

図 20.4 光ディスク世代によるスポット径とビットの関係

20.3 光ディスクでの信号処理

光ディスクにおける信号処理技術の役割を一言でいうと，データの記録・保存・再生の過程で，もとのデータを誤りなく復元すること，である。信号処理系の例を図20.5に示す。記録系では，情報データを誤り訂正符号化し，それを記録符号化した後，光ピックアップで媒体に記録される。再生系では光ピックアップからの信号を波形等化で信号波形を整形した後，弁別器を通ってディジタルに信号変換し，記録符号化の逆変換である復号化を行い，最後に誤り検出・訂正をしてもとのデータに復元される。

20.3.1 変調方式（記録符号化）

変調とは，情報データを光ディスクに適した以下の特性をもつ信号に変換することである[1]。

① 再生時に，信号を読み出す際のタイミングを作るビット同期信号が容

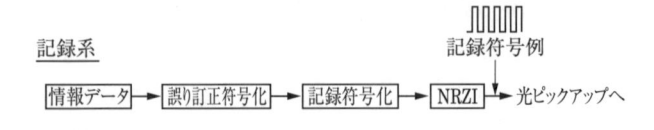

図 20.5 記録系および再生系における信号処理の流れ

易に抽出でき，万一同期が外れた際にも，速やかに同期が回復できること
② 再生時の信号検出やトラッキングを確実にするため変調された信号（ビットパターン）の平均レベルに，直流成分を含まないこと
③ ビット再生での誤りが伝搬しないこと
④ 信号の伝送帯域が狭くできること
⑤ 符号化，復号化が容易であること

光ディスクで使われている，こういった特長を有する変調方式を以下に示す．

(1) RLL (Run Length Limited) 符号

CDやDVD，90mm径光磁気ディスクなど，光ディスクで一般的に用いられている変調方式である．ラン (Run) とは，データ系列において"0"あるいは"1"のビット（シンボル）の連なりをいう．したがって，RLL符号では同一のシンボルが有限の長さで反転することになる．最小ランd，最大ランkをもつRLL符号をRLL(d, k)で表す．

CDの変調方式は，RLL$(2, 10)$で表され，EFM (Eight to Fourteen Modulation) と呼ばれる．また，RLL$(2, 10)$制約の8-17変調方式ともいうことができる．EFM変調は，8ビットのデータ系列を14ビットの記録符号系列（ブロック）に変換する．この変換では，2^{14}通りのブロックの中から"1"と"1"の間に"0"が2個から10個入っているブロックを2^8通り選ぶ．さらに，ある14ビットのブロックと別の14ビットのブロックの間に3ビットの符号を挿入し，ブロック間の接続部においても"1"と"1"の間

に"0"が2個から10個入るようにする。このとき3ビットの挿入符号は②の要件に合うように選ばれる。記録されるマークの種類は、3Tから11Tの9種類になる(T:チャネルクロック間隔)最短記録マーク長は0.9μmである。

DVDの変調方式は、CDのものとほぼ同じものでEFMplusと呼ばれる。RLL(2, 10)制約の8-16変調方式ともいうことができる。CDでは8ビットを17ビットに変換していたが、DVDでは8ビットを16ビットに変換する。記録されるマークの種類は、3Tから11Tの9種類と14Tの同期マークの計10種類となり、最短記録マーク長は0.4μmである。

DVDの次世代光ディスクとして青色半導体レーザ(波長約405nm)を用いたものが開発されている。ここでは、RLL(1, 7)符号が使われている[2] (90mm径光磁気ディスクでも同じ符号が使われている)。CD, DVD系のRLL(2, 10)との違いは、"1"と"1"の間に"0"が1個から7個入っていることである。このd=1系列の符号では、d=2系列の符号に比べ最短記録マークが短くなる。高密度化した上、最短記録マークが短くなるが、次節で述べる符号間干渉を積極的に利用して、波形等化処理や信号検出をやりやすくできるという特長をもつ。

実際に市販されているシステムである「Blu-ray Disc」では1-7PP [注:PP: parity-preserve/prohibit RMTR(Repeated Minimum Transition Runlength)] と呼ばれる2-3変調方式が使われている[3]。従来のRLL(1, 7)と異なり、変換前の2ビットのデータ系列(ソースビット)と変換後の3ビットの符号系列(チャネルビット)のパリティが同じになるように変調する。これにより、直流成分を抑えられる。また、2Tマークとスペースの連続を6個以下に制限して、最短マークが続くことによる信号劣化を抑えている。記録されるマークの種類は、2Tから8Tの7種類と9Tの同期マークよりなり、NAが0.85のこのシステムでは、最短記録マーク長は0.15μmである。

また、「HD DVD」と呼ばれるNA0.65の光ディスクでは、ETM(Eight Twelve Modulation)と名づけられたRLL(1, 10)制約の8-12変調方式が使われている[4]。この変調方式でも、2Tマークとスペースの繰り返しを5個以下に制限して信号の劣化を抑えている。記録されるマークの種類は、2T

から 11T の 10 種類と 13T の同期マークからなり，最短記録マーク長は 0.20μm である。

(2) マーク長変調とマーク間変調

光ディスクに実際に書き込む際は，(1)で記録符号化した後，マーク長変調である NRZI(Non Return to Zero Inverted)で変換した符号系列を用いる。この符号に対応したパルス信号に合わせて半導体レーザ光を ON/OFF させる。マーク長変調は記録密度を上げられる方法である。光ディスク登場初期の容量の少ない光ディスクでは，マーク間変調である NRZ(Non Return to Zero)が使われていた。記録符号化により変換されたシンボルの系列を NRZI，NRZ でそれぞれ変調した例を図 20.6 に示す。NRZ ではマークの長さは一定であるが，CD や DVD では NRZI が用いられているので，マークの長さが異なることになる。

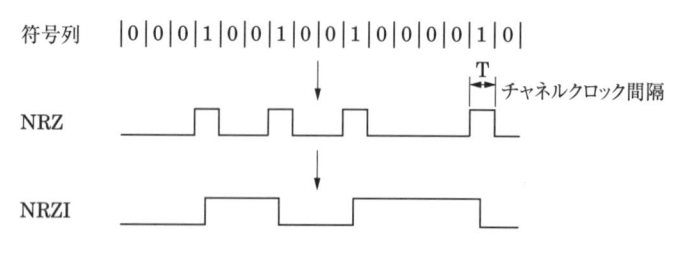

図 20.6 符号列を NRZI および NRZ 変調した例

20.3.2 波形等化(Equalization)とデータ弁別(Detection)

図 20.5 の構成図において，再生時には光ピックアップからのアナログ信号をシンボルの系列にした上で，復号化(記録符号化の逆の変換をすること)する必要がある。データ弁別は，光ピックアップからの信号がシンボル "0" なのか，あるいはシンボル "1" なのかを判別する手段である。波形等化は，データ弁別の前に弁別がしやすいようにアナログ信号を整形することである。最近では，アナログ信号を AD 変換した後，ディジタル処理で波形等化を行う例や，アナログおよびディジタル信号の両方で波形等化を行う例がある。

記録密度が高まってチャネルクロック間隔 T が狭くなると，隣接する記録マークの影響により信号レベルが変化する。図 20.7(a)に記録マークの長さ

に比べ光スポットが小さい場合，図20.7(b)に光スポットに比べ記録マークの間隔がつまった場合とを示す。図20.7(b)のようにマーク間隔が狭くなればなるほど(Tが小さくなることに相当する)，波形干渉が生じ正しい情報として読み出せなくなる。これを符号間干渉と呼ぶ。したがって，光ディスク媒体上のマーク長とマーク間隔がもっとも短い繰り返しの際に，符号間干渉が起きやすくなるといえる。波形等化は，この符号間干渉(ISI: Inter-Symbol Interference)を減らしたり，あるいは制御する機能を持つ。図20.4の光スポット径と記録マークの関係でわかるように，CDやDVDに比べ，記録密度が高い青色世代では符号間干渉をどう制御するかが大きな課題となる。

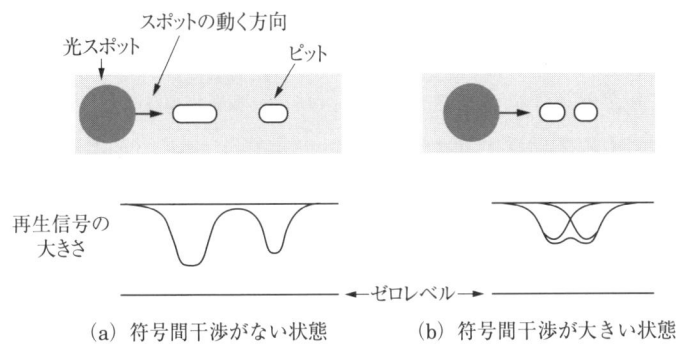

図 20.7 隣接する記録マークの影響による信号レベルの変化

(1) 波形等化とレベル検出方式

図20.8に，DVDにおける波形等化前の信号と波形等化後の信号を示す。波形等化前には最短マークである3Tマークの信号振幅が非常に小さい。これからわかるように，波形等化は高域の信号(短いマークの信号)を強調する働きをもつ。

簡単な波形等化回路の例を図20.9に示す。3タップのトランスバーサルフィルタ(FIR: Finite Impulse Responseフィルタが使われる)で実現でき，2個の遅延回路と各遅延回路の出力に重み係数をかけたものを合成して出力信号を得る。

次に，上記で得られたアナログ信号がディジタル信号の"0"か"1"かを弁

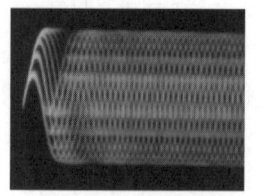

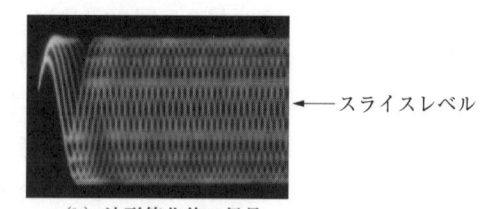

(a) 波形等化前の信号　　　(b) 波形等化後の信号

図 20.8 DVDにおける波形等化の効果

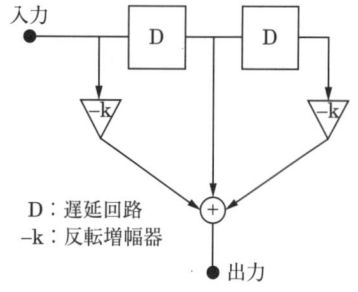

別することが必要になる。この検出のため，通常はしきい値検出法が使われる。波形等化後，図20.8(b)のアナログ信号が得られたとすると，矢印で示すレベル(電圧値)で弁別すれば検出パルスが取りだせる(レベルスライサ)。実際の光ディスクでは，アナログ信号の平均レベルや電圧振幅が変動するため，ここで述べたものより複雑な処理となる。

D：遅延回路
$-k$：反転増幅器

図 20.9 簡単な波形等化回路の例

DVDに比べさらに高密度化した場合には，図20.9の波形等化回路では高域を強調するがために，却って符号間干渉を増やすことになる。符号間干渉を増やすことなしにアナログ信号のSNRをよくする方法として，リミットイコライザが提案されている[5]。

(2) PRML（Partial Response Maximum Likelihood）

データ弁別のための高性能な処理技術としてPRMLがある。PRは波形等化の一手段といえる。(1)に示した波形等化方式では符号間干渉をいかに抑えるかが主題であったが，PRでは符号間干渉を積極的に利用している。光ディスクにおける記録系から再生系に至る全体(図20.1における光ピックアップ→媒体→光ピックアップ)を伝送路として，その伝送特性(数学的には伝達関数)に合ったように符号間干渉の状態を選ぶことができる。PR方式では記録符号化方式と合わせて最適化される。実際の回路では，アナログ信号での波形等化の後AD変換を行い，多タップのFIRフィルタが使われる。フィルタのタップ数は多いほど理想的な等化ができるが，その分ハードウェ

アが大規模となり処理速度が遅くなるため,最適なタップ数を選択する必要がある。

PRでの波形等化後,整形された符号間干渉波形からML部でパルス検出を行い,所望のシンボルを導出する。ML(最尤復号)は,ビットごとにデータの判別を行うのではなく一連のデータ列として考え,候補となる複数のデータ列の中から,もっともらしいデータ列を検出する方法である。データ列の個数はPR方式によって変わる。図20.8の例では0,1の2値でレベルの判定をすればよかったが,PRMLにおいては,符号間干渉を制御して多値レベルの判定が必要となる。代表的なML方式にはビタビ・アルゴリズムを用いたものがある[6]。PRMLはすべてディジタル処理により行われる。

20.3.3 誤り訂正符号(ECC:Error Correction Code)

20.3.1で述べた記録符号を用いただけでは,ビット誤り率は10^{-4}程度にとどまる。コンピュータ用データ蓄積に使うためには,ビット誤り率を$10^{-12}\sim^{-14}$以下にする必要がある。そこで,これを達成するために誤り訂正符号が使われる。図20.5にあるように,もとの情報データにこの誤り訂正符号を付加したあとで,記録符号化を行う。光ディスクに適した誤り訂正符号の特性としては,①訂正能力が高い,②符号冗長度が小さい(符号化効率が大きい),③誤り伝搬がない,④符号化,復号化が容易である,ことが要請される。これらは相反する用件が含まれているが,リード・ソロモン(RS:Reed Solomon)符号はこれらをかなり満たす符号になっている[7]。

CDやDVDなど光ディスクの多くは,バイト誤り訂正に適したRS符号と,大きな欠陥などで生ずるバースト誤りに適したPC(Product Code:積符号)とを組み合わせた誤り訂正が行われている。

(1) RS-PC符号[8]

DVDでは,図20.10に示すように,列方向には192バイトの情報データに16バイトの外符号パリティ(PO)を付加した外符号RS(208,192,17),および行方向には172バイトの情報データに10バイトの内符号パリティ(PI)を付加した内符号RS(182,172,11)が形成される。積符号では行方向と列方向との2系列で誤り訂正が行われるため,もともとのRS符号がもつ誤り訂正能力をより高めることができる。さらに,図20.11のように情報

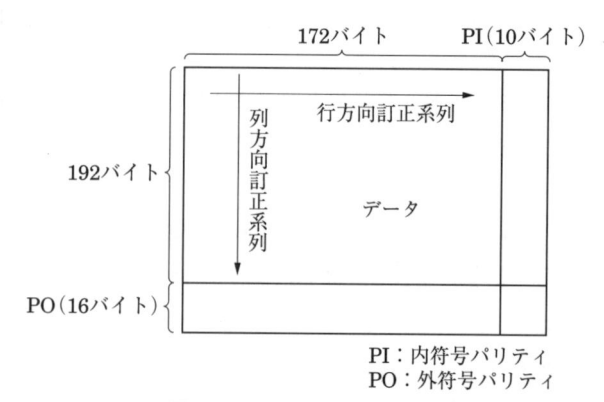

図20.10 積符号の構成例(DVD)

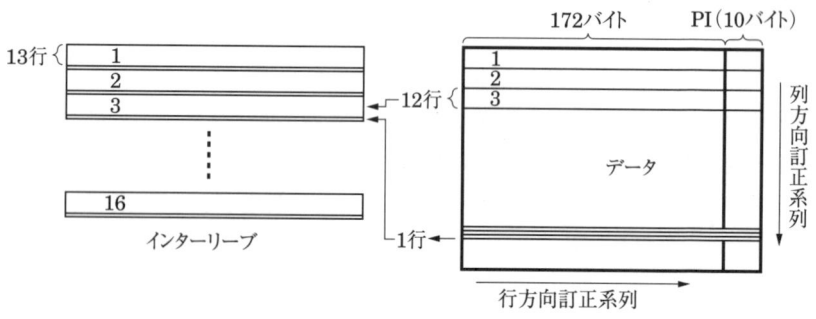

（172バイト、PI(10バイト)、192バイト、PO(16バイト)、行方向訂正系列、列方向訂正系列、データ、PI：内符号パリティ、PO：外符号パリティ）

図20.11 インターリーブの例(DVD)

（13行、12行、1行、インターリーブ、172バイト、PI(10バイト)、データ、列方向訂正系列、行方向訂正系列）

データの12行とPOの1行とを組み合わせ13行として，順次13行を単位に再配置することでインターリーブを行う。これにより，さらに長いバースト誤りを訂正できる。208バイト×182バイトは1ECCブロックと呼ばれ，32KBの情報データが含まれている。理論的には，誤り訂正が可能なバーストの長さは6.0mmである。

青色世代の光ディスクとして，「Blu-ray Disc」ではLDC (Long-Distance Code) とBIS (Burst Indicating Subcode) と呼ばれる符号の組み合わせが用いられている。光が透過するカバー層が0.1mmと，薄いことに起因するバースト誤りに対する誤り訂正の強化がなされたものになっている。LDCが

情報データの誤り訂正（ECC）を担い，RS(248, 216, 33) の符号化がなされた後，2回のインターリーブが施される。BIS はアドレスにかかわるデータを RS(62, 30, 33) で符号化している。64KB の情報データを ECC ブロックの単位としている。同じく青色世代の「HD DVD」では，DVD と同じ外符号 RS(208, 192, 17)×内符号 RS(182, 172, 11) の ECC ブロックを二つ組み合わせてインターリーブしたものを1ECC ブロックとしている。1ECC ブロック当たり情報データは 64KB で DIECC (Double Block Interleave Error Correction Code) と呼ばれている。これらの青色世代の光ディスクにおいても，64KB を 1ECC ブロックとすることで，DVD と同じ程度の誤り訂正可能なバースト長さ6mm を確保していると考えられる。

　本章では，光ディスクで使われる信号処理について記録符号，誤り訂正符号を中心に主に CD や DVD の例を引きながら解説した。タイトルにある画像という面から光ディスクとのかかわりについては説明できなかったので，ここで簡単に触れておくと，DVD においては，映像の圧縮技術として MPEG-2 が使われており，HDTV のストリームでも MPEG-2 が使われる。最近の圧縮技術の進展に伴ない，DVD に HDTV の映像を記録する試みとして MPEG-4 や H.264 を使用する検討も進んでいる。

　将来の光ディスクでは，高密度化と高データ転送速度化が継続的な課題となる。信号処理の面から技術トレンドを考えると，①ターボ符号[9]など変調方式の工夫，②多値記録再生化[10],[11]，③二次元信号処理（主に変復調）[12],[13]などの開発が進んでいる。このように，光ディスクの将来においても，ますます信号処理技術の重要性が高まるものと思われる。

参考文献

1) 尾上守夫，村山　登，小出　博，國兼　真，山田和作：「光ディスク技術」ラジオ技術社 (1989)．
2) 石川清彦，岸田雅彦，上條晃司，徳丸春樹，奥田治雄："記録補償用マルチパルスを用いない相変化ディスクへの高速記録"，映像情報メディア学会誌，Vol.56, No.10, pp.1657-1662 (Oct.2002)．
3) 日経エレクトロニクス：2003.3.31号，pp.135-150 (Mar.2003)．

4) 日経エレクトロニクス：2003.10.13号, pp.125-134 (Oct.2003).
5) S. Miyanabe, H. Kuribayashi, and K. Yamamoto: Jpn. J. Appl. Phys. Part 1, Vol.38, No.3B, pp.1715-1719 (Mar.1999).
6) H. Hayashi, H. Kobayashi, M. Umezawa, S. Hosaka, and H. Hirano: IEEE Trans. Consumer Electron., Vol.44, p.268 (1998).
7) L.S. Leed, G. Solomon: J, Soc. Indust. Math., Vol.27, No.2 (June 1960).
8) 日本工業規格：JIS X 6241 (Oct.1997).
9) 新井 清：「ターボ符号入門」トリッケプス (Nov.1999).
10) H. Hieslmair, J. Stinebaugh, T. Wong, M. O' Neill, M. Kuijper, G. Langereis: "34GB multilevel-enabled rewritable system using blue laser and high-numeric aperture optics", Jpn. J. Appl. Phys. Part1, Vol.42, No.2B, pp.1074-1075 (Feb.2003).
11) K. Sakagami, A. Shimizu, Y. Kadokawa, H. Maekawa, K. Takeuchi, H. Tashiro, and K. Takatsu: "A new data modulation method for multi-level optical recording", Jpn. J. Appl. Phys. Part1, Vol.42, No.2B, pp.946-947 (Feb.2003).
12) S. Kobayashi, T. Horigome, and H. Yamatsu: "High-track-density optical disc by radial direction partial response", Jpn. J. Appl. Phys. Part1, Vol.40, No.4A, pp.2301-2307 (April. 2001).
13) W. Coene : "Two-dimensional optical storage", Tech. Digest of ODS2003, pp.90-92 (May 2003).

第Ⅴ部

デバイス間をつなぐ画像・信号処理

第21章 異機種間でのカラーマネージメント
第22章 sRGBおよび拡張色空間の標準化
第23章 画像交換としての画像ファイルフォーマット

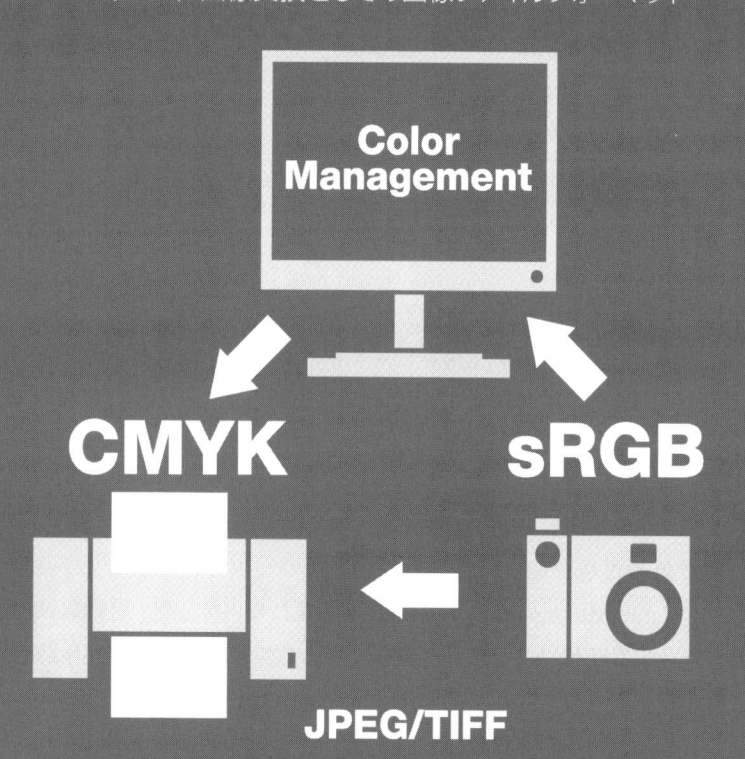

第21章

異機種間でのカラーマネージメント

梶 光雄

21.1 ワークフローとカラーマネージメント

ディジタルスチールカメラ，カメラ機能付携帯端末（以下DSC）やスキャナのような画像データを生成する系とディスプレイ，プリンタあるいは印刷のような表示・記録する系との間に伝達系が介在して原画と結果を直接照合できない環境では，次のようなことが原因で生じる不具合の解決が切実な問題となる[1],[2]。

(1) 色を表現する信号値の機種への依存
(2) 画像システムを構成する機種ごとの，表現できる色域(Gamut)の違い
(3) ネットワークで伝達されるカラー画像情報の表現方法が共通化されていないこと

そこで，異機種間でカラー画像データの交換を行い，生成系と表示・記録系の間で色の再現を確実に行うために，カラーマネージメントシステム(CMS：Color Management System)が必要になってきた。CMSは職人の技能に依存する時代にはなかった新しい考え方で，「Device profile(装置の測色的性質を表現したもの)」「Profile Connection Space(PCS：システムに共通の参照色空間。ハブ色空間も同じ意)」「Characterization(装置の信号値と3刺激値の関係)」というような概念を伴っており，おおよそ図21.1に示すような構成をとる。

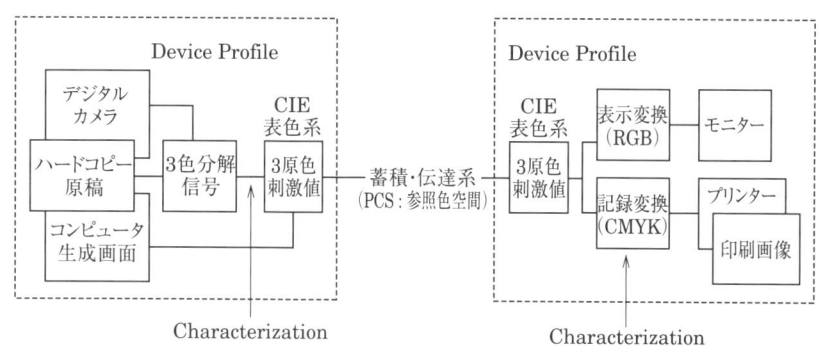

21.2 どのような「色再現」を求めるか

Device Profileは，色の取込み・再生のために入力・出力装置の性能を記述する。Characterizationから生成されるLUTにより，色情報の相互変換を行う。色情報の異機種間の伝達は，PCS（参照色空間）を使用して行われる。
表示・記録装置の表示変換，記録変換には，色域変換と，3刺激値→制御信号変換が含まれる。

図 21.1 カラーマネージメントシステム（CMS）の構成

21.2 どのような「色再現」を求めるか

21.2.1 Huntの色再現目標

カラー画像システムでは，元の原稿あるいは撮影したシーンの明暗と色の再現を目指す。Huntは再現品質について，表21.1のように，その目標を分類して示した[3]。

表21.1に示すHuntの分類を簡単に説明すると，

分光的色再現（Spectral color reproduction）：完全に等しい色再現で「同色」を意味する。

測色的色再現（Colorimetric color reproduction）：分光特性が同じ光源を用いて，眼に同じ色に見えるよう3刺激値を一致させる。撮影シーンの再現目標として有用。

正確な色再現（Exact color reproduction）：同じ分光特性の光源を用い，明るさと3刺激値がほぼ一致する。

等価な色再現（Equivalent color reproduction）：明度のほぼ等しい光源下で，色の見えがほぼ一致する。

対応する色再現（Corresponding color reproduction）：分光分布や明度が違

表 21.1 Huntの色再現目標

分類	条件	色再現目標
分光的色再現		$\rho_2(\lambda) = \rho_1(\lambda)$
測色的色再現	$E_2(\lambda) = E_1(\lambda)$	$(X_2, Y_2, Z_2) = (X_1, Y_1, Z_1)$
正確な色再現	$E_2(\lambda) = E_1(\lambda)$	$(X_2, Y_2, Z_2, L_2) \fallingdotseq (X_1, Y_1, Z_1, L_1)$
等価な色再現	$P_2 \neq P_1 \quad L_2 = L_1$	$(X_2, Y_2, Z_2, L_2) \fallingdotseq (X_1, Y_1, Z_1, L_1)$
対応する色再現	$P_2 \neq P_1 \quad L_2 \neq L_1$	$(X_2, Y_2, Z_2, L_2) \fallingdotseq (X_1, Y_1, Z_1, L_1)$
好ましい色再現		$(X_2, Y_2, Z_2, L_2) \fallingdotseq (X_p, Y_p, Z_p, L_p)$

$\rho_1(\lambda)$：被写体の分光分布，$\rho_2(\lambda)$：複製画像の分光分布
$E_1(\lambda)$：撮影光の分光分布，$E_2(\lambda)$：観察光の分光分布
L_1：撮影側の明度，L_2：観察側の明度
P_1：周囲を含めた被写体側の観察条件，P_2：同複製側の観察条件
(X_i, Y_i, Z_i)：3刺激値　i=1or2，1：被写体側，2：複製側，p：個人の好みの刺激値

う光源下で，色の見えはほぼ一致する。

好ましい色再現（Preferred color reproduction）：よく知られている色（肌色，空色，草色）を好ましいと感じる色に再現する。

　画像再現を業とする場合には，できるだけ上位の色再現を目指すが，通常のレベルでは，少なくとも出力系は入力系のデータと3刺激値の等しい色再現を目指すべきで，ここでは，そのためのCMSにおける処理について述べる。

21.2.2　色分解と色再現

　異機種間のCMSでは，まず色情報を機種に依存しない（device independent）表現を用いて交換することが必要である。色空間・色情報の表現については，CIEの"Colorimetry 2nd Edition"や他章の記述を参照されたい。

(1) 色分解システム

　画像情報を生成するシステムとして，フィルム画像あるいはシーンからの入力光を色分解するプロセスを図21.2に示す。オリジナル画像の画素（picture element，略してpixel or pel。解像度はフィルムの場合，通常，300～400 [pixel/inch] $\fallingdotseq$ 12～16画素/mm，シーン撮影の場合は，受光素子の画素数から決まる[注1]）からの反射光を，RGB 3色のフィルタを通して得たそれぞれの光量に相当する電気信号に変換したものがRGB信号で，カラーデータの処理はすべてここから始まる。RGB信号を得るためのフィルタの特性や手法は機種ごとに異なるので，RGB信号値は装置に依存する

21.2 どのような「色再現」を求めるか

図 21.2 色分解のプロセス

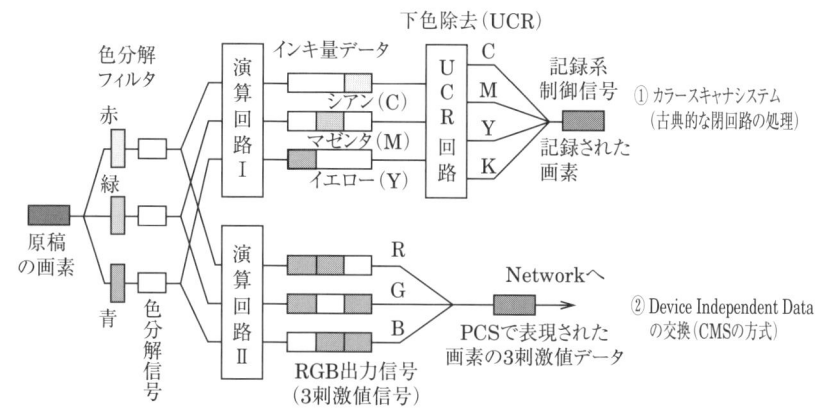

①の古典的なスキャナーシステムでは，原稿の画素からのRGB反射光成分から直接インキ量データを演算していたが（演算回路Ⅰ），②のCMSでは，キャプチャーシステムで得られた光入力を，まず光学フィルタで赤外成分をカット，高周波数成分を除去した後，RGB色分解信号に変換し，その信号を参照色空間（PCS）で表現した3刺激値データに変換する（演算回路Ⅱ）．3刺激値データは表示・記録系に伝達され，色域（gamut）の変換を行った後，表示・記録系の特性に応じた制御データに変換されて，可視化が行われる．

値である．

異機種間でカラー画像データの交換をするためには，この値を，sRGB，Adobe RGB, XYZ, L*a*b*，というような客観的に定義された色空間の3刺激値に変換を行い，表示・記録系の装置が読み取れる，例えばTIFFのような定義されたデータフォーマットで記述する．信号値と刺激値の関係（「Characterization」）は，あらかじめ求めてLUT（Lookup Table）を作成しておき，出力信号値を刺激値に変換する［注2］．この3刺激値の品質が，CMSで最も重要である．

信号値と刺激値の変換を含む装置の測色的特性を「Device profile」と呼んでおり，入力側のinput profileと表示・記録系装置側のoutput profileが，色再現上重要である．

［注1］DSCでは，画面全体の画素数で解像度が表現される．アマ用：30万〜300万画素/フレーム，プロ用：600万〜1100万画素/フレームが使われる．
［注2］交換されるデータは8bit/pixel colorで表現される場合が多いが，デバイス内部の演算処理はもっと多いbit数を用いて行う．

(2) 入力装置の色再現

DSCやスキャナーなどの画像入力装置で取得されたデータは理想的には，次の条件を満たしていることが必要である。

①各画素の出力値が，入射光量に比例していること。

②三つの色情報データは，ホワイトバランスがとれていること。

③色分解した出力信号がルータ条件を満たし，その信号をCIE表色系の刺激値に変換する機能をもつこと。

①の入射光量と出力の関係は，通常入力光のコントラストが大きいので，フィルムの光量と記録濃度の関係と同様に，入力光量に対して出力値は圧縮される特性になっている（フィルムは設計者の永年の経験から，メーカにかかわらずほぼ同じ圧縮特性をもつが，DSCでは機種間の差が大きい。この差が出力画像の品質差に影響する）。

次に色分解信号は，通常変換テーブル（LUT：Look-up Table）を用いて刺激値に変換される。カラー画像のデータ交換のための色空間としては，ITU-R BT.709をベースにしたsRGBか[4),5)]，業界標準のAdobe RGB の使用が多い。色分解信号をsRGBの原色の3刺激値 $R_{709} G_{709} B_{709}$ に変換するためには，分光特性が等色関数 $\bar{r}_{709}(\lambda)$, $\bar{g}_{709}(\lambda)$, $\bar{b}_{709}(\lambda)$ に等しいか，1次変換で，$\bar{r}_{709}(\lambda)$, $\bar{g}_{709}(\lambda)$, $\bar{b}_{709}(\lambda)$ の特性を持つフィルタで色分解した信号に等しい信号に変換できることが必要である。この等色関数は520nm前後に負の部分があるため，等色関数との間で色差の少ない，実現できる色分解特性で近似する[注3]。そのため，近似の特性は機種による特徴をもつ。DSCの普及で，この近似度を評価する種々の方法が提案されている。図21.3に $\bar{r}_{709}(\lambda)$, $\bar{g}_{709}(\lambda)$, $\bar{b}_{709}(\lambda)$ の関数を図示する[6)~8)]。

(3) 伝達系における色情報の表現

伝達系を含む系のカラー画像処理には，ICC Specification[注4]を用いることが多くなった[10)]。通常，画像データを生成する系とモニターでは，

[注3] DSCでは，色分解フィルタの特性を完全に等色関数に等しくすることはできない。そのため，負の部分のない分光特性のフィルタと，変換マトリクスの組合せで色差のなるべく少なくなるような最適化が行われる[9)]。スキャナーによるフィルム画像の色分解では，色素量を読み取り，既知の色素の分光特性から3刺激値を計算することも行われる。

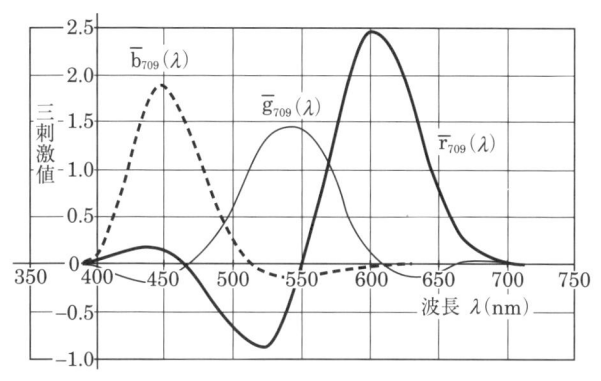

21.2 どのような「色再現」を求めるか

Rについては,520nm前後の波長で負の値が大きい。このため,一次変換でsRGBの色度値に変換できて負の部分のない分光フィルタ特性の提案[9]や,実現可能な分光特性と変換マトリクスの最適化を図ることが行われる。

図 21.3 等色関数 $\bar{b}_{709}(\lambda)$, $\bar{g}_{709}(\lambda)$, $\bar{r}_{709}(\lambda)$
［R：0.640, 0.330, G：0.300, 0.600, B：0.150, 0.060］を原色とする等色関数

RGB色空間が,ハードコピーの記録系ではCMYK色空間が使われ,その原色も,機種により異なる場合がある。それぞれの機種にあらかじめ組み込まれた機能の変更は困難なので,色情報を機種と独立した表現に変換してデータ交換し,表示・記録系でシステムの色制御データに変換するようにすると,どの機種相互間もデータ交換が可能になる。ICC (International Color Consortium) Specification は,このようなCMSの概念に基づいて提案されたもので,その構成概念を図21.4に示す。図中「CMM (Color Management Module)」は,装置のインターフェース機能と,機種独自の色空間と機種に依存しない色空間のあいだで色情報を交換する機能をもつCMSのキーとなる要素モジュールである。

ある装置がデータの授受を開始する場合には,装置の起動と装置の「Profile」を「Default CMM」に伝え,他の機種と接続できる条件を整えなければならない。

［注4］ICC Specification は画像の入力,表示,出力に常時使われる色情報を記述するために必要な仕様,およびフォーマットを記述した業界規定である。詳細情報は,Web site http://www.color.org へ(出典：Specification IC.1: 2001 - 12)

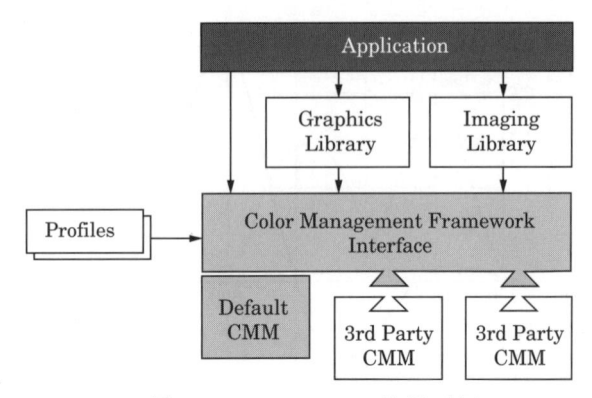

図 21.4 ICCシステムの構成概念図

　Profile はそれぞれの機種に依存する色情報を，機種に依存しない色情報表現に変換するための情報を CMS に提供するもので，その記述方法は業界基準として規定されており，入力装置，ディスプレイ装置，出力装置の3種の装置に対してそれぞれ準備されている．

　例えばディジタルカメラ (DSC) の画像をプリンタで出力する場合には，先ず DCS の出力に，その機種の profile を付けて「Default CMM」に伝達する．「Default CMM」は，DCS の出力を PCS (Profile Connection Space) の色空間 (CIE 表色系の3刺激値) を用いて表現した色情報に，インターフェース情報を付加したデータに変換する．プリンタは「Default CMM」から送出される情報を受け取る共通のインターフェース「Color Management Framework Interface (CMFI)」を持つ自身の CMM を有し，PCS の3刺激値データを取り込む．

　プリンタの CMM は characterization データから製作した出力装置の profile を通常 LUT (Lookup Table) の形で内蔵し，PCS 色空間で表現された色情報を CMYK のインキ制御信号に変換して色の記録を行う．PCS は共通の接続条件，共通の参照色空間をもつインターフェースであって，参照色空間としては，L*a*b* とか，sRGB というような標準の色空間が使われる．入力装置と出力装置の色域が違う場合には，表示・記録系の CMM で色域変換と色空間の変換を施した後，モニターあるいは出力装置に出力される．

21.2 どのような「色再現」を求めるか

このように，device profile により異機種間の色再現を円滑に行うことが CMS の機能であって，Photoshop, ColorSync など，市販の広く流通している画像処理ソフトには，ICC プロファイルへの適応機能が内蔵されている。CMM と CMFI とのデータ授受は，PCS による，device independent な3刺激値表現で行われる。

(4) 表示・記録系における色再現と標準化

表示・記録系のシステムでは，モニターのフェースプレート，蛍光体，記録する紙，インキ，また観察環境などに制限があるため，色の表現範囲が限られる。入力系から送出された色を再現するためには，表示・記録系自体の device profile を知らなければならない。具体的には，モニターでは RGB のデータ入力値と表示された色の刺激値，ハードコピーでは，記録部の CMYK 入力値と記録された色の刺激値の関係をあらかじめ調べておいて，PCS の信号入力と，表示・記録のための装置駆動信号回路との間に LUT による変換系 (CMM: Color Management Module) を挿入して，入力信号を装置駆動回路の制御信号 (例えば sRGB の3刺激値→CMYK の記録信号値) に変換することが必要である。

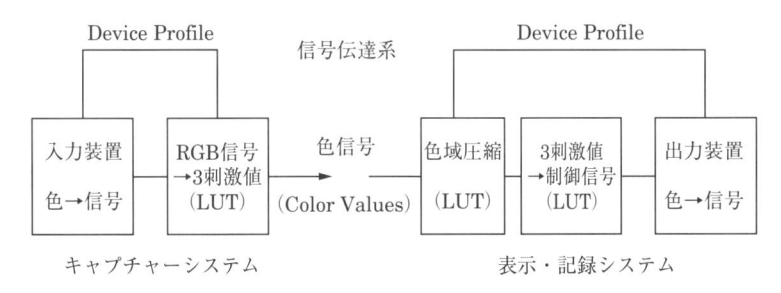

LUT (Lookup Table) では，通常，色分解信号あるいは表示・記録系の装置制御信号と測色値の関係はディスクリートな関係となるので，相互変換には，補間計算が必要である。Characterization を調べるための入力データとして，ISO12640-1 (JIS X 9201) CMYK/SCID や JCN2002 テストチャートなどが用意されている[12],[27]。

図 21.5 表示・記録系における LUT の使用

(a) カラー画像の観察条件

カラー画像を観察する側では，照明光の分光分布など，観察環境が重要で

表 21.2　ISO 3664(2000)観察条件の概要

(1) 写真・印刷物について精密な色評価を行う場合（P1条件） ・照明光源（Illuminant）：D_{50}光源[x_{10}=0.3478, y_{10}=0.3595, u'_{10}=0.2102, v'_{10}=0.4889 から半径0.005の円内の色度値をもつ光源であること] ・照度（Illuminance）：観察面の中心で，2000lx±250lx が望ましく，必ず2000lx±500lx以内でなければならない。 ・演色評価数（Color rendering index）：観察面で≧90，試験色No.1～No.8それぞれに対し演色評価数≧80[CIE 13.2 に従う] ・条件等色指数（Metamerism index）：可視領域（400nm～700nm）でカテゴリーB以内が望ましく，カテゴリーC以内を満足しなくてはならない。紫外領域では<4であること[CIE 51に従う]。 ・照明の[一様性[Illumination uniformity (min:max)]]：観察面が1m×1mまでは≧0.75，1m×1mを越える観察面に対しては，≧ 0.65 ・周囲条件（Surround condition）：背面および周囲は無彩色，無光沢で，反射率は60％以下。測定中は，同一条件に保つことが重要である。
(2) 透過原稿を直接観察し，厳密な色評価を行う場合（T1条件） ・照明光源（Illuminan）[この項は光源の相対スペクトル分布を規定する]：D_{50}［光源[x_{10}=0.3478, y_{10}=0.3595, u'_{10}=0.2102, v'_{10}=0.4889から半径 0.005の円内の色度値をもつ光源であること］ ・照度（Illuminance）：観察面の中心で，1270cd/m^2 ± 160cd/m^{2}が望ましく，±320cd/m^{2}以内でなければならない[注：透過画像と反射画像を比較する際には，透過画像の照明光の輝度（luminance）と反射画像の観察面の等価輝度との比は，必ず2(±0.2):1でなければならない]。 ・演色評価数（Color rendering index）：観察面で≧90，試験色No.1～No.8それぞれに対し演色評価数≧80[CIE 13.2 に従う] ・条件等色指数（Metamerism index）：可視領域（400nm～700nm）でカテゴリーB以内が望ましく，カテゴリーC以内でなければならない。[CIE 51に従う] ・照明[一様性[Illumination uniformity (min:max)]]：≧ 0.75 ・周囲条件（Surround condition）：観察面は四方を少なくも50mm 幅の無彩色，無光沢の領域で囲わねばならない。その輝度（luminance）レベルは画像領域の5～10％であることが望ましい。
(3) 日常業務として検査を行う作業現場の場合（P2 条件） ・観察面の最大照度は，500 lx±125 lx でなければならない。その他の条件はP1条件と共通である。
(4) カラーモニターの場合 ・観察面の参照白色と色度値誤差：D_{65}の色度に近似させる。その色度はx_{10}=0.3138, y_{10}=0.3310, u'_{10}=0.1979, v'_{10}=0.4695から半径 0.025 以内でなければならない。 ・観察面の明るさ：管面の白の明るさは>100cd/m^{2}であることが望ましく，必ず>75 cd/m^{2}であること。 ・周囲条件（Ambient illumination）：管面を測定する時は，周囲は無彩色で濃い灰色か黒，照度は≦32 lxであることが望ましく，必ず≦64 lxでなければならない。 ・周囲を照明する色温度は，モニターの色温度に等しいか，以下であること。

[注] 条件等色指数の評価カテゴリー

等級	CIELAB	CIELUV
A	<0.25	<0.32
B	0.25～0.5	0.32～0.65
C	0.5～1.0	0.65～1.3
D	1.0～2.0	1.3～2.0
E	>2.0	>2.0

[注] 照明光の色度値　u'_{10}, v'_{10}：CIE 1976 UCS diagramで定義されている色度座標

ある。印刷物やモニターの画像を評価するための観察条件は，ISO3664 (2000) に規定されている[13]。

(b) モニターの色再現

モニターによる色再現では，3原色色度値，白色の色度値，ガンマ特性，観察環境が重要な要素で，国際規格の形で規格値が与えられている。次の第22章を参照されたい。

通常，CRTモニターの色は，蛍光体の発するR，G，B3原色の加法混色で表現される。このRGBは，RGB表色系の原刺激ではなく，XYZ色度図上で定義された色で，3種の定義が実用されている。原色の色度座標を表21.3に示す。

表21.3 モニターの原色の色座標値

原色	NTSC		ITU-R BT 709/sRGB		Adobe RGB	
	x	y	x	y	x	y
R	0.67	0.33	0.6400	0.3300	0.640	0.330
G	0.21	0.71	0.3000	0.6000	0.210	0.710
B	0.14	0.08	0.1500	0.0600	0.150	0.060
W	0.310	0.316 (C)	0.3127	0.3290 (D_{65})	0.3127	0.3290 (D_{65})

(c) ハードコピーによる色再現

印刷においては，ここ10年余の間に測色法，商業印刷および新聞の用紙の白色度やインキの色，印刷物の標準値，評価用テスト画像データ，交換データのフォーマットなどの国際標準ができて，色の再現性を評価できる環境が整ってきた。

プリンタについても，印刷に準じて規格が整備され，品質の向上と異機種間で色再現の差をなくす努力が行われている。

記録プロセスの device profile 記録プロセスの device profile には，1) 使用する用紙・インキの測色特性，2) 下色除去 (UCR)［注5］，3) ハーフトーニングの手法［注6］，4) 色材の転写特性，などが関係する。また，色域の異なるハードコピーとモニターの色を合わせることも課題になることが多い。このような，記録プロセス（プリンタ・印刷）の device profile は，CMYKの網点パーセント値 (Tone values)（プリンタでは6色を使う場合がある）の組合せが異なる 1000〜2000 個のカラーパッチの信号を記録プロセスに入力

し，管理された環境条件のもとで製作されたハードコピーのカラーパッチを測色したcharacterization データから得られる。図21.6は，characterizationデータから得られた，各種の記録プロセスで再現され得る色域を比較して示している。xy平面で，1次色（CMY）と2次色（RGB）の6点を結ぶ六角形の領域が印刷プロセスの色域で，PCSで交換される色度値が色域の外にある色は表現できないし，RGBの3原色で囲まれる三角形の色域を持つCRTモニターで表示できる色でも，印刷の色域と重ならない部分の色は印刷で表現できない。また，その逆も生じる。印刷画像では，インキや用紙に含まれる蛍光物質の影響も無視できない[注7]。

色域変換 システムにより表現できる色域に違いがあり，色域外にある彩度の高い色の信号をそのまま記録すると，階調表現が失われる。

画像の見えを優先して，元の色相（hue）と階調表現を残すために**色域変換（圧縮）**（gamut mapping）と呼ばれる処理が，表示・記録系ごとに行われる。色域変換には，各種の手法と評価法が提案されているが，エキスパートが手工業的に行っている実際の処理を調べると，1) 色相は変えないで，2) 色域外の彩度の高い色は彩度を下げると同時に，明度を上げて記録系の色域内に色度値をもってくる処理を行っている[14), 15)]。

CMYKデータからカラーモニター信号への変換 カラー画像を扱う現場では，印刷物とカラーモニターの色を合わせるという要望がしばしば発生する。色度図上で，印刷インキの色域は一次色（CMY）と二次色（R＝M＋Y, G＝

[注5] インキは，インキが印刷された上には，用紙上にのせる場合の80％程度しか付着しないので，十分な濃度を得るため，3次色のGray成分の一部（置換量はシステムにより異なる）を墨インキで置換する。4色の網点パーセント和は，300～350％（新聞では240～260％）以下とするように規定されている。（ISO 12647-2:1996）

[注6] ハーフトーニングの手法の詳細は省く。印刷分野では，網点の形状をセル内にドットが成長するAMスクリーンと誤差拡散，ブルーノイズパターン，あるいはベイヤーのパターンのような，ドットが分散して配置されるFMスクリーンに大別する。FMスクリーンは，ハイライトで印刷の色管理が難しいと言われる。

[注7] 印刷物を観察するにあたっては，蛍光の影響に配慮が必要である。characterizationを求めるにあたっては，蛍光の影響を避けるため，照明光の紫外領域をカットして，測色を行う。400nm以下の紫外光が照射されると，可視光領域の青の反射光量が増加する。しかしながら，食品包装用，医療用などを除いて，用紙や色材に蛍光材料の入っていないものの方が少ない。

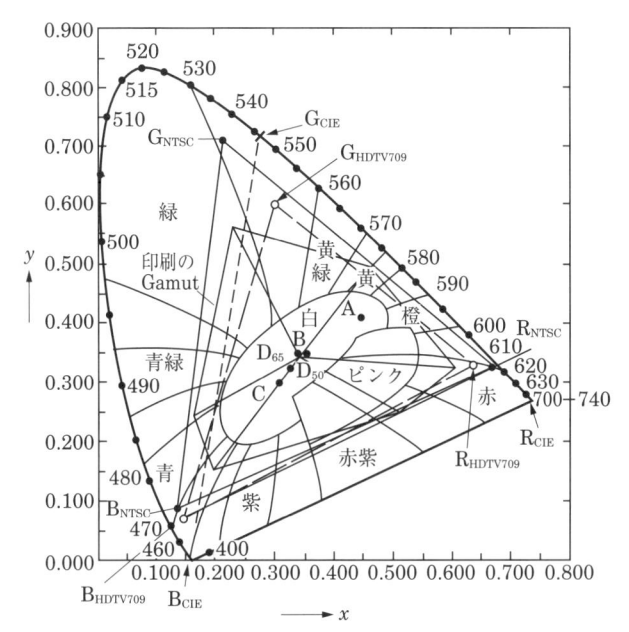

21.2 どのような「色再現」を求めるか

図 21.6 各種の表示・記録システムの表現可能な色域比較

Y+C, B=C+M)の色度点で囲まれた六角形の色域であるが，カラーモニターは 3 原色(RGB)で囲まれる三角形の色域で，両者は完全には重ならないので，お互いに表現できない色があるが，近似的には，次のようにして変換が可能である(図 21.7)。

K(墨)を含まない印刷インキCMYの網点パーセント値は，ほぼ反射率を表す値の補数に比例する。したがって第一次近似としては，最大値(8bitの場合255)に対する補数をとることにより，C→R, M→G, Y→Bの変換を行うことができる。

Kを含む場合は，Kが一次色の重なった部分の色であることを考慮すると，Kを一次色に式21.1で振り分けることができる[16]。

F_3: C_3, M_3, Y_3, 3 色印刷の色インキ量(%)，F_4: C_4, M_4, Y_4, 4 色印刷の色インキ量(%)

$$F_3 = F_4 + (1-F_4)K \tag{21.1}$$

印刷で一般に使用されるインキは，理想の分光曲線に比べて多くの不要吸

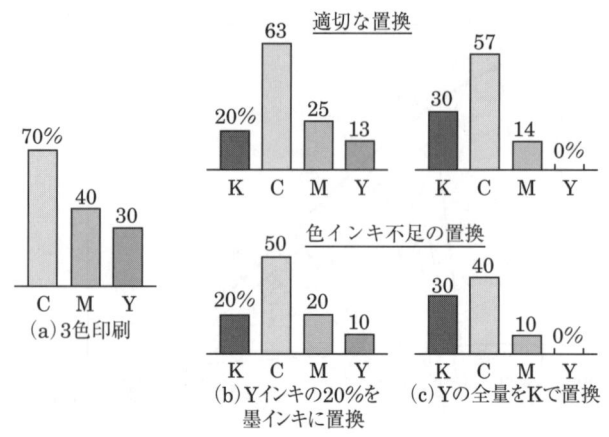

図 21.7 の棒グラフ:
- (a) 3色印刷: C 70%, M 40, Y 30
- 適切な置換:
  - (b) Yインキの20%を墨インキに置換: K 20%, C 63, M 25, Y 13
  - (c) Yの全量をKで置換: K 30, C 57, M 14, Y 0%
- 色インキ不足の置換:
  - (b) Yインキの20%を墨インキに置換: K 20%, C 50, M 20, Y 10
  - (c) Yの全量をKで置換: K 30, C 40, M 10, Y 0%

網点の重なりは確率的に生じるので，色インキ墨で置換した量を差し引いた量より多い目に残さないと，目的の色を表現できない。

図 21.7 3色印刷と墨インキ(K)を含む4色印刷の関係
上段：適切な置換　　下段：色インキ不足の置換

収成分を含んでいる。

　Cインキ＝不足気味のC成分＋相当量のM成分＋少量のY成分

　Mインキ＝不足気味のM成分＋相当量のY成分＋少量のC成分

　Yインキ＝不足気味のY成分＋少量のM成分＋少量のC成分

　このため，CMYデータから求めたRGBデータによる表示には，インキ特性や印刷条件による色の変化を，画像処理ソフトを用いてインタラクティブに補正することも必要である。

21.3　測色と標準

　異機種間でデータを交換し，原稿と照合できない環境で原稿に近い色を再現するためには，出力画像の品質に係わる要素の標準化が欠かせない。印刷の分野では，10数年前から，ISO/TC130の場で色情報の伝送に係わる標準化に取り組んできた。最も基本的なことは，色の管理は測色値で行うということであって，そのために次のような事項についての国際標準規格，業界標準規格が制定されている。

- 測色計に対する仕様 [17]
- 画像データの交換フォーマット [18], [19]
- 測定用の光源と測色値の計算法 [20]
- インキ自体の色とその測定法および測定値の標準値 [21], [22]
- オフセット印刷物を指定の刷り順で製作した際の，印刷物の測色値 [23]〜[25]
- 印刷プロセス評価用のテスト画像 [26]〜[30]
- 印刷物の品質を観察する観察条件 [13]
- データ交換のための色空間 [5]

参考文献

1) Phil Green: *Understanding Digital Color*, Second Edition, GATF Press (1999).
2) Robert Y. Chung and Yoshinori Komori:"ICC-based CMS and Its Color Matching Performance" TAGA Proceedings 1998, pp.195-205.
3) W. G.Hunt: *The reproduction of colour* Fourth Edition, Fountain Press (1987).
4) ITU-R BT.709 : "Basic parameter values for the HDTV standard for the studio and for international programme exchange (Q 27/11)
5) IEC 61966-2-1: "Multimedia systems and equipment-Colour measurement and Management" – Part 2-1：Colour manage ment-Default RGB Colour Space-sRGB (1999).
6) Johji Tajima : "New Quality Measures for a Set of Color Sensors-Weighted Quality Factor, Spectral Characteristic Restorability Index and Color Reproducibility Index ", The Fourth IS&T/SID Color Imaging Conference, pp.25-28, (1996).
7) 洪 博哲："カメラ演色評価数の提案", カラーフォーラム JAPAN '98, 6-1, pp.69-72.
8) 杉浦博明, 久野徹也, 的場成浩, 池田宏明："ディジタルカメラの分光応答度特性測定方法"画像電子学会誌 Vol.30, No.2, pp.76-84 (2001).
9) 例えば Andrew k. Juenger : "Color Sensitivity Selection for Electronic Still Cameras Based on Noise Considerations in Photographic Speed Maximization" IS&T's 1998 PICS Conference, pp.79-83.
10) International Color Consortium, Specification ICC.1 : 2001-12, File Format for Color Profiles (Version 4.0.0)
11) JAPAN COLOR 色再現印刷 '97 (社) 日本印刷学会 ISO/TC130 国内委員会
12) 新聞印刷における色標準 新聞用ジャパンカラー [JCN 2002/Ver.1] 新聞ジャパンカラー検討委員会 (社) 日本印刷産業機械工業会 ISO/ TC130 国内委員会
13) ISO 3664 (2000) Viewing conditions-Graphic technology and Photography
14) 梶光雄 "色再現について-カラーマネージメントシステム-"パソコンリテラシ

28,10 (2003.10).
15) 例えば Ethan D. Montag and Mark D. Fairchild："Gamut Mapping：Evaluation of Chroma Clipping Techniques for Three Destination Gamut" IS&T/SID The Sixth Color imaging Conference, pp.57-61, (1998).
16) 梶 光雄，大竹将治，高橋位置禎，東 吉彦："カラー印刷物の測色的性質について"，日本印刷学会誌 Vol.38, No.2, pp.21-39 (2001).
17) ISO 14981 (2000) Graphic technology-Process control-Optical, geometrical and metrological requirements for reflection densitometers for graphic arts use
18) ISO 12639 Graphic technology-Prepress digital data exchange -Tag image file format for image technology (TIFF/IT)
19) JEITA CP-3451 ディジタルカメラ用画像ファイルフォーマット規格 Exif 2.2 (社) 電子情報技術産業協会 (2002.4).
20) ISO 13655 Graphic technology-Spectral measurement and colorimetric computation for graphic arts images
21) ISO 2846-1 Graphic technology-Specification for colour and transparency of printing ink sets-Part 1: Sheet-fed and heatset web offset lithography printing
22) ISO 2846-2 Graphic technology-Specification for colour and transparency of printing ink sets-Part 2:Inks for coldset offset lithographic printing
23) ISO 12647-1 Graphic technology-Process control for the manufacture of half-tone colour separations, proofs and production prints-Part 1: Parameters and measurement methods
24) ISO 12647-2 Graphic technology-Process control for the manufacture of half-tone colour separations, proofs and production prints-Part 2: Offset processes
25) ISO 12647-3 Graphic technology-Process control for the manufacture of half-tone colour separations, proofs and production prints-Part 3: Coldset offset and letterpress on newsprint
26) 画像電子学会「高精細XYZ.CIELAB.RGB標準画像 (SHIPP)」
27) ISO 12640-1:1997 Graphic technology-Prepress digital data exchange-CMYK standard colour image data (CMYK/SCID)
28) ISO 12641 (1997) Graphic technology-Prepress digital data exchange-Colour targets for input scanner calibration
29) ISO 12642 Graphic technology-Prepress digital data exchange-Input data for characterization of 4-colour process printing
30) ISO 12640-2: 2004 Graphic technology-Prepress digital data exchange-Part2: XYZ (sRGB) encoded standard colour image data (XYZ/SCID) [JIS X920 4 (2004)高精細カラーディジタル標準画像 (XYZ/SCID)で国内規格化]

第22章

sRGBおよび拡張色空間の標準化

三菱電機株式会社　杉浦博明

22.1 はじめに

現在,マルチメディア用の標準色空間として広く普及しつつあるsRGBは,IEC (International Electrotechnical Commission)のTC 100で標準化されたものである。IEC/TC 100では,オーディオ,ビデオおよびマルチメディアシステム・機器に関する規格を審議,制定している。このTC (Technical Committee)は,1995年のハーグ会議で正式に発足したもので,従来のSC 12A (受像機),TC 60 (録再機器),TC 84 (AV機器・システム)を統合したものである。TC 100の設立と同時にこれまでIECにおけるいずれのTC,SC (Sub Committee)にも属していなかった新しい標準化テーマとして,カラーマネージメントが,新作業として日本から提案され,各国による投票の結果,新プロジェクトNo. 61966として承認された。当初,日本から提案したテーマは,単にCRT (Cathode Ray Tube)ディスプレイのカラー特性測定方法に関するものであった。新プロジェクトは,それまでのIECにおける検討結果[1]をもとにした幹事国(オランダ)の意見によって,標準色空間の規定および各種画像入出力機器のカラー特性測定方法を扱うプロジェクトとなり,1996年のドレスデン会議においてPT (Project Team) 61966が正式に設立された[2]。その後,TC 100内の組織改革によりPT 61966内の各パートをそれぞれ独立したプロジェクトとして取り扱うことになり,それらは,TA (Technical Area) 2により管理されることになった。現在のところ,IEC 61966シリーズは,以下のようなパートに分かれている。

61966 - 1 :	General
61966 - 2 - 0 :	Colour management in multimedia systems
61966 - 2 - 1 :	Default RGB colour space - sRGB
61966 - 2 - 2 :	Extended RGB colour space - scRGB
61966 - 3 :	Equipment using cathode ray tubes
61966 - 4 :	Equipment using liquid crystal display panels
61966 - 5 :	Equipment using plasma display panels
61966 - 6 :	Front projection displays
61966 - 7 - 1 :	Colour printers - Reflective prints - RGB inputs
61966 - 7 - 2 :	Colour printers - Reflective prints - YMCK inputs
61966 - 8 :	Multimedia colour scanners
61966 - 9 :	Digital cameras
61966 - 10 :	Quality assessment - Colour image in network systems
61966 - 11 :	Quality assessment - Impaired video in network systems

　本章では，上記の中でRGB色空間に関係する二つのパート61966 - 2 - 1および，61966 - 2 - 2の概要について解説する．また，IEC以外の色空間標準化動向として，ISO (International Organization for Standard-ization) あるいは，JEITA (社団法人 電子情報技術産業協会) における活動についても触れることとする．

22.2 標準色空間によるカラーマネージメント

　近年，直視型CRT (Cathode Ray Tube) ディスプレイ以外にも様々なカラーディスプレイが実用化されている．直視型のディスプレイとしては，LCD (Liquid Crystal Display)，LED (Light Emitting Diode)，PDP (Plasma Display Panel) 等があり，投射型としては，LCD，DLPTM (DLPTM，Digital Light Processing™は，米国テキサスインスツルメンツ社の商標) 等がある．これら各種のカラーディスプレイにおいて，色再現は非常に重要であり，色再現の優劣がそのまま装置の優劣として評価される場合がある．しかし，これらのディスプレイにおける色再現は，現状では必ず

22.2 標準色空間によるカラーマネージメント

しも十分でないとともに,各装置はその原理や用いられる素子の特性によって,それぞれに固有な色再現を示す場合が多い.

卑近な例では,CRTディスプレイ上で作成したプレゼンテーションのコンテンツをLCDプロジェクタで表示した場合に予期しない色再現の結果,ユーザーが混乱してしまう等の問題がある.

上述のような問題を解消するため,カラーマネージメント技術が必要となるわけであるが,それには大別して次のような二つの手法がある.

(1) プロファイルによる手法:色彩画像信号に加え,各々の機器の色彩特性を色変換部に引き渡す.その例としては,ICCプロファイル,VESA EDID file等があげられる

(2) 標準色空間による手法:伝送する色彩画像信号が準拠するべき色空間を一意に決める.その例としては,ITU-Rの放送規格.ITU-Tのカラーファックスの規格,IECのsRGB等があげられる.

  ICC : International Color Consortium
  VESA : Video Electronics Standards Association
  EDID : Extended Display Identification Data
  ITU : International Telecommunication Union

それぞれの手法には,表22.1に示すようなメリット,デメリットがある.同表からわかるようにプロファイルによる手法は,印刷業界などのプロ用

表22.1 カラーマネージメント手法の比較

カラーマネージメント手法	メリット	デメリット
プロファイルによる手法 (印刷業界,プロ用)	プロファイルのサイズを大きくすることにより,精度の高い色再現を得ることが可能.	ネットワーク環境で用いるためには負荷が重くなる.プロファイルを規定した状態からユーザー調整によってずれてしまった場合には,効果が期待できない.
標準色空間による手法 (コンシューマ用)	伝送するデータのサイズを小さくすることができるので,ネットワーク環境に適している.各種画像入出力機器の設計目標が明らかになる.	理想状態からずれている場合に色が合わなくなるので,有効な運用のためにはガイドインが必要.

という位置づけである。一方，標準色空間による手法は，色彩に関して専門知識の少ないコンシューマ用という位置づけで，インターネットを介し各種ウェブサイトから得られるカラー画像を取り扱うために適した手法である。

22.3 IECにおける標準色空間 sRGB

sRGBは，1999年10月にIEC 61966-2-1[3]として発行された標準色空間に関するIEC規格であり，標準条件とエンコーディング変換方法を規定している。標準条件としては，画像表示のための標準ディスプレイ（表22.2），標準視環境（表22.3），標準観測者が規定されている。

表22.2 sRGB標準ディスプレイ

Reference image display system characteristics	
Display luminance level	80 cd/m^2
Display white point	$x=0.3127, y=0.3290$ (D65)
Display primaries	ITU-R BT.709-3[4]
Display model offset	0.0
Display input/output characteristics	S-gamma=2.2

表22.3 sRGB標準視環境

Reference viewing conditions	
Reference background	16 cd/m^2, D65
Reference surround	4.1 cd/m^2, D50
Reference proximal field	16 cd/m^2, D65
Reference ambient illuminance level	64 lx
Reference ambient white point	D50
Reference veiling glare	0.2 cd/m^2

エンコーディング変換方法としては，標準条件下で所望の表示をするために必要な情報が提供されている。式（22.1）にCIE 1931 XYZ値とsRGBにおけるRGB値を関係付けるマトリクス式，式（22.2），（22.3），（22.4）に非線形変換特性等を示す。

$$\begin{bmatrix} R_{sRGB} \\ G_{sRGB} \\ B_{sRGB} \end{bmatrix} = \begin{bmatrix} 3.2406 & -1.5372 & -0.4986 \\ -0.9689 & 1.8758 & 0.0415 \\ 0.0557 & -0.2040 & 1.0570 \end{bmatrix} \begin{bmatrix} X \\ Y \\ Z \end{bmatrix} \qquad (22.1)$$

$R_{sRGB}, G_{sRGB}, B_{sRGB} \leq 0.031308$ の場合

$$R'_{sRGB} = 12.92 \times R_{sRGB}$$
$$G'_{sRGB} = 12.92 \times G_{sRGB} \quad (22.2)$$
$$B'_{sRGB} = 12.92 \times B_{sRGB}$$

$R_{sRGB}, G_{sRGB}, B_{sRGB} > 0.031308$ の場合

$$R'_{sRGB} = 1.055 \times R_{sRGB}^{1.0/2.4} - 0.055$$
$$G'_{sRGB} = 1.055 \times G_{sRGB}^{1.0/2.4} - 0.055 \quad (22.3)$$
$$B'_{sRGB} = 1.055 \times B_{sRGB}^{1.0/2.4} - 0.055$$

最後に式(22.4)により8ビットにまるめる。

$$R_{sRGB(8)} = \text{round}(255 \times R'_{sRGB})$$
$$G_{sRGB(8)} = \text{round}(255 \times G'_{sRGB}) \quad (22.4)$$
$$B_{sRGB(8)} = \text{round}(255 \times B'_{sRGB})$$

標準色空間としてsRGBが規定されることにより,各種カラー画像機器の色再現目標が明確になった。また,各種画像機器に関してsRGBに準拠しているかいないかを判定するガイドライン的なものを策定するという動きもある[5]。

22.4 sRGBの普及状況

22.4.1 ソフトウェア関連の普及状況

代表的なウェブコンテンツ記述言語であるHTML[6],CSS[7]においては,デフォルト色空間としてsRGBが指定されている。また,Microsoft Windows™98[Windows™は米国マイクロソフト社の商標]以降のOS(Operating System)および,OfficeのデフォルトO色空間としてもsRGBが採用されている。

22.4.2 ハードウェア関連の普及状況

もっともsRGBへの対応が早かったのが,CRTディスプレイあるいは,プリンタである。CRTディスプレイ,プリンタにおいてsRGBへの対応が

早かった理由は，次の通りである。表22.2に示すsRGB標準ディスプレイの特性は，現在のCRTの特性をほぼ代表する特性であるため，白色点，輝度レベルなどを適当に設定することにより比較的容易にsRGB対応が可能となるので，特にハードウェアの追加などすることなくsRGB対応CRTディスプレイを実現できる。また，プリンタに関しては，印刷速度との関係からいわゆるドライバソフトによりsRGBに準拠した色再現となるような処理を実現しているため，CRTディスプレイと同様に特別のハードウェアの追加が不必要であったためと推測される。

近年，普及が急速に進んでいる民生用DSCの標準的な画像ファイルフォーマットであるExif 2.1[8]においても，やむを得ぬ理由以外は色空間としてsRGBを使用するよう規定されている。

その後，sRGB対応LCDディスプレイ，sRGB対応プロジェクタが発売された。これらの製品のsRGB対応が遅れた理由は，それぞれのデバイスの色再現がCRTと大きく異なっていたため，何らかの技術開発[9]が必要であったためである。

22.5 IECにおける拡張色空間の標準化

22.5.1 sRGBの補遺

sRGBによるカラーマネージメントは，前述したように各種カラー画像機器の色再現目標が明確になったり，PC（Personal Computer）の接続を前提としないため，各種カラー画像機器の直接接続が可能となるなどのメリットがある。その反面，sRGBの色再現域はカラーCRTディスプレイ特性に準じているため，銀塩写真や印刷など他のカラー画像機器において可能な色を再現することができないなどの欠点が指摘されている[10]。

この問題点を解消するために，IEC 61966‐2‐1のメンテナンスサイクル（発行から3年後）に向けて，発行予定の補遺[11]がMT（Maintenance Team）61966‐2‐1において審議された。その主な内容は，-50％から+150％までの信号を10ビットでエンコードするものである。

RGBの負値を認めることにより，三原色で囲まれた外側の色も表現する

22.5 IECにおける拡張色空間の標準化

ことが可能となる。式 (22.1), (22.2) は, 8ビットのsRGB$_{(8)}$デジタル値と10ビットのsRGB$_{(10)}$デジタル値の関係を示す式であり, sRGB$_{(8)}$デジタル値については, 0から255までの値に制限されている。

$$
\begin{aligned}
R_{\text{bg-sRGB}(10)} &= (R_{\text{sRGB}(8)} \times 2) + 384 \\
G_{\text{bg-sRGB}(10)} &= (G_{\text{sRGB}(8)} \times 2) + 384 \\
B_{\text{bg-sRGB}(10)} &= (B_{\text{sRGB}(8)} \times 2) + 384
\end{aligned}
\tag{22.5}
$$

$$
\begin{aligned}
R_{\text{sRGB}(8)} &= \text{round}\left[(R_{\text{bg-sRGB}(10)} - 384)/2\right] \\
G_{\text{sRGB}(8)} &= \text{round}\left[(G_{\text{bg-sRGB}(10)} - 384)/2\right] \\
B_{\text{sRGB}(8)} &= \text{round}\left[(B_{\text{bg-sRGB}(10)} - 384)/2\right]
\end{aligned}
\tag{22.6}
$$

上記MTにおいては, 標準色空間sYCCも同時に審議されている。YCCとは輝度色差信号を表すが, このYCCをRGBに変換する際にRGBそれぞれが, 0未満の値, あるいは1より大きい値となる場合がある。RGBにおけるこれらの値を活用することにより, 従来よりも広い範囲の色を表現できる。式 (22.1) で得られたリニアsRGB値からsYCCへの変換式を24ビット変換 (8ビット/チャンネル) の場合について以下に紹介する。

$R_{\text{sRGB}}, G_{\text{sRGB}}, B_{\text{sRGB}} < 0.031308$ の場合

$$
\begin{aligned}
R'_{\text{sRGB}} &= -1.055 \times (-R_{\text{sRGB}})^{1.0/2.4} + 0.055 \\
G'_{\text{sRGB}} &= -1.055 \times (-G_{\text{sRGB}})^{1.0/2.4} + 0.055 \\
B'_{\text{sRGB}} &= -1.055 \times (-B_{\text{sRGB}})^{1.0/2.4} + 0.055
\end{aligned}
\tag{22.7}
$$

$-0.031308 \leq R_{\text{sRGB}}, G_{\text{sRGB}}, B_{\text{sRGB}} \leq 0.031308$ の場合

$$
\begin{aligned}
R'_{\text{sRGB}} &= 12.92 \times R_{\text{sRGB}} \\
G'_{\text{sRGB}} &= 12.92 \times G_{\text{sRGB}} \\
B'_{\text{sRGB}} &= 12.92 \times B_{\text{sRGB}}
\end{aligned}
\tag{22.8}
$$

$R_{\text{sRGB}}, G_{\text{sRGB}}, B_{\text{sRGB}} > 0.031308$ の場合

$$\begin{aligned} R'_{\text{sRGB}} &= 1.055 \times R_{\text{sRGB}}^{1.0/2.4} - 0.055 \\ G'_{\text{sRGB}} &= 1.055 \times G_{\text{sRGB}}^{1.0/2.4} - 0.055 \\ B'_{\text{sRGB}} &= 1.055 \times B_{\text{sRGB}}^{1.0/2.4} - 0.055 \end{aligned} \quad (22.9)$$

RGBからYCCへの変換式としては，式(22.10)に示すようにITU-R BT.601‐5[12]で規定された変換式を用いる．表22.2に示すようにsRGBの3原色としては，ITU-R BT.709‐3で規定された原色が採用されているが，YCCへの変換式は，すでに広く普及しているITU-R BT.601‐5で規定された変換式が採用された．

$$\begin{bmatrix} Y'_{\text{sYCC}} \\ Cb'_{\text{sYCC}} \\ Cb'_{\text{sYCC}} \end{bmatrix} = \begin{bmatrix} 0.2990 & 0.5870 & 0.1140 \\ -0.1687 & -0.3313 & 0.5000 \\ 0.5000 & -0.4187 & -0.0813 \end{bmatrix} \begin{bmatrix} R'_{\text{sRGB}} \\ G'_{\text{sRGB}} \\ B'_{\text{sRGB}} \end{bmatrix} \quad (22.10)$$

最後に式(22.11)により8ビットにまるめる．

$$\begin{aligned} Y'_{\text{sYCC}(8)} &= \text{round}\ (255 \times Y'_{\text{sYCC}}) \\ Cb'_{\text{sYCC}(8)} &= \text{round}\ [(255 \times Cb'_{\text{sYCC}}) + 128] \\ Cr'_{\text{sYCC}(8)} &= \text{round}\ [(255 \times Cr'_{\text{sYCC}}) + 128] \end{aligned} \quad (22.11)$$

22.5.2 拡張色空間scRGB

色規格の対象目標色は，「入力系による定義」と「観察系による定義」に分けることができる[13]．その観点からすると，標準ディスプレイに表示された画像が標準視環境下で正しく見えるように定義されたsRGBは，観察系により定義された色空間であるといえる．

一方，入力系により定義された標準色空間，特にシーンに関連した色空間であるscRGB[14]（relative scene RGB colour space）が，PT（Project Team）61966‐2‐2において審議された．

16ビットscRGB$_{(16)}$デジタル値とCIE 1931表色系における三刺激値X，Y，Zとの関係は，以下のように表される．

22.5 IECにおける拡張色空間の標準化

$$\begin{bmatrix} R_{\text{scRGB}} \\ G_{\text{scRGB}} \\ B_{\text{scRGB}} \end{bmatrix} = \begin{bmatrix} 3.240625 & -1.537208 & -0.498626 \\ -0.968931 & 1.875756 & 0.041518 \\ 0.055710 & -0.204021 & 1.056996 \end{bmatrix} \begin{bmatrix} X \\ Y \\ Z \end{bmatrix} \quad (22.12)$$

次に式(22.13)により16ビットにまるめる。

$$\begin{aligned} R_{\text{scRGB}(16)} &= \text{round}\left[(R_{\text{scRGB}} \times 8192) + 4096\right] \\ G_{\text{scRGB}(16)} &= \text{round}\left[(R_{\text{scRGB}} \times 8192) + 4096\right] \\ B_{\text{scRGB}(16)} &= \text{round}\left[(R_{\text{scRGB}} \times 8192) + 4096\right] \end{aligned} \quad (22.13)$$

scRGBの特長を以下に解説する。

(1) sRGBとの整合性

式(22.12)におけるマトリクス係数は，sRGBとの整合性を考慮して規定してある。つまり，scRGBの3原色および白色点は，表22.1に示されたsRGBと同じである。ただし，式(22.13)におけるマトリクス係数は，16ビットの精度を確保するために小数点以下6桁としている。

(2) 測光量に対して線形

X，Y，Zは，測光量に対して線形であるので，それらを式(22.12)により線形変換した後，量子化して得られる16ビットscRGB$_{(16)}$デジタル値も測光量に対して線形であるといえる。したがって，トランスペアレンシ ブレンディング，アンチ エイリアシング，コンボリュージョン，ライト レンダリング等の線形加工に基づく処理にscRGBは適している。

この特長によりscRGBは，CG，バーチャルリアリティ，ゲームなどの産業界のニーズに合致しているといえる。

(3) ワイドダイナミックレンジ

scRGBは，-50%から$+750\%$までの信号を16ビットでエンコードするものである。0から16,383までのscRGB$_{(16)}$ディジタル値には，すべての可視表面色が含まれ，12,288から65,535までの範囲には，スペキュラーなど，100%を超える成分が含まれる。

なお，2003年1月に発行されたIEC 61966-2-2 scRGBには誤りがあったので，その正誤表[15]が，2003年8月に発行された。

22.6 その他の標準化動向

(1) ISOにおける拡張色空間の標準化

ISOにおいては，ISO 22028[16]として，デジタル画像の保管，取り扱い，互換用の拡大色符号化の審議が進んでいる。そのパート1として，構造および要求事項が，国際的な審議，投票を経て，現在，発行準備段階にある。パート2，パート3として，ANSI/I3A規格であるROMM‐RGB[17]，RIMM‐RGB[18]のそれぞれの標準化を新作業提案することが検討されている。

(2) 拡張色空間に関連したJEITA規格

拡張色空間を実際に活用事例という観点で，ディジタルカメラ関係のJEITA規格を紹介する。ディジタルカメラは；それで記録した画像をプリンタに出力する場合があるが，最近その普及が著しいインクジェットプリンタは，発色方法の違いから，彩度の高いシアン色など，一部ディスプレイでは表現できない出力をすることが可能である。Exif 2.1においては，準拠するべき色空間が，CRTディスプレイの色域に限定されたsRGBとなっていたため，プリンタの能力を十分活かしきれなかったという問題点があった。この問題点を解消するため，ディジタルカメラ関係者，プリンタ関係者が審議に参加し，拡張色空間としてのsYCCを取り入れたExif 2.2[19]（通称Exif Print）が2002年4月に制定された。

その後，商業印刷分野での利用を考慮し，同分野で一般的に使われているいわゆるAdobe RGB[20]をDCFオプション色空間として規定し，このオプション色空間に基く画像データをExif圧縮形式（JPEG形式）として記録することを可能とするDCF 2.0[21]がExif 2.21[22]とともに2003年9月に制定された。

22.7 日本国内における審議体制

色空間の関係する業界は，ディスプレイ，印刷，あるいは写真など多岐にわたる。sRGBおよびそれに関連した色空間は，IECで審議されていたため，ややもするとその議論が電気業界寄りになりがちであった。一方，印刷，写真に関する標準化は，ISOを中心として進められていた。国際的にIECお

よびISOが色空間の標準化についてもっと協調するべきとの議論が高まる中，日本国内においては，その機運を先取りしてJEITA（社団法人電子情報技術産業協会）にカラーマネージメント標準化委員会および，その下部組織として61966-2 sRGB等対応G（グループ）を設置し，各関連業界からの専門家の意見を反映できる体制を整えている。

　わが国を含め，世界は，本格的なマルチメディア時代を迎えている。その中で，マルチメディアに関連した国際標準化の重要性が認識された結果，IEC/TC 100が設立された。本稿では，IEC/TC 100における重要な課題であるカラーマネージメント，特にsRGBおよびその後の拡張色空間に関連する標準化動向についてその概要を紹介した。

　マルチメディアは，人々の活動基盤を変えようとしており，その変化は急速である。つまり，マルチメディアにおけるカラーマネージメントの国際標準化も，一刻の猶予も許されないといえる。この時代の要請に応えるべく，わが国においても，IEC TC 100/TA 2および，その国内対応組織での活動を推進することが必要である。また，例えばISOなど関連する他の国際標準化団体とも協調することにより専門家の英知を結集し，従来の枠組み・手法にとらわれない迅速なる標準化を推進していくことも重要である。

参考文献

1) Ikeda et al.: "Equipment Independent Colour Reproduction System", IEC TTA-3 (1997).
2) 杉浦 他："オープンシステムにおけるカラーマネージメントの国際標準化動向", 1998年映像情報メディア学会年次大会予稿集 S4-2, pp. 498-501 (1998).
3) IEC 61966-2-1, Multimedia systems and equipment - Colour measurement and management - Part 2-1: Colour management - Default RGB colour space - sRGB (1999).
4) ITU-R BT. 709-3, "Parameter values for the HDTV standards for production and international programme exchange"
5) http://www.microsoft.com/hwdev/tech/color/ColorTest.asp, "Windows Color Quality Specifications for LCD OEMs" (2001).
6) HTML: Hyper Text Markup Language; SGML（Standard Generalized Markup Language）の書式を踏襲したマークアップ言語の一つ。HTMLはWWWサーバでの

ドキュメントを記述するための言語として広く知られている。

7) CSS: Cascading Style Sheets; HTMLの見栄えを定義するスタイルシートを記述するための言語仕様。複数のHTMLから一つのCSSを参照することで、サイトのデザインを統一することが可能になる。CSSではフォント，色と背景，テキスト，ボックスなどの属性を指定することができる。

8) JEIDA規格ディジタルスチルカメラ用画像ファイルフォーマット規格 (Exif) Version 2.1 JEIDA-49-1998

9) H. Sugiura, S. Kagawa, M. Takahashi, N. Matoba:"Development of new color conversion system", Proceedings of SPIE, Vol. 4300, pp. 278-289 (2001).

10) 加藤："様々な標準色空間の位置付けとその産業界へのインパクト"，カラーフォーラムJAPAN2000論文集 2-1, pp. 25-34 (2000).

11) IEC 61966-2-1 Amendment No. 1 to Multimedia systems and equipment - Colour measurement and management - Part 2-1: Colour management - Default RGB colour space - sRGB (2003).

12) ITU-R BT. 601-5,"Studio encoding parameters of digital televisions for standard 4:3 and wide screen 16:9 aspect ratios"

13) 洪博哲："カラーマネージメントの動向"，映情学誌，52，6，pp. 806-811 (1998).

14) IEC 61966-2-2, Multimedia systems and equipment - Colour measurement and management - Part 2-2: Colour management - Extended RGB colour space - scRGB (2003).

15) IEC 61966-2-2, Multimedia systems and equipment - Colour measurement and management - Part 2-2: Colour management - Extended RGB colour space - scRGB CORRIGENDUM 1 (2003).

16) ISO 22028-1, Photography and graphic technology - Extended colour encodings for digital image storage, manipulation and interchange - Part 1: Architecture and requirements (2004).

17) ANSI/I3A IT10.7666, Photography - Electronic still picture imaging - Reference output medium metric RGB color encoding (ROMM-RGB)

18) ANSI/I3A IT10.7466, Photography - Electronic still picture imaging - Reference input medium metric RGB color encoding (RIMM-RGB)

19) JEITA CP-3451, "デジタルスチルカメラ用画像ファイルフォーマット規格 Exif 2.2" (2002).

20) 例えば, Adobe Photoshop 7.0 [AdobeおよびPhotoshopはAdobe社の登録商標です］。

21) JEITA CP-3461, "カメラファイルシステム規格 DCF 2.0" (2003).

22) JEITA CP-3451-1, "デジタルスチルカメラ用画像ファイルフォーマット規格 Exif 2.21 (Version 2.2追補)" (2003).

第23章

画像交換としての画像ファイルフォーマット

キヤノン株式会社　松本健太郎

23.1　はじめに

　半導体技術，画像処理技術，通信技術，精密加工技術等の進歩により，画像関連デバイスは近年著しく進化している．ディジタルカメラにおいては，高解像度化，小型化は言うに及ばず，プリンタとのダイレクト接続，通信機能搭載など高機能化も進んでいる．ディスプレイにおいては，フラットディスプレイやプロジェクタが普及し，これらの中には色再現域の拡大を狙った製品も登場してきている[1),2)]．インクジェットプリンタにおいては，ノズルの高集積化，液滴の微小化による高解像度化，あるいは，多インク化による色再現域の拡大，通信機能の搭載，モバイル化など，高画質化だけでなく，ユーザの利用環境に合わせた多機能化も加速している[3)]．記録デバイスについては，メモリカードの小型大容量化が進み，ディスクメディアについては大容量化が進む一方，HDD内蔵DVDレコーダといった複合製品の普及が目覚しい．

　このように，多種の機器がディジタル化し，それらの機器間で従来にない画像データ交換のニーズが生まれてくるにつれて，画像データの記録フォーマットに対する要件が次第に変化してきた．従来は機器単体での利用形態を考慮していれば十分であったものが，複数の異なる機器の間で利用されるケースが増えてきたためとも考えられる．また記録フォーマットと同様に，機器間でデータをやり取りするための手順や，やりとりする情報の取り決めである機器間通信プロトコルも重要となっている．

本章では，入出力機器間の画像交換としてディジタルカメラ，プリンタに関する規格である，2003年に策定・発表されたExif2.21およびPictBridgeについて紹介するとともに，今後の課題についても述べる。

23.2 Exif2.21/DCF2.0

Exif/DCF[4]~[10]は1995年にディジタルカメラのフォーマットとして規格化された。その後，ディジタルカメラで撮影し，プリンタで印刷するワークフローを考慮し，Exif2.2でプリンタ利用タグの追加がなされたが，2003年，業務用システムからの要望を考慮し，新たな規格が追加され，Exif2.21として改定された(表23.1)。

Exif規格は，ディジタルカメラおよび，ディジタルカメラで記録される画像ファイルまたは音声ファイルを取り扱うシステムにおいて，画像，音声およびタグのフォーマットを規定している。

Exif規格では画像データの形式に応じて，それぞれ次の三つのフォーマットで画像を記録する。

(1) RGB非圧縮データ：Baseline TIFF Rev. 6.0 RGB Full Color Images
(2) YCbCr非圧縮データ：TIFF Rev. 6.0 Extensions YCbCr
(3) JPEG圧縮データ：JPEG Baseline DCT

非圧縮データはいわゆるTIFFフォーマットであり，JPEG圧縮の場合は，ディジタルカメラアプリケーションで必要とされる付属情報をAPP1(アプ

表23.1 Exif規格のバージョンとその内容

Exif規格	制定年月	内容
Version 1.0	1995年10月	画像データフォーマット，付属情報(タグ)の構造，基本タグの定義
Version 2.0	1997年11月	sRGB色空間，圧縮サムネイル，音声ファイルの追加
Version 2.1	1998年6月	互換性タグの追加
Version 2.2	2002年4月	プリント処理用タグの追加，sYCC対応
Version 2.21	2003年9月	商業印刷色空間への対応

23.2 Exif2.21/DCF2.0

リケーションセグメント1)へ記録する。この際，APP1内部の記録方式はTIFFに倣っており，圧縮データと非圧縮データで付属情報の記述の共通化を図っている（図23.1）。

一方，Exif音声ファイル規定は，音声ファイルの記録方法に関する規定であり，ファイルのデータ構造，使用するチャンク，フォーマットバージョンの定義についての規定が記載されている。

ファイルの記録形式は，既存のRIFF WAVE Form Audio Fileフォーマットを利用する。また，データの形式は，非圧縮音声データはPCMおよびμ-LAWPCM（ITU-T G.711準拠），圧縮音声データはIMA-ADPCM

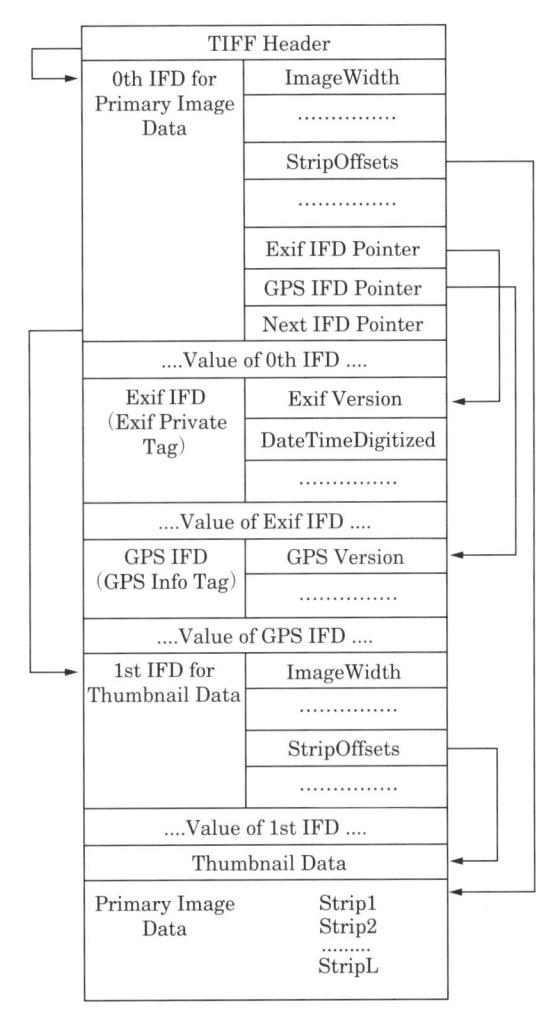

TIFF Header	
0th IFD for Primary Image Data	ImageWidth
	....
	StripOffsets
	....
	Exif IFD Pointer
	GPS IFD Pointer
	Next IFD Pointer
....Value of 0th IFD	
Exif IFD (Exif Private Tag)	Exif Version
	DateTimeDigitized
	....
....Value of Exif IFD	
GPS IFD (GPS Info Tag)	GPS Version
	....
....Value of GPS IFD	
1st IFD for Thumbnail Data	ImageWidth
	....
	StripOffsets
	....
....Value of 1st IFD	
Thumbnail Data	
Primary Image Data	Strip1
	Strip2
	....
	StripL

図 23.1 非圧縮データファイルの基本構造

を採用する。これは画像ファイル規定と同様に，機器で記録したファイルを市販のアプリケーションで直接読め，再生や加工などの機能を利用できるというメリットを重視したためである。

Exif規格では上記のように画像・音声ファイルの記録方法が各項目ごとに必須・推奨・オプションからなる対応レベルとともに規定されており，例

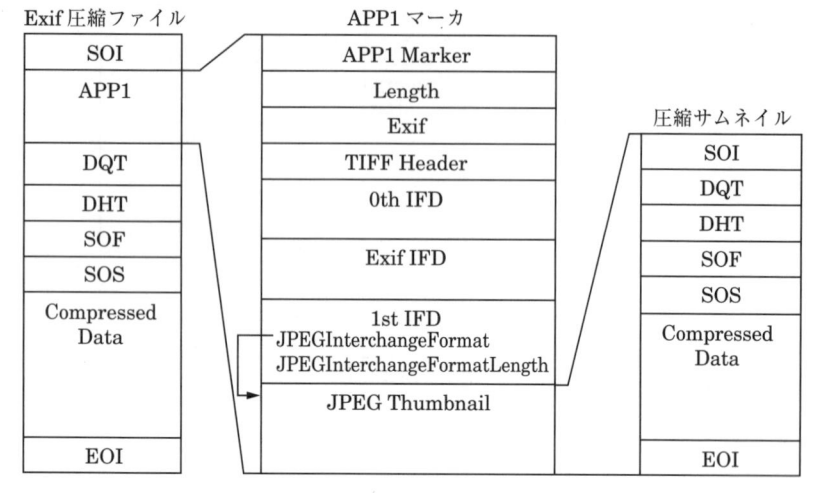

図 23.2　圧縮サムネイルを持つExifファイルの構造

えばサムネイルの記録はオプションであり，その形態(圧縮/非圧縮，サイズ)にも自由度があった(図23.2)。

一方，DCF(Design Rule for Camera File system)はDOS FATシステムでフォーマットされた着脱式のメモリカード上に，画像を記録/読み出し再生するための規格である。記録メディアにはよらず，CF，SD，スマートメディアをはじめ様々なメモリカードで広く採用されている。

DCFは上記Exif規格に対して，再生互換のために必要な規定を加えた運用ルールであり，ファイルフォーマットの基本はExif規格に沿っている。JPEG，Exif規格とDCF規格との関係を図23.3に示す。

Exif2.21/DCF2.0での大きな変更点は，商業印刷などの業務用分野からの要望に応じるための，商業印刷用色空間への対応である。商業用印刷色空間とは，いわゆるAdobeRGBと呼ばれている色空間を指している。

この要望の背景には，ディジタルカメラの業務用分野，特に商業印刷分野への普及があげられる。商用印刷の現場では，AdobeRGBが多く用いられていることから，ディジタルカメラにおいてもこの色空間への対応が求められた(表23.2，および図9.1，9.3(p.108，112)参照)。

今回の商業用印刷色空間への対応にあたり，DCF規格では，従来のExif-

23.2 Exif2.21/DCF2.0

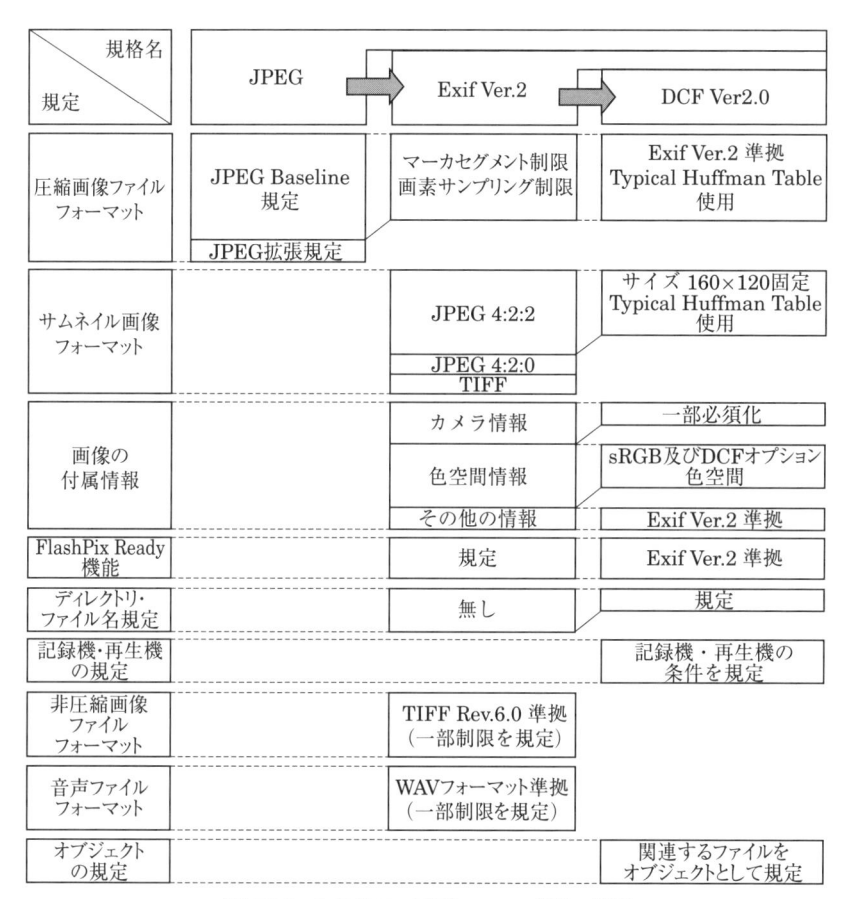

規格名\規定	JPEG	Exif Ver.2	DCF Ver2.0
圧縮画像ファイルフォーマット	JPEG Baseline規定 JPEG拡張規定	マーカセグメント制限 画素サンプリング制限	Exif Ver.2 準拠 Typical Huffman Table 使用
サムネイル画像フォーマット		JPEG 4:2:2 JPEG 4:2:0 TIFF	サイズ 160×120固定 Typical Huffman Table 使用
画像の付属情報		カメラ情報	一部必須化
		色空間情報	sRGB及びDCFオプション色空間
		その他の情報	Exif Ver.2 準拠
FlashPix Ready 機能		規定	Exif Ver.2 準拠
ディレクトリ・ファイル名規定		無し	規定
記録機・再生機の規定			記録機・再生機の条件を規定
非圧縮画像ファイルフォーマット		TIFF Rev.6.0 準拠 （一部制限を規定）	
音声ファイルフォーマット		WAVフォーマット準拠 （一部制限を規定）	
オブジェクトの規定			関連するファイルをオブジェクトとして規定

図 23.3　DCFとExif規格，JPEG規格の関係

表 23.2　sRGBとAdobeRGBの比較

	白色点	Red	Green	Blue	γ
sRGB	D65	(0.64, 0.33)	(0.30, 0.60)	(0.15, 0.06)	2.2
AdobeRGB	D65	(0.64, 0.33)	(0.21, 0.71)	(0.15, 0.06)	2.2

JPEGのものをDCF基本ファイルとし，商業用色空間へ対応するものをDCFオプションファイルと定義した．DCF基本ファイルとDCFオプションファイルの比較表を表23.3に示す．

DCFオプションファイルの識別にあたっては，

表 23.3　DCF基本ファイル/オプションファイルの比較

		画像種類	圧縮・非圧縮	画素数	画面アスペクト	色差サンプリング	圧縮率	ハフマンテーブル	色空間
DCF基本ファイル		主画像	圧縮(JPEG)	規定せず	規定せず	4:2:2 または 4:2:0	規定せず	Typical	sRGB
		サムネイル	圧縮(JPEG)	160×120(固定)	4:3(固定)	4:2:2(固定)	規定せず	Typical	sRGB
DCFオプションファイル		主画像	圧縮(JPEG)	規定せず	規定せず	4:2:2 または 4:2:0	規定せず	Typical	DCFオプション色空間
		サムネイル	圧縮(JPEG)	160×120(固定)	4:3(固定)	4:2:2(固定)	規定せず	Typical	DCFオプション色空間

・互換識別インデックス
　(InteroperabilityIndex)が"R03"
・色空間がUncalibrated
・参照白色点の色度座標値,原色の色度座標値,色変換マトリックス係数,再生ガンマのタグの値

から判断することが原則であるが,ファイルの内部まで解析せずに識別できるように,DCF Writerの規定としてファイル名の先頭を"_"で始めることが求められている.

23.3　Exif/DCFの課題

23.3.1　Exif2.21へのReaderの対応

　今回のオプション色空間の採用は,色空間の任意の拡張ではなく,商業印刷などの業務用分野からの要望に応じるための,特定の既存の色空間(すなわちAdobeRGB)への対応が目的である.しかしながら,コンシューマ向けのディジタルカメラでもAdobeRGBでの記録が可能な製品や,あるいは,ディスプレイやインクジェットプリンタでもsRGBの色再現範囲を超えた,広い色再現範囲を持つ製品が登場してきており,一般コンシューマでのDCFオプションファイルの利用が広まっていく可能性は高い.DCFオプシ

ョンファイルの拡張子は，基本ファイル同様 ".jpg" であり，オプションファイルであっても従来のReaderで画像を表示，印刷することは可能である。ただし，その際に，それらを再生する機器がsRGBのみに対応してオプション色空間に対応していないと，一見，色の薄い画像が再生されることとなる。これらについては，再生デバイスやアプリケーションでの早期対応が望まれるとともに，ユーザへの啓蒙も必要であると考えられる。

23.3.2 ICCプロファイル

　撮影・素材制作・デザイン・製版という印刷ワークフローの中で，従来撮影側は，製版側からあがってくる校正刷りによって最終の色・画質を確認していたが，ディジタル化が進んだ結果として，カラーマネージメントによる色の管理が求められるようになった。印刷ワークフローには，雑誌・新聞・ポスターなど用途に応じて，異なるワークフローがあるが，撮影側からの写真原稿の入稿はCMYKではなく，AdobeRGBに統一しようとする動きがある[12]。これは，CMYKへの色分解は，用途に応じて出力段に近い製版側で行うことが望ましく，また，RGBデータとしては，印刷の色再現域をカバーできるAdobeRGBが望ましいからである。

　一方，ワークフローの各ステージからの出力を統一した印刷色にそろえるという考え方で，標準のCMYK（JMPA, JapanColor, SWOP等）に変換してから入稿する系も考えられる[13]。

　上記のような印刷業務ワークフローにおいては，写真画像データへのICCプロファイルの添付は必須とされている。ディジタル一眼レフカメラで撮影したRAWデータを現像した後に，ICCプロファイル付のTIFFにするのが妥当と考えられるが，作業の効率化からそのような業務においてもJPEGが積極的に利用されているケースもある。JPEG（JFIF）へのICCプロファイルの埋め込みは，ICC Profileの仕様ではAPP2へ埋め込むとされている[14]。一方，Exif/DCFの仕様では，ICC Profileの埋め込みについては触れておらず，APP2への埋め込みは可能である。ただし，Exifタグの色空間情報とICC Profileの整合性をどのようにとるかなどの，運用面については利用者に委ねられていると考えられる。

　Exif/DCFはカメラ用のフォーマットであるため，一旦素材の加工がなさ

れたデータにICCプロファイルをつけるような場合は，スコープ外と考えるのが筋であろう．しかし，実際には，ディジタルカメラで撮影したJPEG (Exif/DCF) と加工後のJPEG (JFIF) が共通の環境で扱われることになるので，二つの規格が乗り入れるような運用についても，今後，規定の中で触れていく必要性が出てくると考えられる．

23.3.3 サムネイルサイズ

近年，ディジタルカメラの画素数は，ハイエンドモデルで1000万画素を超え，普及型のものでも300万〜400万画素（横×縦：約2000×1500画素）となっている．これに対してパソコン用ディスプレイの解像度は，一般のユーザの場合，XGA (1024×768) からUXGA (1600×1200) 程度と考えられるが，400万画素のディジタルカメラの画素を等倍表示しようとしても画面に収まりきらない．一方で，DCFサムネイルでは160×120とかなり小さい．もともと，Exif/DCFはディジタルカメラ間での画像の互換性を中心に考えられているという背景もあり，またパソコン用ディスプレイがVGA (640×480) あるいは，SVGA (800×600) が主流であったころは，このようなサムネイルサイズが適していたのだろうが，これからのユーザ環境を考えると，このサムネイルサイズはやや小さい．だからといって，主画像を縮小するのは，計算コストもかかる．表示に適したサイズの縮小画像を画像ファイルフォーマット内に記録することも，今後検討課題の一つであると考える．

23.3.4 アスペクト比

また，ディジタルカメラはビデオカメラ用CCDの流用から始まっていることから，画面のアスペクト比は4：3が一般的となっている．しかしながら，ディジタル一眼レフカメラには，35mmフルサイズセンサーあるいは，それに近いものを採用する機種もあり，これらの画面アスペクト比は3：2である．この場合でもDCF規格ではサムネイルのアスペクト比は4：3となっている．3：2の画像を4：3のアスペクト比で記録する場合には，画面上下に余白（あるいは黒）を付加するか，画面左右をカットせざるを得ない．

上でも述べたように，ディジタルカメラ同士あるいは，パソコン用アプリケーションにおいても，何が写っているかを確認する程度であれば，問題はあまりないと思われるが，サムネイルを主画像の代替として積極的に用いよ

うとする場合，これらは問題となってくる。

23.3.5 1コンポーネント8ビットを超える画像データ

さらに，写真画像という観点では，ディジタルカメラによる撮影だけでなく，銀塩フィルムあるいは紙焼きからのスキャニングもディジタル画像の入力要素となる。スキャナの場合は各色16ビットでの入力可能なものが多い。また，ディジタルカメラにおいても，今後高ダイナミックレンジ化の方向に向かっており，記録用フォーマットとしても8ビットを超えるデータへの対応も求められる。

23.4 CIPA DC-001（PictBridge）

CIPA DC-001（PictBridge）[11]はディジタルカメラとプリンタとをUSBケーブルでダイレクトに接続し画像の印刷を可能にする規格である。

従来，ディジタルカメラで撮影した画像のプリントは，パソコンでアプリケーションソフトウエアを使って行っていたが，その都度パソコンを起動させアプリケーションソフトを実行するという煩わしさや，操作の複雑さがあった。この問題を解決するために，ディジタルカメラとプリンタとをダイレクトに接続する手法は，数社から提案されていたが，それぞれ方式が異なり，異なるメーカーの製品間での互換性はなかった。PictBridgeは，このような状況に対して，標準的な手法を提供する通信プロトコルおよびそのAPIに関する規格である。PictBridgeによって提供される機能としては，

- ディジタルカメラのモニタで表示している画像をプリント
- ディジタルカメラのモニタで選択された複数の画像のプリント
- DPOF指定された画像の自動プリント
- 全画像のindexプリント
- 全画像のプリント

であり，さらに詳細な設定によって

- 切り抜き指定した画像部分のプリント
- 同一画像の複数枚のプリント
- 日付を附加したプリント

・画像サイズを指定してのプリント

が可能となる。

図23.4にPictBridgeの通信プロトコルアーキテクチャを示す。

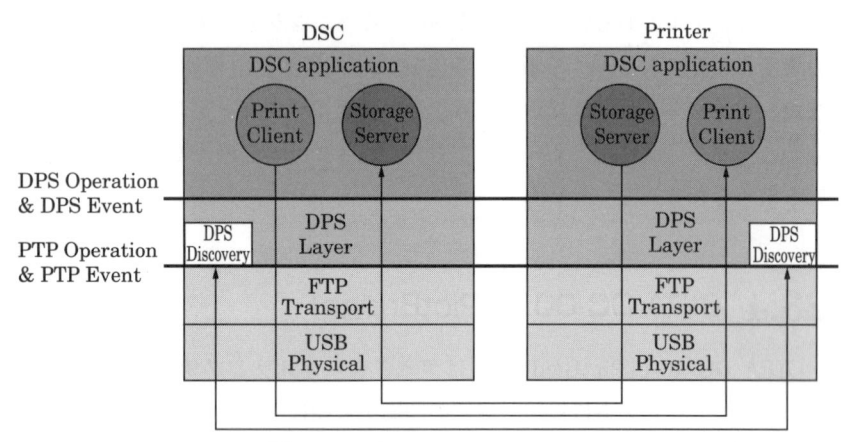

図 23.4 通信プロトコルアーキテクチャ

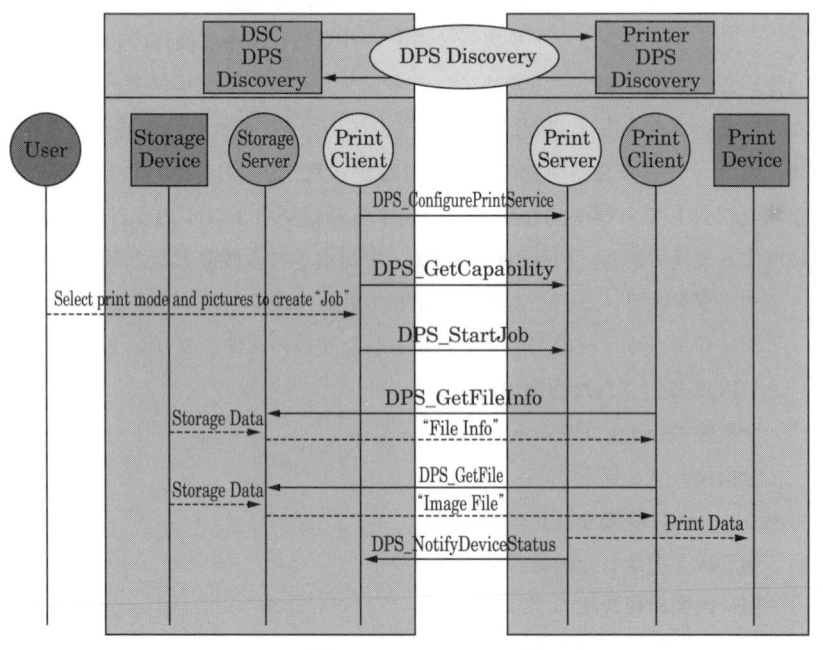

図 23.5 DPS Job flow 例

23.4 CIPA DC-001（PictBridge）

　PictBridge は同図に示すとおり，既存の USB および PTP（Picture Transfer Protocol）の上に構成される DPS レイヤおよびその上位層とのインタフェースを規定している。

　DPS レイヤには PictBridge 機能を持つサービスを探すための DPS Discovery が，また，アプリケーションレイヤにはプリントサービス，ストレージサービスの二つのサービスが存在する。プリントサービスは，プリンタのケーパビリティのネゴシエーション，実際のプリント処理を行い，ストレージサービスは画像データやそのリストの取得などの処理を行う。二つのサービスは，それぞれサーバー/クライアントにより動作する。また図 23.5 に標準的な DPS JobFlow を示す。

(1) Discovery
　お互いの機器が DPS 機能を有する機器かどうかをネゴシエーションし，お互いに PictBridge 対応であることを確認後，制御を DPS アプリケーションへ移す。

(2) Configure
　ディジタルカメラ側はストレージサーバおよびプリントクライアント，プリンタ側は逆にストレージクライアントおよびプリントサーバとして機能することを通知し，プリントおよびストレージにおいてそれぞれサーバクライアントの接続を確立する。

(3) GetCapability
　(a) ディジタルカメラ側がプリンタサーバの設定可能な機能を問い合わせる。
　(b) 複数画像のプリント，インデックスプリント，トリミング，枚数指定プリント，日付プリント，画像サイズ指定など。

(4) StartJob
　ディジタルカメラ側からプリント実行を要求。

(5) GetFileInfo, GetFile
　プリンタ側からディジタルカメラに対して，印刷指示のあった画像の，印刷に必要な情報を要求し，その情報に基づいて，実際の画像データを要求する。

(6) Notify

プリントの終了をディジタルカメラ側に通知し，ディジタルカメラではUIに反映する。

最初のプリントは上記(1)〜(6)を順次行うが，以降のプリントは(4)〜(6)を繰り返し実行する。

画像の転送に関しては，現在はファイル単位で送信されるが，プリントに必要十分な解像度あるいは領域の画像を送るための仕組み作りが今後の課題であると考える。

以上，ディジタルカメラ，プリンタに関して2003年に規格化されたExif 2.21/DCF2.0およびPictBridgeを紹介するとともに，現在考えられる課題をいくつか記した。これらの要件は，過去にはFlashpix，最近ではJPEG 2000などの新たなファイルフォーマットの策定に反映されているが，これらのファイルフォーマットはExif/DCFとの互換性がないため，現時点では普及には至っていない。しかしながら，画像デバイスの進歩と，通信技術，オペレーティングシステムなど環境の進化が相まったときに，新たなフォーマットへの移行の時期がくるのではないかと考えられる。

また，本章では，ディジタルカメラ−プリンタ間に限ったフォーマット，プロトコルの紹介となったが，これらの機器のユースケースを考えると，今後さらにいくつかのフォーマットとの間での変換や連携が必要となってくると考えられる。

代表的なものとしては，昨年急激に普及しはじめたHDD内蔵DVDレコーダが考えられる。この機器は，VTRに代わる動画の記録デバイスとしてだけでなく，メモリカードドライブやネットワークインタフェースを内蔵し，静止画やその他の電子データの記録も可能である。DVDへの記録フォーマットとしては，いくつかの企業からすでに製品搭載がされているが，現状では，事実上独自フォーマットであり，異なるメーカー間での互換性はない。

これらのフォーマットが統一されることで，ユーザが作成する動画や静止画など，いわゆるユーザコンテンツの流通が容易になり，画像デバイスの進化を加速することが期待される。

参考文献

1) 渡邉浩平："液晶プロジェクタと画像・信号処理"，画像電子学会誌, Vol.32, No.5, p.717（2003）.
2) 谷添秀樹, 杉浦博明："広色再現域カラーディスプレイ"，画像電子学会誌, Vol.32, No.5, p.722（2003）.
3) 中島一浩："バブルジェット型カラーインクジェットプリンタと画像・信号処理"，画像電子学会誌, Vol.32, No.6, pp.859（2003）.
4) (社) 日本電子工業振興協会（現 (社) 電子情報技術産業協会），"ディジタルスチルカメラ用画像ファイルフォーマット規格（Exif）Version2.0"，(1997)［現在廃止］.
5) (社) 日本電子工業振興協会（現 (社) 電子情報技術産業協会）："ディジタルスチルカメラ用画像ファイルフォーマット規格（Exif）Version2.1"，(1998).
6) (社) 日本電子工業振興協会（現 (社) 電子情報技術産業協会）："Exif互換性細則 ExifR98 Version1.0"，(1997).
7) (社) 日本電子工業振興協会（現 (社) 電子情報技術産業協会）："カメラファイルシステム規格（Design rule for Camera File system）DCF Version1.0"，(1998).
8) (社) 電子情報技術産業協会："JEITA CP-3541デジタルスチルカメラ用画像ファイルフォーマット規格Exif2.2"，(2002).
9) (社) 電子情報技術産業協会："JEITA CP-3541-1デジタルスチルカメラ用画像ファイルフォーマット規格Exif2.21（Version2.2追補）"，(2003).
10) (社) 電子情報技術産業協会："JEITA CP-3461カメラファイルシステム規格DCF 2.0"，(2003).
11) (社) カメラ映像機器工業会："White Paper of CIPA DC-001-2003 Digital Photo Solutions for Imaging Devices"，(2003).
12) RGBデジタル画像規格標準化研究会, MD研究会："印刷入稿のためのRGB画像運用ガイドブック"，(2003).
13) MD研究会+DTPWORLD編集部編："図解カラーマネージメント実践ルールブック2003-2004"，DTPWORLD別冊, (2003).
14) International Color Consortium : "Specification ICC. 1: 2001-12 File Format for Color Profiles（Version 4.0.0）".

索　引

【英数】

12Cバス ……………………………117
3-Dセンシング ………………………5
A/D変換 ……………………………140
Adobe RGB ……………108, 301, 322, 330
APC …………………………………65
ASV方式 ……………………………44
Calibration …………………………160
CCD …………………………………255
CCFL ………………………………114
CCM補間処理 ………………………19
CIELAB ……………………………224
CMM …………………………………303
CMS …………………………………298
CMYKデータ ………………………308
CNT型 ………………………………77
Color Transformation ………………155
Compression/Decompression ………154
CRT …………………………………73
DCF …………………………………326
DDC/CI ……………………………116
device profile ………………………307
DFD方式 ……………………………129
DLUT ………………………………155
DNL …………………………………230
EBCOT ……………………………242
ECB …………………………………40
ECC …………………………………293
EL ……………………………………83
Exif …………………………………326
FED …………………………………73
H.261 ………………………………275
Huntの分類 ………………………299
ICC Profile …………………158, 331

ICC Specification …………………303
IEC …………………………………313
Image-Based Rendering ………………7
IPS（方式）………………………40, 43
ITO …………………………………86
JBIG …………………………231, 240
JPEG ……………………227, 240, 275, 326
JPEG2000 …………………………240
L*a*b ………………………………301
LCD …………………………………38
LEDバックライト …………………114
LUT …………………………………301
MACH ………………………………190
MFP ……………………………138, 220, 235
Model-Based Rendering ………………8
MOS …………………………………255
MPEG-1 ……………………………275
MPEG-2 ……………………………276
MPEG-4 ……………………………276
MQ-Coder …………………………243
MSDT ………………………………195
MTF補正 ……………………………24
MVA（方式）……………………40, 44
New MFDT …………………………178
OCB（方式）……………………40, 44
OELD ……………………………83, 84
PCS …………………………………298
PDL Decomposer …………………153
PDP …………………………………57
PIAイメージセンサ …………………17
PictBridge …………………………333
Printer Driver ……………………153
PRML ………………………………292
PWM処理 …………………………148
Registration Control ………………166

RLL符号	288
ROI	243
RS-PC符号	293
SCE型	77
Screen	162
scRGB	320
Spindt型	76
sRGB	108, 301, 313
SWOP	118
sYCC	225, 319
TN方式	42
TRC	160
UCR	307
VA方式	44
VFD	73, 75
XYZ	301
YCbCr	326
YPbPr信号	64

【ア】

アクティブマトリックス方式	90
アナログ映像信号	272
アモルファスシリコンTFTアレー	45
誤り訂正符号	293
イメージセンサー	253
イメージセンシング	2
色域変換	308
色空間変換	140
色再現	300
色フィルター配列	17
色分解	196, 300
色補正	142
色むら補正回路	105
インク物性	174
インテグラルフォトグラフィ方式	130
インテリジェントイメージセンシング	3
ウェーブレット変換	240
動き補償	69
液晶プロジェクタ	97
液晶ディスプレイ	38
オクルージョン	5
オンデマンド型	187

【カ】

階調変換	215
拡張色空間	313
画像圧縮技術	274
画像解析圧縮技術	147
画像交換	325
仮想視点カメラ	7
画像入力センサ	2
画像ファイルフォーマット	325
画素数変換	53
画素変換	53
傾き補正	30
カメラモジュール	251
カラーインクジェットプリンタ	171, 187
カラーキャリブレーション	116
カラーファックス	220
カラーマッチング	198
カラーマネージメント	50, 298, 314
カラーレーザプリンタ	153
カラー画像圧縮	239
間欠点灯	49
感熱転写方式	204
γ補正	26, 52, 144
疑似階調表現	66
擬似中間調処理	162
疑似パルス幅変調	68
偽色	17
逆ガンマ(γ)補正	65

索引

空間像表示方式 …………………130
空間フィルタ ……………………143
クリッピング ……………………30
グレーズばらつき ………………214
グレーティング方式 ……………125
黒抽出 ……………………………141

蛍光体 ……………………………78
携帯電話用カメラ ………………252

広色再現域カラーディスプレイ ……109
広色再現域液晶ディスプレイ ………114
光学ローパスフィルタ (LPF) …………15
光線再現方式 ……………………131
焦げ ………………………………175
誤差拡散 (法) ………………28, 199

【サ】

サーマルインクジェット ………171
サーマルプリンタ ………………203
サーマルヘッド …………………206
撮像素子 …………………………270
サブフィールド変換 ……………68
サムネイルサイズ ………………332
3次元ディスプレイ ……………121
三次元入力 ………………………5
残存データ保護機能 ……………246
三板式液晶プロジェクタ ………98

シェーディング補正 …………23, 140
視角依存性 ………………………110
時間圧縮駆動 ……………………69
下色除去 …………………………307
自動フォーカス制御 (AF) ………16
自動ホワイトバランス制御 (AWB) ……17
自動露出制御 (AE) ……………16

スーパーイメージセンシング ……2
スキャナー ………………………21
スケーラー回路 …………………101
ストリームアプリケーション ……279
スミア ……………………………257
スムージング処理 ………………165

セキュリティ技術 ………………243

像域分離 …………………………29
像域分離処理 ……………………144
双方向印字 ………………………182
測色 ………………………………310

【タ】

ダイクロイックミラー …………98
対称形ヘッド ……………………183
対数変換 …………………………141
体積走査スクリーン方式 ………128
ダイレクトマッピング …………145
多眼式立体動画像表示方式 ……122
単純2値化 ………………………27
断層面再生方式 …………………128

チャージポンプ方式 ……………262
中間調処理 ………………………144
超多眼ディスプレイ方式 ………126
直接感熱発色方式 ………………204

低温ポリシリコンTFT …………46
ディザ法 …………………………28
ディジタルカメラ ………………11
ディジタルカラー複写機 ………138
ディジタルキーストーン補正 …102
データ弁別 ………………………290
デモザイク処理 …………………17
電界発光 …………………………83
電界放射ディスプレイ …………73

電極構造…………………………………79
電子源……………………………………76

透過型LCD ……………………………41
動画偽輪郭………………………………61
ドライブ回路…………………………103

【ナ】

2値化……………………………………27

ネットワークカメラ…………………267
ネットワーク機器……………………277

ノズル構成材料………………………174

【ハ】

バーチャルイメージセンシング ………7
ハーフトーニング……………………199
背景除去…………………………………29
波形等化………………………………290
バックライト……………………………47
バックライト分割方式………………124
発光量子効率……………………………86
パッシブマトリックス方式……………90
発熱素子抵抗ばらつき………………214
バブルジェット………………………171
パララックスバリアー方式…………123
バリフォーカル方式…………………128
パワーマネージメント………………264

ピーク輝度改善技術……………………70
ピエゾ……………………………173, 187
光ディスク……………………………283
光ピックアップ………………………285
標準色空間………………………223, 314, 316

不正侵入防止機能……………………246
プラズマディスプレイ…………………57

フラットベッドスキャナー……………22

ベイヤー配列……………………………17
ヘッドマウントディスプレイ(HMD)方式 …125
ヘッド電圧補正………………………211
偏光変換素子……………………………98
変調方式………………………………287
変倍……………………………………142

ホログラフィックスクリーン方式……125
ホログラフィックステレオグラム方式…133
ホログラフィ方式……………………132

【マ】

マーク間変調…………………………290
マーク長変調…………………………290
マルチスペクトル化……………………3
マルチファンクション・プリンタ……235

ミクスト・ラスター・コンテントモード…231
密着型センサ……………………………22

むら補正………………………………210

【ヤ, ラ, ワ】

有機EL素子……………………………83
有機ELディスプレイ…………………83

リセット放電……………………………60
立体ディスプレイ……………………121
両眼視差方式…………………………122

レベル検出……………………………291
レベル調整………………………………65
レンチキュラー方式…………………122

ワイドダイナミックレンジ…………321

<監修・執筆>

河村尚登 （監修，まえがき） キヤノン株式会社
小松尚久 （監修） 早稲田大学理工学部
小野文孝 （まえがき） 東京工芸大学工学部
上平員丈 （第1章） 神奈川工科大学
小宮一三 （第1章） 神奈川工科大学
三沢岳志 （第2章） 富士写真フイルム株式会社
中島啓介 （第3章） 株式会社 日立製作所
結城昭正 （第4章） 三菱電機株式会社
山川正樹 （第4章） 三菱電機株式会社
蔵田哲之 （第4章） 三菱電機株式会社
井上満夫 （第4章） 三菱電機株式会社
栗田泰市郎 （第5章） NHK放送技術研究所
青木 徹 （第6章） 静岡大学電子工学研究所
時任静士 （第7章） NHK放送技術研究所
渡邉浩平 （第8章） 株式会社 東芝
谷添秀樹 （第9章） NEC三菱電機ビジュアルシステムズ株式会社
杉浦博明 （第9・22章） 三菱電機株式会社
佐藤甲癸 （第10章） 湘南工科大学
蕪木 浩 （第11章） キヤノン株式会社
太田健一 （第11章） キヤノン株式会社
池上博章 （第12章） 富士ゼロックス株式会社
石井 昭 （第12章） 富士ゼロックス株式会社
中島一浩 （第13章） キヤノン株式会社
枝常伊佐央 （第14章） セイコーエプソン株式会社
勝間伸雄 （第15章） 富士写真フイルム株式会社
山田英明 （第16章） シャープ株式会社
長沢清人 （第17章） 株式会社リコー
佐藤 敬 （第17章） 株式会社リコー
市村 元 （第17章） 株式会社リコー
野水泰之 （第17章） 株式会社リコー
阿部 悌 （第17章） 株式会社リコー
谷内田益義 （第17章） 株式会社リコー
宮沢秀幸 （第17章） 株式会社リコー
古沢俊洋 （第18章） 三洋電機株式会社
櫻井幸光 （第19章） 日本ビクター株式会社
横森 清 （第20章） 株式会社リコー
梶 光雄 （第21章）
松本健太郎 （第23章） キヤノン株式会社

カラー画像処理とデバイス
ディジタル・データ循環の実現

2004年12月20日　第1版1刷発行	編　者	画像電子学会
	監　修	小松尚久
		河村尚登

　　　　　　　　　　　　学校法人　東京電機大学
　　　　　　　発行所　東京電機大学出版局
　　　　　　　　　　　　代表者　加藤康太郎

　　　　　　　　　〒101-8457
　　　　　　　　　東京都千代田区神田錦町2-2
　　　　　　　　　振替口座　00160-5- 71715
　　　　　　　　　電話　(03)5280-3433（営業）
　　　　　　　　　　　　(03)5280-3422（編集）

印刷　三立工芸㈱	ⓒ The Institute of Image Electronics
製本　渡辺製本㈱	Engineers of Japan　2004
装丁　鎌田正志	Printed in Japan

＊無断で転載することを禁じます。
＊落丁・乱丁本はお取替えいたします。

ISBN 4-501-32440-6　C3055